Informatik — Fachberichte

Band 106: Österreichische Artificial Intelligence Tagung. Wien, September 1985. Herausgegeben von H. Trost und J. Retti. VIII, 211 Seiten. 1985.

Band 107: Mustererkennung 1985. Proceedings, 1985. Herausgegeben von H. Niemann. XIII, 338 Seiten. 1985.

Band 108: GI/OCG/ÖGJ-Jahrestagung 1985. Wien, September 1985. Herausgegeben von H. R. Hansen. XVII, 1086 Seiten. 1985.

Band 109: Simulationstechnik. Proceedings, 1985. Herausgegeben von D. P. F. Möller. XIV, 539 Seiten. 1985.

Band 110: Messung, Modellierung und Bewertung von Rechensystemen. 3. GI/NTG-Fachtagung, Dortmund, Oktober 1985. Herausgegeben von H. Beilner. X, 389 Seiten. 1985.

Band 111: Kommunikation in Verteilten Systemen II. GI/NTG-Fachtagung, Karlsruhe, März 1985. Herausgegeben von D. Heger, G. Krüger, O. Spaniol und W. Zorn. XII, 236 Seiten. 1985.

Band 112: Wissensbasierte Systeme. GI-Kongreß 1985. Herausgegeben von W. Brauer und B. Radig. XVI, 402 Seiten, 1985.

Band 113: Datenschutz und Datensicherung im Wandel der Informationstechnologien. 1. GI-Fachtagung, München, Oktober 1985. Proceedings, 1985. Herausgegeben von P. P. Spies. VIII, 257 Seiten. 1985.

Band 114: Sprachverarbeitung in Information und Dokumentation. Proceedings, 1985. Herausgegeben von B. Endres-Niggemeyer und J. Krause. VIII, 234 Seiten. 1985.

Band 115: A. Kobsa, Benutzermodellierung in Dialogsystemen. XV, 204 Seiten. 1985.

Band 116: Recent Trends in Data Type Specification. Edited by H.-J. Kreowski. VII, 253 pages. 1985.

Band 117: J. Röhrich, Parallele Systeme. XI, 152 Seiten. 1986.

Band 118: GWAI-85. 9th German Workshop on Artificial Intelligence. Dassel/Solling, September 1985. Edited by H. Stoyan. X, 471 pages. 1986.

Band 119: Graphik in Dokumenten. GI-Fachgespräch, Bremen, März 1986. Herausgegeben von F. Nake. X, 154 Seiten. 1986.

Band 120: Kognitive Aspekte der Mensch-Computer-Interaktion. Herausgegeben von G. Dirlich, C. Freksa, U. Schwatlo und K. Wimmer. VIII, 190 Seiten. 1986.

Band 121: K. Echtle, Fehlermaskierung durch verteilte Systeme. X, 232 Seiten. 1986.

Band 122: Ch. Habel, Prinzipien der Referentialität. Untersuchungen zur propositionalen Repräsentation von Wissen. X, 308 Seiten. 1986.

Band 123: Arbeit und Informationstechnik. GI-Fachtagung. Proceedings, 1986. Herausgegeben von K. T. Schröder. IX, 435 Seiten. 1986.

Band 124: GWAI-86 und 2. Österreichische Artificial-Intelligence-Tagung. Ottenstein/Niederösterreich, September 1986. Herausgegeben von C.-R. Rollinger und W. Horn. X, 360 Seiten. 1986.

Band 125: Mustererkennung 1986. 8. DAGM-Symposium, Paderborn, September/Oktober 1986. Herausgegeben von G. Hartmann. XII, 294 Seiten, 1986.

Band 126: GI-16. Jahrestagung. Informatik-Anwendungen – Trends und Perspektiven. Berlin, Oktober 1986. Herausgegeben von G. Hommel und S. Schindler. XVII, 703 Seiten. 1986.

Band 127: GI-17. Jahrestagung. Informatik-Anwendungen – Trends und Perspektiven. Berlin, Oktober 1986. Herausgegeben von G. Hommel und S. Schindler. XVII, 685 Seiten. 1986.

Band 128: W. Benn, Dynamische nicht-normalisierte Relationen und symbolische Bildbeschreibung. XIV, 153 Seiten. 1986.

Band 129: Informatik-Grundbildung in Schule und Beruf. GI-Fachtagung, Kaiserslautern, September/Oktober 1986. Herausgegeben von E. v. Puttkamer. XII, 486 Seiten. 1986.

Band 130: Kommunikation in Verteilten Systemen. GI/NTG-Fachtagung, Aachen, Februar 1987. Herausgegeben von N. Gerner und O. Spaniol. XII, 812 Seiten. 1987.

Band 131: W. Scherl, Bildanalyse allgemeiner Dokumente. XI, 205 Seiten. 1987.

Band 132: R. Studer, Konzepte für eine verteilte wissensbasierte Softwareproduktionsumgebung. XI, 272 Seiten. 1987.

Band 133: B. Freisleben, Mechanismen zur Synchronisation paralleler Prozesse. VIII, 357 Seiten. 1987.

Band 134: Organisation und Betrieb der verteilten Datenverarbeitung. 7. GI-Fachgespräch, München, März 1987. Herausgegeben von F. Peischl. VIII, 219 Seiten. 1987.

Band 135: A. Meier, Erweiterung relationaler Datenbanksysteme für technische Anwendungen. IV, 141 Seiten. 1987.

Band 136: Datenbanksysteme in Büro, Technik und Wissenschaft. GI-Fachtagung, Darmstadt, April 1987. Proceedings. Herausgegeben von H.-J. Schek und G. Schlageter. XII, 491 Seiten. 1987.

Band 137: D. Lienert, Die Konfigurierung modular aufgebauter Datenbanksysteme. IX, 214 Seiten. 1987.

Band 138: R. Männer, Entwurf und Realisierung eines Multiprozessors. Das System „Heidelberger POLYP". XI, 217 Seiten. 1987.

Band 139: M. Marhöfer, Fehlerdiagnose für Schaltnetze aus Modulen mit partiell injektiven Pfadfunktionen. XIII, 172 Seiten. 1987.

Band 140: H.-J. Wunderlich, Probabilistische Verfahren für den Test hochintegrierter Schaltungen. XII, 133 Seiten. 1987.

Band 141: E. G. Schukat-Talamazzini, Generierung von Worthypothesen in kontinuierlicher Sprache. XI, 142 Seiten. 1987.

Band 142: H.-J. Novak, Textgenerierung aus visuellen Daten: Beschreibungen von Straßenszenen. XII, 143 Seiten. 1987.

Band 143: R. R. Wagner, R. Traunmüller, H. C. Mayr (Hrsg.), Informationsbedarfsermittlung und -analyse für den Entwurf von Informationssystemen. Fachtagung EMISA, Linz, Juli 1987. VIII, 257 Seiten. 1987.

Band 144: H. Oberquelle, Sprachkonzepte für benutzergerechte Systeme. XI, 315 Seiten. 1987.

Band 145: K. Rothermel, Kommunikationskonzepte für verteilte transaktionsorientierte Systeme. XI, 224 Seiten. 1987.

Band 146: W. Damm, Entwurf und Verifikation mikroprogrammierter Rechnerarchitekturen. VIII, 327 Seiten. 1987.

Band 147: F. Belli, W. Görke (Hrsg.), Fehlertolerierende Rechensysteme / Fault-Tolerant Computing Systems. 3. Internationale GI/ITG/GMA-Fachtagung, Bremerhaven, September 1987. Proceedings. XI, 389 Seiten. 1987.

Band 148: F. Puppe, Diagnostisches Problemlösen mit Expertensystemen. IX, 257 Seiten. 1987.

Band 149: E. Paulus (Hrsg.), Mustererkennung 1987. 9. DAGM-Symposium, Braunschweig, Sept./Okt. 1987. Proceedings. XVII, 324 Seiten. 1987.

Band 150: J. Halin (Hrsg.), Simulationstechnik. 4. Symposium, Zürich, September 1987. Proceedings. XIV, 690 Seiten. 1987.

Band 151: E. Buchberger, J. Retti (Hrsg.), 3. Österreichische Artificial-Intelligence-Tagung. Wien, September 1987. Proceedings. VIII, 181 Seiten. 1987.

Informatik-Fachberichte 199

Herausgeber: W. Brauer
im Auftrag der Gesellschaft für Informatik (GI)

Subreihe Künstliche Intelligenz

Mitherausgeber: C. Freksa
in Zusammenarbeit mit dem Fachausschuß 1.2
„Künstliche Intelligenz und Mustererkennung" der GI

Clemens Beckstein

Zur Logik der Logik-Programmierung

Ein konstruktiver Ansatz

Springer-Verlag
Berlin Heidelberg New York
London Paris Tokyo

Autor

Clemens Beckstein
Lehrstuhl für Datenbanksysteme
Universität Erlangen-Nürnberg
Martensstraße 3, D–8520 Erlangen

Dissertation

CR Subject Classification (1987): F.4.1, D.2.m, I.2.3–4, I.2.8

ISBN-13: 978-3-540-50720-8   e-ISBN-13: 978-3-642-74403-7

DOI: 10.1007/978-3-642-74403-7

2145/3140 – 543210 – Gedruckt auf säurefreiem Papier

Vorwort

Eigentlich verdankt diese Arbeit ihren Ursprung zwei Provokationen. Die erste Provokation stammt von D.G. Bobrow und ist eine Frage, mit der er eine seiner Veröffentlichungen überschrieben hat: "If PROLOG is the answer, what is the question?". Sie sollte mir die vergangenen drei Jahre nicht mehr aus dem Kopf gehen. Heute möchte ich die Frage erweitern: "...and given the question, is PROLOG the answer?". Die zweite Provokation hängt mit J. deKleers *Assumption Based Truth Maintenance System* (ATMS) zusammen, genauer mit der Frage, welche Rolle ein derartiges Truth-Maintenance-System in einem Logik-Programmiersystem spielen könnte. DeKleer selbst schätzt diese Rolle in persönlichen Äußerungen relativ gering ein. Aus heutiger Sicht gebe ich deKleer zugleich recht und unrecht—recht, wenn er unter Logik-Programmierung im wesentlichen PROLOG versteht, und unrecht, wenn der Begriff weiter gefaßt wird.

Trotz oder gerade aufgrund der provokanten Form der beiden erwähnten Aussagen waren deKleer und Bobrow von zentraler Bedeutung für diese Arbeit. Ihnen gilt deshalb mein erster Dank.

Sodann möchte ich Herrn Prof. Dr. G. Nees danken, der meinen wissenschaftlichen Werdegang seit meiner Studienzeit kritisch und wohlwollend begleitet hat. Nicht zuletzt seiner Fürsprache ist es zuzuschreiben, daß die vorliegende Arbeit durch ein Promotionsstipendium der SIEMENS-AG, das Ernst-von-Siemens-Stipendium, gefördert wurde. Ohne den damit verbundenen finanziellen Spielraum hätten viele wertvolle Gespräche mit ausländischen Kollegen auf Tagungen und Studienreisen nicht stattfinden können.

Besonderer Dank gebührt auch meinem Doktorvater Prof. Dr. H. Wedekind. Seine Begeisterung an philosophischen Fragen war mir drei Jahre lang Mahnung und Vorbild. Er war es auch, der mich an die Erlanger Schule des Konstruktivismus herangeführt hat. Die daraus resultierende Vertrautheit mit konstruktivistischem Gedankengut hat zur Klärung vieler interessanter Zusammenhänge zwischen Logik-Programmierung und intuitionistischer Logik beigetragen.

Zum wissenschaftlichen Arbeiten gehört die wissenschaftliche Zusammenarbeit. In dieser Beziehung möchte ich vor allem meinem Freund und Kollegen Günther Görz für unzählige Stunden fruchtbarer Diskussion danken. Ihn und mich verbindet seit meiner Studienzeit ein breites Band gemeinsamer Interessen.

Auch Horst Schäfer und ganz besonders Herbert Stoyan sei an dieser Stelle gedankt. Beide haben mich mit beharrlicher Kritik und zahllosen Verbesserungsvorschlägen bei der Fertigstellung des Manuskripts unterstützt.

Daß die vorliegende Arbeit in einer lockeren und anregenden Atmosphäre angefertigt werden konnte, ist meinen Kollegen vom IMMD VI zuzuschreiben. Besonders erwähnen möchte ich hier meinen Freund Michael Tielemann, der mir gerade in der heißen Endphase so manche unangenehme Pflicht abgenommen hat. Dem Kollegen Ulf Schreier sei Dank erstattet für seine inhaltliche und "moralische" Unterstützung bei der Themenfindung.

Das Manuskript dieser Arbeit hat wesentlich von der "editoriellen Überarbeitung" durch meinen Kollegen Thomas Ruf profitiert—auch der Duden gehört offensichtlich zu den Klassikern, die ein Informatiker verinnerlicht haben sollte.

Zwei Studenten gebührt an dieser Stelle ebenfalls Dank: Lutz Euler und Gerhard Tobermann. Lutz Euler hat in seiner Studienarbeit eine anschauliche Rekonstruktion von deKleers ATMS geliefert. Gerhard Tobermann hat darauf aufbauend die in der vorliegenden Arbeit spezifizierte Architektur von RISC realisiert. Aufgrund seines überdurchschnittlichen Engagements war die "Betreuung" seiner Diplomarbeit auch für mich sehr lehrreich: Zahlreiche Verbesserungen an RISC gehen auf von ihm geäußerte Kritik zurück.

Schließlich verdient meine Familie ein riesiges Dankeschön für ihre Toleranz und für die Opfer, die sie in den letzten Jahren im Zusammenhang mit dieser Arbeit gebracht hat. Dabei denke ich vor allem an meine Frau Jette, die unseren Kindern zuletzt nicht nur Mutter, sondern auch noch Vater sein mußte. Ihr sei diese Arbeit gewidmet.

Erlangen, im November 1988   Clemens Beckstein

Inhaltsverzeichnis

Kapitel 1

Einleitung

Ende der 60er Jahre war im Bereich der Künstlichen Intelligenz (KI) der Ansatz verbreitet, All-Zweck-Theorem-Beweiser für die Realisierung von Problemlösern einzusetzen (vgl. etwa Green in [80]). Offensichtlich hatte ein Ausläufer der in den 20er Jahren aufgekommenen philosophischen Grundströmung des *Logischen Positivismus* die KI erreicht. Die Logik sollte nun ihre dritte große Rolle nach der als Lehre vom richtigen Argumentieren und der als meta-mathematische Disziplin spielen.

Mit der Verfügbarkeit schneller informationsverarbeitender Maschinen und nach der Veröffentlichung von Robinsons bahnbrechender Arbeit zum maschinellen Beweisen (vgl. [157])—so meinte man—wäre nun der Boden bereitet, das Grundprogramm des Logischen Positivismus auch praktisch umzusetzen, d.h. aus Beobachtungen gewonnene naturwissenschaftliche Resultate nicht nur in eine einheitliche formale Sprache zu übersetzen, sondern die entsprechenden Kalkülisierungen darüber hinaus durch eine Maschine gleichsam animieren zu lassen.

Hierfür bräuchte man nur eine Logik mit einer zur Beschreibung aller interessierenden Beobachtungen geeigneten Sprache auszuwählen und einen passenden (korrekten und vollständigen) Theorem-Beweiser zu konstruieren, und schon wäre das resultierende System als universeller Problemlöser einsetzbar. Ein Problem würde dann dem System als logische Formel präsentiert und durch die Analyse eines entsprechenden Beweisversuchs gelöst werden.

Die Ergebnisse enttäuschten jedoch auf der ganzen Linie. Die zugrundeliegenden Problemräume hatten (nicht zuletzt aufgrund des Universalitätsanspruchs der Theorien) schlicht zu große Dimensionen, um mit vertretbarem Aufwand auf Beweise "durchsuchbar" zu sein. An dieser Tatsache konnte auch der Einsatz *anwendungsunabhängiger Heuristiken* (etwa spezieller Resolutionstechniken) nichts ändern. Bedauerlicherweise wurde als Reaktion auf diese Erkenntnis der Einsatz logischer Repräsentationen stellenweise generell verdammt.

Zur selben Zeit wurde eine neue Generation von Systemen modern, die sog. *Expertensysteme*. Mit ihnen sollte eine Wende von *general-purpose* zu *specialpurpose* Systemen zur Verarbeitung von Wissen vollzogen werden: Der Anwendungsbereich der Systeme wurde radikal verengt in der Hoffnung, daß entsprechende anwendungsspezifische Repräsentationen[1] die Konstruktion wissensverarbeitender Systeme erlauben, die für die gestellte Aufgabe eine Performanz aufweisen, die der eines menschlichen Gebietsexperten vergleichbar ist.

Das Wissen, welches für die Verarbeitung durch ein Expertensystem eingesetzt werden soll, wird auch heute noch vorwiegend auf dem Weg über sog. *Experteninterviews* gewonnen, die die Konstruktion eines ersten Prototypen und dessen Verfeinerung zu einem routinemäßig einsetzbaren Expertensystem leiten: Der Gebietsexperte teilt in den Interviews immer neue, verfeinerte oder korrigierte Klassifikationskriterien, Handlungs- und Entscheidungsschemata oder Identifikations- bzw. Diagnosemethoden mit, gemäß denen der Wissensingenieur jeweils die Wissensbasis des Expertensystems modifiziert—so lange, bis das System das gewünschte Verhalten aufzeigt.

Diese Art der Wissensgewinnung und nicht zuletzt die Tatsache, daß die ersten anscheinend erfolgreichen Expertensysteme regelbasiert wären, sind wohl verantwortlich dafür, daß in vielen Expertensystemen *Produktionsregeln* als Mittel zur Beschreibung des Expertenwissens verwendet werden. Die "Daumenregeln", nach denen der Experte eine Lösung der gestellten Aufgabe vorantreibt, finden so ihren natürlichen Niederschlag in "Verhaltensmustern" für das (mittlerweile sogar regelbasierte) wissensbasierte System: Wenn immer eine gewisse Situation eintritt, ist eine bestimmte Folge von Aktionen durchzuführen, die korrespondierende Regel zu "aktivieren" ("feuern"). Diese Aufgabe wird von einem Regelinterpreter[2] wahrgenommen.

Der pseudologische Stil, in dem diese Regeln beschrieben werden, hat (nach Smith in [171]) aber vor allem zwei schwerwiegende Probleme:

1. Das Befolgen von Regeln produziert noch lange kein Verständnis der Lösung oder gar des zu lösenden Problems.

2. Die in den Produktionsregeln verwendete Wenn–Dann-Beziehung ist völlig unspezifisch[3].

Eine wichtige Konsequenz aus Punkt 1 ist, daß Systeme auf der Grundlage von Produktionsregeln[4] nicht in der Lage sind zu entscheiden, wann ein vorgelegtes Problem (nicht) in ihren Kompetenzbereich fällt[5]. Aus dem gleichen Grunde sind auch die meisten der in Expertensystemen verwendeten sog. *Erklärungskomponenten* bestenfalls Komponenten zur ergonomischen Aufbereitung des bisherigen

---

[1]die damit übrigens *nicht* schon notwendigerweise *nicht-logische* Repräsentationen sein müssen...

[2]Den Spezialfall eines *logische Schlüsse* vollziehenden Regelinterpreters nennen wir im folgenden auch *Inferenzmaschine*. In der Literatur wird diese Unterscheidung zwischen Inferenzmaschine und Regelinterpreter meistens verwischt.

[3]Sie beschreibt allenfalls ein Vor- und Nachher im Arbeitsspeicher, hat also mit Anwendungsaspekten herzlich wenig zu tun.

[4]und nicht nur solche...

[5]Diese Beobachtung pflegt z.B. McCarthy scherzhaft so zu kommentieren, daß MYCIN (das wohl bekannteste Expertensystem schlechthin—es unterstützt den Mediziner bei der Identifikation von Mykosen) verbissen versuchen würde, jene Pilzkrankheit zu identifizieren, die für den Plattfuß seines Fahrrades verantwortlich ist...

Schlußfolgerungsgeschehens (die man in herkömmlichen Programmiersystemen schlicht als Komponenten zur Ablaufverfolgung bezeichnen würde).

Mindestens genauso bedenklich ist auch Punkt 2: Es ist überhaupt nicht klar, ob solche Regeln lediglich die zeitliche Reihenfolge vorbestimmter Schlüsse, Verhaltensmuster, logische oder gar kausale Zusammenhänge reflektieren. Solange das Team aus Wissensingenieur und Gebietsexperten darauf keine Antwort geben kann, steht zu befürchten, daß Regeln unterschiedlichster Natur vermischt oder gleichbehandelt werden—mit dem Resultat der Unvorhersehbarkeit des zu erwartenden und der Nichtnachvollziehbarkeit des beobachteten Systemverhaltens.

Eine derartige, "flache" Repräsentation von Wissen ist aber nicht zwingend, vor allem dann nicht, wenn man logikbasierte Formalismen verwendet. Bereits Carnaps Standardwerk "Introduction to Symbolic Logic and its Applications" [30] kann als ein frühes Zeugnis der logischen Formulierung von "Alltagswissen" angesehen werden. Carnap beschreibt dort im Anwendungsteil nach Einführung von Ding- und Koordinatensprachen sowie Mitteln zur Formulierung quantitativer Konzepte Axiomensysteme nicht nur für mathematische Bereiche wie die Mengenlehre oder die Arithmetik, sondern auch solche für die Geometrie, räumlich-zeitliche Zusammenhänge und biologische Konzepte.

Unter der Voraussetzung, daß eine Teilmenge der klassischen Logik gefunden wird, die sich mit vertretbarem Aufwand durch eine Maschine handhaben läßt, sollten die Chancen also gar nicht so schlecht stehen, auch "tiefes" Wissen darstellen und verarbeiten zu können.

1.1 Motivation

Wir wollen anhand einer (wenig beachteten) Arbeit von Moore (vgl. [131]) belegen, daß die eigentlichen Schwierigkeiten mit logischen Repräsentationen nicht auf die Verwendung der Logik *an sich* zurückzuführen sind, sondern vielmehr auf die *Art und Weise*, wie die Logik in der KI verwendet wurde (vgl. auch [129, 116, 171]). Moore unterteilt die *Anwendungsgebiete von Logik in der KI* in die folgenden drei Klassen:

1. Logik als Analysewerkzeug,

2. Logik als Repräsentationsformalismus und Methode zum Schließen über diesen Repräsentationen und

3. Logik als Programmiersprache.

Eine genauere Betrachtung dieser Anwendungsgebiete wird zeigen, daß ungeachtet des weitverbreiteten schlechten Rufes der Logik ein echter Bedarf für logische Repräsentationsformalismen besteht.

1.1.1   Logik als Analysewerkzeug

Welchen Formalismus zur Repräsentation von Wissen man auch immer einsetzen
möchte—eines ist sicher: dieser Formalismus muß eine *referentielle Semantik*
aufweisen, das heißt eine Korrespondenz zwischen Ausdrücken und der von ihnen
beschriebenen Welt gewährleisten. Nur so ist es überhaupt sinnvoll, danach zu
fragen, ob ein Ausdruck eine *korrekte* Aussage über die Welt darstellt. Erhebt
man also den Anspruch, Wissen zu repräsentieren, so hat man zusammen mit der
entsprechenden Repräsentation zumindest eine *Wahrheitstheorie* zur Verfügung
zu stellen (Moore in [130]):

> "...to have knowledge at all is to have knowledge (or at least believe)
> that the world is one way and not otherwise..."

Sobald man sich jedoch mit referentieller Semantik auseinandersetzt, betreibt
man schon Logik (Newell in [140]):

> "Just as talking of programmerless programming violates truth in
> packaging, so does talking of a non-logical analysis of knowledge."

Ein weiteres Argument für logische Repräsentationsformalismen liefert die Forderung, daß das Verhalten von Programmen (schon) durch die Bedeutung der
Strukturen bestimmt sein soll, die von diesen Programmen manipuliert werden.
Da deren Verhalten ja nur über die Form der entsprechenden Strukturen beeinflußt wird, muß demnach zwischen *Form* und *Bedeutung* von Repräsentations-
strukturen eine *systematische Beziehung* bestehen.

Diese Eigenschaft wird jedoch gerade von logischen Formalismen über deren
kompositionelle Semantik garantiert: Die Bedeutung eines logischen Ausdruckes
hängt nämlich nur von der Bedeutung seiner (maximalen) Teilausdrücke ab.

Eine kompositionelle Semantik erlaubt außerdem den Umgang mit beliebig
komplexen Ausdrücken. Sie gestattet es,

- einen komplexen Ausdruck in einfachere Ausdrücke zu zerlegen,

- die einfachen Ausdrücke (unabhängig voneinander) zu behandeln und

- zum Schluß ohne Bedenken aus der Behandlung der Einzelausdrücke eine
  solche des Gesamtausdruckes abzuleiten.

Wir halten es deshalb für unbestritten, daß sich logische Techniken ausgezeichnet
zur Analyse der Bedeutung von Ausdrücken sowie zur Beurteilung der Gültigkeit
von Schlüssen eignen:

> "...sie [die formale Logik] beschreibt weder, wie tatsächlich geschlos-
> sen wird, noch sagt sie, wie wir schließen sollten; und sie will auch
> nicht beschreiben, wie perfekte Logiker schließen (obwohl sie das
> implizit tut), sondern sie gibt Gesetze an für die Gültigkeit von
> Schlüssen..." (Franz v. Kutschera in [105])

Die formale Logik ist also weder deskriptiv noch normativ, sondern sie gibt Gesetze über rationale Zusammenhänge zwischen Wahrheitsbedingungen an.

Die Geister scheiden sich jedoch, sobald Logik als Formalismus zur Rekonstruktion der Lebenswelt ins Spiel gebracht wird: Lassen sich deduktive Schlußregeln adäquat etwa über common-sense Wissen einsetzen? Die Tatsache, daß formalisiertes Schließen relativ leicht einer Maschine übertragen werden kann, ist hierfür ja wohl kaum ausreichend:

> "...the role of logic [is] as a tool for the analysis of knowledge, not for reasoning by intelligent agents..." (Newell in [140])

1.1.2 Logik als Repräsentations- und Schlußwerkzeug

Was soll es überhaupt heißen, Logik zur Repräsentation von Wissen einzusetzen? Klar ist zunächst nur, wofür die Logik verwendet werden soll[6]:

- einerseits als Sprache zur Formulierung von Sachverhalten ("Wissen") und

- andererseits als Theorie, die gewisse Schlüsse über den Repräsentationen dieser Sachverhalte zuläßt.

Gerade das *parallele* Verfolgen beider Ziele konstituiert auch das Hauptproblem bei der Anwendung: Die *Spezifikation von Kontrollinformation*, insbesondere die Frage danach, in welcher Richtung (logische) Implikationen verarbeitet werden sollen. Eine richtige Entscheidung kann hier nämlich nicht nur die *Effizienz* des Vorgehens, sondern sogar die *Terminierung* des Beweisprozesses beeinflussen— je nach Auftretenskontext und Form der fraglichen Implikation. Im Falle der allgemeinen Resolution (ohne Einsatz einer speziellen Strategie) werden Implikationen ja in beiden Richtungen verfolgt—resultierend in einer Redundanz, die mitverantwortlich ist für den manchmal alptraumhaften Umgang solcher Beweiser mit Speicher- und Zeitressourcen.

Jedenfalls müssen für eine Implementation des Repräsentationssystems Formeln in Datenstrukturen kodiert werden. Der Zusammenhang zwischen diesen Datenstrukturen und den (Ursprungs-) Formeln kann jedoch recht abstrakt sein[7], so daß die Frage danach, wann ein gegebenes System Implementation eines logischen Systems ist, nur schwer zu beantworten ist! Die Unterscheidung zwischen an sich logischen oder nicht-logischen Repräsentationen sollte also hinter der Frage nach den Eigenschaften logischer Repräsentationen zurückstehen.

Moore benutzt (in [130]) das folgende Beispiel zur Demonstration dafür, daß manche common-sense Schlüsse nicht nur *auch*, sondern sogar *ausschließlich* mit logischen Mitteln möglich sind:

---

[6]Wir identifizieren im folgenden meistens die Begriffe Sachverhalt (als Verhältnis von Sachen) und Satz (als das dieses Verhältnis beschreibende sprachliche Objekt) und somit auch das Zutreffen eines Sachverhaltes mit der Wahrheit des entsprechenden Satzes.

[7]Das sieht man schon daran, daß für ein bestimmtes Wissensfragment mehrere logisch äquivalente (und deshalb vielleicht gleich kodierte) Formulierungsmöglichkeiten bestehen, von denen jede ein anderes Problemlöseverhalten nach sich ziehen kann.

> Drei Würfel A, B, C sind in einer Reihe in der Reihenfolge A, B, C angeordnet. Über ihre Farben ist lediglich bekannt, daß A grün und C blau ist.
>
> Wie läßt sich dann die Frage beantworten, ob ein grüner Würfel direkt neben einem nicht-grünen Würfel liegt?

Die Antwort ist natürlich "ja"—unabhängig von der Farbe des Würfels B: Ist B grün, dann liegt er neben dem nicht-grünen Würfel C; ist B nicht grün, dann liegt der grüne Würfel A neben einem nicht-grünen (B).

Welche Fähigkeiten sollte nun aber ein Mensch besitzen, um diese Schlüsse ziehen zu können? Zumindest doch diese:

1. die Fähigkeit, die Wahrheit einer Existenzaussage zu erkennen, ohne genau zu wissen, welches Objekt sie wahr macht,

2. die Fähigkeit, für eine vorgelegte Aussage zu erkennen, daß entweder sie selbst oder ihr Gegenteil wahr sein muß und

3. die Fähigkeit, Fallunterscheidungen und Hypothesen in den Schlußfolgerungsprozeß einzubeziehen.

Alle diese Fähigkeiten sind jedoch von logischer Natur und haben gemeinsam, daß sie zur *Beschreibung unvollständig bekannter Situationen* herangezogen werden können und insofern von ganz besonderer Relevanz für "typische KI-Probleme" sein sollten. Das wird deutlicher, wenn wir sie in logischer Terminologie detaillieren:

- *Existentielle Quantifizierung:* Ein uns unbekanntes Objekt x hat eine bestimmte Eigenschaft P: $\exists x P(x)$

- *Universelle Quantifizierung:* Alle Vertreter x einer Klasse P haben eine bestimmte Eigenschaft Q. Es ist jedoch nicht genau bekannt, wer alles zu dieser Klasse gehört: $\forall x(P(x) \rightarrow Q(x))$

- *Disjunktion:* Wenigstens eine von zwei Aussagen P und Q ist wahr. Es ist aber nicht bekannt welche: $P \vee Q$

- *Negation:* Es kann unterschieden werden zwischen der Zusicherung, daß eine Aussage P nicht-wahr ist ($\neg P$) und dem Nicht-Zusichern, daß eine Aussage P wahr ist.

- *Terme:* Verschiedene Ausdrücke können zum Kennzeichnen von Objekten verwendet werden, ohne daß bekannt sein muß, ob sie sich auf dasselbe Objekt beziehen. Mit Hilfe des Gleichheitsprädikates kann außerdem explizit zugesichert werden, daß sich zwei Terme auf dasselbe Objekt beziehen.

Moore faßt sogar jeden Formalismus mit diesen Eigenschaften als (zumindest) eine Erweiterung der klassischen Prädikatenlogik auf und schreibt auf der anderen Seite jedem Mechanismus, der zu analogen Unterscheidungen von Objekten aufgrund ihrer Eigenschaften fähig ist, die konstituierenden Eigenschaften eines Theorembeweisers zu. Rechtfertigen kann er dies dadurch, daß er ontologische Fragen (was sind reale, was abstrakte Objekte, was sind Eigenschaften, Ereignisse, etc.) hinter Fragen danach zurückstellt, was sich über die wie auch immer gearteten Objekte zusichern läßt.

Derartige Formalismen leiden auch nicht unter jener Ausdrucksarmut, die rein objektzentrierten Repräsentationssystemen anhaftet: Die für diese Systeme erwünschte Analogie zwischen Verarbeitungsprozessen und den echten Prozessen des zu modellierenden Objektsystems ist nämlich nur solange von Vorteil, wie eine solche Entsprechung *naheliegt*, wird jedoch zur Zwangsjacke, sobald etwa Beziehungen *zwischen* Objekten herzustellen sind, die nicht lediglich in einer Teil/Ganzes- oder Art/Gattungs-Beziehung (Generalisierungsrelation) stehen oder gar *unvollständiges Wissen* dargestellt werden soll. Andererseits verfügen logische Systeme nicht über Mittel zur Organisation und Strukturierung der Repräsentation, die denen objektzentrierter Systeme ebenbürtig wären (vgl. auch [5] und [108]).

Die Prädikatenlogik erweist sich als grundlegend für jeden universellen Repräsentationsformalismus, da sie—in dem eben geschilderten Sinne—Wissen über beliebige Anwendungsbereiche zu formulieren gestattet. Über welchen Teil der Welt geredet wird, ist nicht so wichtig; es kann ja immer sein, daß nur partielles Wissen vorhanden ist—und in diesem Falle helfen die logischen Ausdrucksmittel weiter[8].

Auch der mit dem Wunsch nach Effizienz begründete Einsatz spezieller, häufig "semantikfreier" Schlußmechanismen (die für die meisten Expertensysteme typisch sind) "befreit" einen noch lange nicht von der Anwendung logischer Mittel—die obengenannten Eigenschaften zum Umgang mit unvollständigem Wissen konstituieren eben einen logischen Formalismus: wer so schließt, schließt deduktiv!

1.1.3 Logik als Programmiersprache

Eine wichtige Frage ist, auf welche Art und Weise Funktionen und Relationen formalisiert werden können, so daß standardisierte Deduktionsmethoden eine Verarbeitung der dabei zustandekommenden logischen Theorien erlauben, die annähernd so effizient ist wie die Verarbeitung imperativer Programme durch von Neumann-Maschinen. Um dieses Problem hat sich mittlerweile eine eigene Disziplin gebildet—die der sogenannten *Logik-Programmierung*[9].

Worum es dabei geht, möge die logische Reformulierung der im folgenden funktional (in LISP) formulierten listenverkettenden Funktion **append** illustrieren:

---

[8]Im Falle einer vollständigen Beschreibung der eine Problemlösung charakterisierenden Situation wäre ja keine Problemlöseaktivität zu entfalten: die Problemlösung ist dann schließlich direkt aus der Problembeschreibung ablesbar.

[9]Der bekannteste Vertreter von Logik-Programmiersystemen ist die Sprache PROLOG, mit der wir uns im Rahmen dieser Arbeit noch eingehender befassen werden.

```
(define (append A B)
   (cond ((null? A) B)
         (T (cons (car A) (append (cdr A) B)))))
```

Dazu fassen wir n-stellige Funktionen als rechtseindeutige (n+1)-stellige Relationen auf, womit die nachstehende prädikatenlogische Charakterisierung der *Append*-Relation (in Hornklauselform) auf der Hand liegt:

$$Append(x, y, y) \leftarrow Null(x)$$
$$Append(cons(w, x), y, cons(w, z)) \leftarrow Append(x, y, z)$$

Der zugrundeliegende Datentyp Liste sei dazu mit Hilfe der Gleichheitsrelation folgendermaßen gegeben:

$$List(l) \leftarrow Null(l)$$
$$List(l) \leftarrow Equal(l, cons(x, y)))$$
$$Equal(z, cons(car(z), cdr(z)))$$
$$Equal(x, car(cons(x, y)))$$
$$Equal(y, cdr(cons(x, y)))$$

Präsentiert man nun diese Axiome (nach einer unerheblichen syntaktischen Umformung) einem Logik-Programmiersystem wie PROLOG, so käme nach der Aufforderung, einen Beweis für die Aussage

$$\exists x\, Append(A, B, x)$$

zu versuchen, ein Beweisgeschehen in Gang, das

- einerseits ein Objekt x liefert (sofern eines existiert), das zu A und B in der *Append*-Relation steht, und

- andererseits exakt das Ablaufverhalten der korrespondierenden funktionalen Definition von *Append* widerspiegelt.

Die richtige Kontrolle der Deduktion verspricht also Deduktionsprozesse, mit denen Berechnungsprozesse im üblichen Sinne effizient modellierbar, ja sogar verallgemeinerbar sind (siehe auch [84]). Ein und dieselbe Spezifikation eines Systems von Funktionen kann nämlich nicht nur zur Berechnung der *Extension* von Funktionen, sondern sogar für *ungerichtete Berechnungen* eingesetzt werden[10]: So ließen sich etwa mit obiger *Append*-Spezifikation über die verschiedenen Beweise zur Anfrage

$$\exists x, y\, Append(x, y, C)$$

alle Zerlegungen der Liste C in Listen x, y erfahren, für die eben die Eigenschaft $Append(x, y, C)$ gilt.

Interessant ist dieses Beispiel auch, weil es demonstriert, daß eine Zusicherung sowohl als Datenstruktur als auch als Programm angesehen werden kann[11]. Die

---

[10]Diese Aussage muß natürlich relativiert gesehen werden: Zwar läßt sich jedes Programm, das Ergebnisse produziert, auch zur Überprüfung potentieller Ergebnisse heranziehen. Die meisten anderen (häufig nicht intendierten) Anwendungen des Programms werden jedoch ein—in Bezug auf Effizienz und Terminierung—weniger befriedigendes Beweisgeschehen in Gang bringen (für eine theoretische Behandlung siehe auch [168]).

[11]Das gilt auch für Programme, wie das Beispiel der Programmiersprache LISP zeigt.

häufig vernehmbare Ansicht, wonach sich prozedurale Repräsentationen über die Regel

> prozedurale Repräsentationen verhalten sich zu deklarativen Reprä-
> sentationen wie Programme zu Daten

charakterisieren lassen, greift folglich schlicht zu kurz (vgl. auch Hayes in [85]). Die Unterscheidung zwischen Daten und Programm hat eben nur etwas mit dem Verhältnis von einem Datum zu einem Interpreter zu tun, im Gegensatz zur Unterscheidung zwischen prozeduraler und deklarativer Repräsentation, bei der es in erster Linie um die Bedeutung von Strukturen geht.

1.2 Ausdruckskraft kontra Verarbeitung

Wie die Erfahrung zeigt, läßt sich die volle Prädikatenlogik nicht mit vertretbarem Aufwand zum Problemlösen einsetzen. Es liegt daher nahe, die Sprache der Prädikatenlogik so einzuschränken, daß Theorien, die in der so gewonnenen Sprache formuliert werden, auch effizient verarbeitet werden können. Ein Blick zurück auf den letzten Abschnitt zeigt, daß sich hierfür eine Einschränkung auf Hornklauseln anbietet: Jede Klausel zeigt an, wie ein vorgegebenes Problem *direkt* in Teilprobleme zerlegt werden kann. Die Teilprobleme konstituieren zusammen eine Lösung des vorgegebenen Problems, falls sie sich alle auf bereits gelöste Probleme (Fakten in Form sog. Einheitsklauseln) zurückführen lassen[12].

Das oben geschilderte Vorgehen hat aber einen Haken: So läßt sich zwar jede partiell rekursive Funktion mit Hilfe von Hornklauseln ausdrücken[13], was jedoch nichts daran ändern kann, daß die Hornklausellogik—verglichen mit voller Prädikatenlogik—doch recht restriktiv ist. Manche Konzepte—etwa die klassische Negation oder Disjunktion—lassen sich eben nicht direkt in Hornklausellogik formulieren.

So wundert es nicht, daß heute nahezu alle auf Hornklausellogik basierenden Logik-Programmiersysteme *extra-logische Konstrukte* zur Verfügung stellen, die—evtl. in Kombination—den angesprochenen Mangel an Ausdruckskraft kompensieren sollen. Dabei meint der Begriff "extra-logisch", daß die fraglichen Konstrukte zwar wie konventionelle Prädikate aussehen und vom Beweissystem auch so behandelt werden, ihr logischer Status aber nur von nachgeordneter Bedeutung ist. Interessant an ihnen ist weniger der logische Sachverhalt, den sie repräsentieren, als die Nebenwirkungen, die einen Versuch, sie zu "beweisen", begleiten sollen, etwa

- Manipulationen der den Beweisprozeß steuernden Suchstrategie,

- destruktive Veränderungen der Theorie, relativ zu der das Prädikat bewiesen werden soll (durch explizites Ändern der Klauselmenge, die das Logik-Programm konstituiert), oder gar

---

[12]Dieser Prozeß wird häufig als *Backward Chaining* bezeichnet.

[13]Berechenbarkeitsaspekte der Hornklausellogik betrachten wir später noch genauer.

- explizite Modifikationen von Variablenbindungen.

Sie alle haben gemeinsam, daß unter Ausnutzung von Kenntnissen über die interne Organisation des Beweissystems der Verlauf des *augenblicklich laufenden* Beweisversuchs und die Gestalt der ihn steuernden Theorie beeinflußt werden—in der Hoffnung, durch diese Prozeduralisierung

- das "normale" Beweisgeschehen zu beschleunigen und

- Sachverhalte "umschreiben" zu können, die mit Hornklauseln alleine nicht ausdrückbar wären.

Es liegt auf der Hand, daß die Existenz solcher Konstrukte dazu einlädt, auch bei der Formulierung von Logik-Programmen in einen imperativen "Programmier"-Stil zu verfallen, bei dem die logische Theorie als momentaner Zustand eines diese Theorie modifizierenden Berechnungsprozesses angesehen wird. In diesem Stil *muß* man u.E. sogar arbeiten, wenn man—wie z.B. in Japan im Zuge des 5th *Generation Project*—ganze Betriebssysteme bis hinab auf die Hardwareebene durchgängig in einer Sprache wie PROLOG implementieren will und damit ein Logik-Programmiersystem für Aufgaben einzusetzen plant, die bis jetzt der Assemblerprogrammierung vorbehalten waren.

Nun könnte man zwar einwenden, daß ein solches Verhalten zwar unästhetisch sein mag—vielleicht so, als ob man in einer funktionalen Programmiersprache einen imperativen Programmierstil à la FORTRAN pflegen würde—, daß einem aber aus praktischen Erwägungen heraus gar nichts anderes übrigbleibt. Dann muß man sich allerdings auch die Nichterfüllung jener Ansprüche vorhalten lassen, die gerade durch die Logik-Programmierung eingelöst werden sollten, insbesondere der, wonach ein Logik-Programm eine (vom Beweissystem ausführbare) *Spezifikation* darstellt, also ein Programm, an dem man seine Bedeutung unmittelbar ablesen kann.

Neben der *deklarativen Semantik* kann einem Logik-Programm auch noch eine *prozedurale Semantik* zugeordnet werden, nämlich jene Semantik, die vermöge der Abarbeitung des Logik-Programmms durch das Beweisystem gegeben ist (und die ja gerade zur Realisierung der extra-logischen "Prädikate" herangezogen wird).

Solange auf den Einsatz extra-logischer Konstrukte verzichtet wird, stimmen deklarative und prozedurale Semantik trivialerweise überein—vorausgesetzt, das Beweisverfahren ist *korrekt*. Werden jedoch Sprachmittel ins Feld geführt, mit denen das Beweisgeschehen "gesteuert" werden kann, so besteht die Gefahr, daß der so bemerkenswerte Dualismus zwischen *logischer Theorie* und *Logik-Programm* verloren geht und—wenn auch effizient—logisch nicht vertretbare "Schlüsse" aus Logik-Programmen gezogen werden.

Die obigen Ausführungen machen deutlich, daß auf den Einsatz extra-logischer Prädikate möglichst verzichtet werden soll. Doch auf welche genau? Und wie läßt sich dann noch eine effiziente Verarbeitung garantieren? Klassifizieren wir diese Prädikate noch einmal

1. in solche zur Beschleunigung des Beweisgeschehens und

2. solche, die einen Mangel an Ausdruckskraft kompensieren sollen,

so wird klar, daß Konstrukte der ersten Kategorie wohl noch am ehesten eliminierbar sein werden (vgl. auch Kowalski [103])—etwa schon dadurch, daß versucht wird, ein wiederholtes Ableiten bereits bekannter Sachverhalte in neuen Kontexten auszuschließen, indem man ein Unterstützungssystem Lemmata generieren und verwalten läßt.

Wirklich problematisch sind jedoch Konstrukte der zweiten Kategorie, die sich schon aufgrund ihrer Definition grundsätzlich nicht eliminieren lassen. Auch ihre Relevanz läßt sich nicht wegdiskutieren: Ohne sie bleibt die Logik-Programmierung auf eine sehr große Klasse von Anwendungsgebieten unanwendbar—insbesondere solche Gebiete, in denen sich der Kenntnisstand im Laufe der Problemlösung ändert. Soll das Logik-Programm den jeweils aktuellen Kenntnisstand widerspiegeln, muß es bei Bekanntwerden neuer Zusammenhänge mit Hilfe spezieller Operatoren modifiziert werden. Vorher muß also das aus der KI-Literatur bekannte *Frame-Problem* (vgl. [146]) gelöst werden:

> Inwieweit sind die Auswirkungen von kleinen Änderungen an einem Logik-Programm lokal, oder anders ausgedrückt, welche Teile eines Logik-Programms sind von Änderungen betroffen?

Aus Gründen einer effizienten Verarbeitung wäre es wünschenswert, wenn Theorieänderungen bereits durch ein explizites Hinzufügungen neuer Klauseln oder Wegnehmen alter Klauseln vollständig beschreibbar wären—unter der stillschweigenden Annahme, das "restliche Logik-Programm" möge unverändert bleiben. Die Identifikation dieses "Restes" ist aber das eigentliche Problem. Hierfür gibt es im wesentlichen zwei Gründe:

1. Nach der Wegnahme einzelner Klauseln sind Aussagen, die sich auf diese Klauseln gestützt haben und in Form von Lemmata gespeichert wurden, nicht mehr länger gültig.

2. Neu hinzugekommene Klauseln sind u.U. mit gewissen bereits vorhandenen Klauseln (und damit der ganzen Theorie) unverträglich.

Dabei kann der erste Fall überhaupt nur dann auftreten, wenn vorgesehen ist, daß gewisse Sachverhalte entweder automatisch vom Logik-Programmiersystem oder auf Anforderung durch den Benutzer als Lemmata abgespeichert werden[14]. Er kann außerdem ebenso wie der zweite Fall zu Inkonsistenzen führen, wenn auch nicht zu *formalen*, so doch zu *materialen*, z.B. dann, wenn—wie in den meisten praktisch eingesetzten Logik-Programmiersystemen—der Fehlschlag des Beweises einer bestimmten Aussage als Beweis des Gegenteils dieser Aussage

---

[14]Dem Benutzer stehen hierfür z.B. in PROLOG eigene Meta-Prädikate ASSERT und RETRACT zur Verfügung.

gewertet wird[15]. Hinzu kommt, daß die prozedurale Semantik der Modifikationsoperationen in Einklang mit der deklarativen Semantik des durch sie modifizierten Logik-Programms gebracht werden muß, also beispielsweise Modifikationen
zurückgenommen werden müssen, wenn der Beweis, im Verlauf dessen sie durchgeführt wurden, endgültig fehlschlägt.

Im Rahmen der vorliegenden Arbeit wird ein Beweissystem entwickelt, dessen
Architektur eine Antwort auf die meisten der angesprochenen Probleme darstellt.

1.3   Aufbau der Arbeit

Das sich anschließende Kapitel führt in die grundlegende logische Terminologie ein. Begriffe wie Theorie, Modell und Logik-Programm werden definiert
und ein Überblick über Resolutionstechniken gegeben. Nach einer kurzen Auseinandersetzung mit dem Problem der Antwortgenerierung schließt es mit einer
Gegenüberstellung von unterschiedlichen Techniken, Logik-Programmen eine Semantik zuzuordnen.

In Kapitel 3 wird untersucht, welche Rolle KI-Programmiersprachen als Vorläufer heutiger Logik-Programmiersprachen gespielt haben und inwiefern sich
Eigenschaften dieser Sprachen in modernen Logik-Programmiersprachen wiederfinden. Den Mittelpunkt dieser Untersuchung bildet eine Analyse der deklara-
tiv/prozedural-Kontroverse und deren Einfluß auf die historische Entwicklung
von KI-Programmiersprachen wie PLANNER und CONNIVER zu sogenannten
Aktorensystemen. Dabei wird dem Aspekt der *Offenheit* von Repräsentationssystemen besondere Beachtung geschenkt.

Kapitel 4 faßt zusammen, was heute üblicherweise unter Logik-Programmierung verstanden wird. Nach einer Einführung in den Begriffsapparat der
SLD-Resolution wird zunächst reines PROLOG, die prominenteste Logik-Programmiersprache, vorgestellt. Dabei werden jene PROLOG-Konstrukte identifiziert, deren prozedurale Semantik im Konflikt mit der deklarativen Sicht von
Logik-Programmierung steht. Es wird belegt, daß in PROLOG ohne die Zuhilfenahme extra-logischer Konstrukte weder die klassische Negation noch die
klassische Disjunktion ausdrückbar sind. In Vorbereitung auf Kapitel 6 und 7
wird eine auf Hyperresolution basierende Technik der Vorwärtsverarbeitung von
Logik-Programmen geschildert und als äquivalent zur üblichen Rückwärtsverar-
beitung mit SLD-Resolution nachgewiesen. Den Abschluß bildet ein Beweis, daß
die Hornklausellogik trotz ihrer strukturellen Einfachheit nicht entscheidbar ist.

Das 5. Kapitel setzt sich mit Logik-Programmierung aus einem konstruktivistischen Blickwinkel auseinander. Hier wird auch die Hauptthese der Arbeit
formuliert: Ohne allzu große Änderungen an dem Verfahren der SLD-Resolution
läßt sich ein effizient arbeitender Beweiser für einen Teil der intuitionistischen
Konsequenzlogik konstruieren, der wesentlich ausdruckstärker als reine Hornklausellogik ist. Deshalb wird zunächst nachgewiesen, daß SLD-Resolution auf

---

[15]Diese Metaregel wird in der Literatur meist als *Negation as Failure* bezeichnet.

der Basis von Hornklausellogik nicht aus dem Bereich des (positiven) intuitionistischen Konsequenzkalküls hinausführt. Dazu wird ein Übersetzungsverfahren angegeben, das zu einem erfolgreichen SLD-Beweis einen entsprechenden gewonnenen Dialog in Lorenzens *Dialogischer Logik* liefert. Ein Vergleich von intuitionistischen mit klassischen Kalkülen liefert schließlich eine Erklärung für die Schwierigkeiten mit Negation und Disjunktion. Zum Schluß des Kapitels werden Argumente für die Forderung gesammelt, daß die klassische Vorstellung von Negation—als syntaktische bzw. semantische Variante der *Closed World Assumption*—aufzugeben und durch die intuitionistische zu ersetzen ist. Nur dann läßt sich die durch die intuitionistische Interpretation von Logik-Programmen gewonnene Flexibilität bei Theorieänderungen vollständig ausnutzen.

Kapitel 6 führt in die *Reason-Maintenance* Systemen (RMS) zugrundeliegenden Techniken ein. Rechtfertigungsbasierte und annahmenbasierte Reason-Maintenance-Systeme werden einander gegenübergestellt und im Hinblick auf ihre Tauglichkeit für unser Vorhaben, ein allgemeineres Beweissystem zu bauen, untersucht. Besonderes Augenmerk kommt dabei solchen RMS-Konstrukten zu, die die Verwaltung von Disjunktion und Negation unterstützen sollen.

In Kapitel 7 wird die Architektur eines neuen Beweissystems namens RISC[16] vorgestellt, das im Geiste der im 5. Kapitel gewonnenen intuitionistischen Sichtweise von Logik-Programmierung konzipiert ist. Die Architektur wird in drei Schritten entwickelt:

Im ersten Schritt wird erörtert, wie Programme möglichst redundanzfrei ausgeführt werden können, vor allem, wie ein wiederholtes Berechnen von Zwischenergebnissen durch gezieltes Generieren sogenannter *Lemmata* vermieden werden kann. Da wir Logik-Programmierung nicht als synonym zu PROLOG verstehen, sondern insofern allgemeiner, als wir damit nicht gleichzeitig eine Verpflichtung auf eine bestimmte Problemlösestrategie—wie etwa die von PROLOG—eingehen wollen, erweist sich diese Aufgabe als schwieriger als zunächst erwartet. Ein neues Konzept—das des sogenannten *relevanten Prädikats*—gestattet eine Lösung. Mit Hilfe dieses Konzepts wird darüber hinaus ein Mechanismus zur ereignisgesteuerten Wiederaufnahme fehlgeschlagener Beweise beim Antreffen neuer, für sie relevanter Information entwickelt.

Im zweiten Schritt wird beschrieben, wie das System Benutzerwünsche nach Neuaufnahme oder Zurücknahme von Klauseln des Logik-Programms verarbeitet. Neben der Lemmagenerierung liegt hier das Hauptbetätigungsfeld für das dem Beweissystem zuarbeitende Reason-Maintenance-System. Das beschriebene Verfahren garantiert konsistenzerhaltende Theorietransformationen und läßt sich leicht so verallgemeinern, daß negative Information verarbeitbar wird.

Im dritten Schritt erfolgt eine weitere Verallgemeinerung dieses Verfahrens, die in einen Nachweis der in Kapitel 5 formulierten Hauptthese mündet: Es wird ein im Prinzip nach der SLD-Methode arbeitender, von einem Reason-Maintenance-System unterstützter Beweiser präsentiert, der einen großen Teil

---

[16]RISC steht für *Reason-Maintenance based Inference System for Generalized Horn-Clause Logic.*

der intuitionistischen Konsequenzlogik effizient verarbeiten und insbesondere hypothetische Schlüsse durchführen kann.

Nach einer Diskussion vergleichbarer Ansätze wird im letzten Kapitel eine Zusammenfassung des Erreichten und des eingeschlagenen Lösungswegs gegeben. Es wird noch einmal betont, daß Logik-Programmierung auch ohne den Einsatz extra-logischer Operatoren möglich und sinnvoll ist, und kurz erörtert, welche Rolle das entworfene Beweissystem im Kontext eines umfassenden Problemlösesystems spielen könnte.

Kapitel 2

Logische Grundbegriffe

Dieses Kapitel soll grundlegende Begriffe der Logik-Programmierung einführen, soweit sie für spätere Ausführungen benötigt werden. Der Schwerpunkt wird dabei auf die Diskussion der Resolutionsmethode von Robinson und deren theoretische Basis, die Herbrand-Modelle (vgl. dazu [157] sowie [141, 32]), gelegt. Im Anschluß daran werden zentrale Fragen bezüglich der Einsetzbarkeit von Logik-Programmierung für die Konstruktion von Frage-Antwort-Systemen (vgl. [80] und [6]) diskutiert. Schließlich wird geschildert, welche Schwierigkeiten man bei der Suche nach einer angemessenen Semantik für Logik-Programme zu überwinden hat. Zu diesem Zweck werden zunächst einige grundlegende Begriffe aus der Prädikatenlogik präsentiert.

2.1 Prädikatenlogik

Prädikatenlogik läßt sich unter zwei Gesichtspunkten sehen: einem syntaktischen und einem semantischen. Bei der Behandlung syntaktischer Aspekte beschäftigt man sich damit, welche wohlgeformten Formeln durch eine formale Grammatik zugelassen werden und welche formalen Schlüsse mit diesen Formeln zulässig sind. Bei der Auseinandersetzung mit semantischen Fragen untersucht man dagegen die Bedeutungen, die den Symbolen, die in diesen Formeln auftreten, zuordenbar sind, und das Verhältnis von formalen zu inhaltlichen Schlüssen. Wir wollen uns zunächst den grundlegenden Begriffen der Prädikatenlogik zuwenden.

2.1.1 Grundbegriffe der Prädikatenlogik

Eine prädikatenlogische Theorie besteht aus

1. einem Alphabet,

2. einer prädikatenlogischen Sprache (einer Menge von sog. wohlgeformten Formeln),

3. einer Menge von Axiomen, d.h. einer ausgezeichneten Teilmenge der wohlgeformten Formeln und

4. einer Menge von Schlußregeln, die zur Ableitung der Theoreme der Theorie benutzt werden.

Ein Alphabet ist eine Menge von Symbolen, die sich in die folgenden sechs Klassen gliedern läßt:

1. Variablen: x, y, z, ...

2. Funktionssymbole: f, g, h, ... einschließlich 0-stelliger Funktionssymbole (Konstanten): a, b, c, ...

3. Relationensymbole: P, Q, R, ...

4. Konnektive: $\neg, \rightarrow, \vee, \wedge, \equiv$

5. Quantoren: $\exists$ (Existenzquantor), $\forall$ (Allquantor)

6. Interpunktionssymbole: $(,)$

Dabei sind die Klassen 4–6 für alle Alphabete gleich, während die Klassen 1–3 (die *nicht-logischen Symbole*) sich i.a. von Alphabet zu Alphabet unterscheiden. Alle Klassen mit Ausnahme der Funktionssymbole müssen nicht-leer sein. Um bei der Notation von Formeln übergroße Klammergebirge zu vermeiden, sei folgende Vorrangregelung für Konnektive und Quantoren vereinbart[1]:

$$\neg, \forall, \exists$$
$$\vee$$
$$\wedge$$
$$\rightarrow, \equiv$$

Auf der Grundlage dieses Symbolvorrates läßt sich nun die Definition der prädikatenlogischen Sprache über einem Alphabet durchführen.

Definition 2.1 *Ein* Term *ist induktiv definiert durch:*

1. Jede Variable ist ein Term.

2. Jede Konstante ist ein Term.

3. Ist f ein n-stelliges Funktionssymbol und sind $t_1, \ldots, t_n$ Terme, so ist auch $f(t_1, \ldots, t_n)$ ein Term.

4. Dies sind alle Terme.

Terme sind also gerade die Ausdrücke, die die Individuen des Interpretationsbereichs bezeichnen.

Definition 2.2 *Eine (wohlgeformte)* Formel *(kurz: wff) ist induktiv definiert wie folgt:*

---

[1] Der Vorrang nimmt von oben nach unten ab.

1. *Ist P ein n-stelliges Relationssymbol und sind $t_1, \ldots, t_n$ Terme, so ist auch $P(t_1, \ldots, t_n)$ eine (atomare) Formel (im folgenden auch kurz Atom genannt).*

2. *Sind F und G Formeln, so sind auch*

$$(\neg F), (F \wedge G), (F \vee G), (F \to G) \ und \ (F \equiv G)$$

Formeln[2].

3. *Ist F eine Formel und ist x eine Variable, so sind auch*

$$(\exists x F) \quad und \quad (\forall x F)$$

Formeln.

4. *Dies sind alle Formeln.*

Damit haben wir die Struktur logischer Formeln definiert—eine Struktur, die übrigens häufig für den induktiven Beweis von Aussagen über die Gesamtheit aller Formeln ausgenutzt wird (obwohl es manchmal einfacher ist, Induktionsbeweise über die Länge bzw. Verschachtelungstiefe von Formeln zu führen).

Definition 2.3 *Die (prädikatenlogische) Sprache über einem Alphabet ist genau die Menge derjenigen Formeln, die sich—wie beschrieben—aus diesem Alphabet konstruieren lassen.*

Eine prädikatenlogische Sprache ist somit vollständig durch die nicht-logischen Symbole ihres Alphabets bestimmt.

Für die eindeutige Zuordnung einer Bedeutung zu prädikatenlogischen Formeln müssen wir noch zwei (relativ zu einer vorgegebenen Formel) verschiedene Klassen von Variablen unterscheiden:

Definition 2.4 *Freie und gebundene Variablen:*

- *Der Gültigkeitsbereich einer Quantifikation $\forall x$ (bzw. $\exists x$) in einer Formel $\forall x F$ (bzw. $\exists x F$) ist genau die Teilformel F. Die Variable x heißt dann gebunden in $\forall x F$ (bzw. $\exists x F$).*

- *Eine Variable, die in keiner Teilformel einer Formel F gebunden auftritt, heißt frei in F.*

Wollen wir betonen, daß $x_1, \ldots, x_n$ frei in F sind, so notieren wir F als

$$F[x_1, \ldots, x_n].$$

Diejenige Formel, die durch Substitution der Terme $t_1, \ldots, t_n$ für die freien Variablen $x_1, \ldots, x_n$ in F entsteht, schreiben wir dann

---

[2]Anstelle von $(F \to G)$ schreiben wir auch $(G \leftarrow F)$.

$$F[t_1, \ldots, t_n].$$

Definition 2.5 *Eine* geschlossene Formel *ist eine Formel, in der keine Variable frei auftritt.*

Die Axiome einer prädikatenlogischen Theorie werden üblicherweise in Form einer ausgezeichneten Teilmenge der geschlossenen Formeln der zugehörigen Sprache gegeben.

Ist eine Formel nicht geschlossen, so können wir sie durch einen Kunstgriff zu einer geschlossenen Formel machen:

Definition 2.6 *Existentieller bzw. universeller Abschluß einer Formel:*

- *Ist F eine Formel, so bezeichnet $\forall(F)$ den* universellen Abschluß *dieser Formel. Dieser läßt sich dadurch gewinnen, daß man für jede in F frei auftretende Variable einen entsprechenden Allquantor vor die Formel stellt.*

- *Analog läßt sich der* existentielle Abschluß $\exists(F)$ *einer Formel F herstellen, indem man entsprechend Existenzquantoren für freie Variablen voranstellt.*

Nicht-geschlossene Formeln werden im folgenden so behandelt, als wären sie universell abgeschlossen.

Wir beschreiben nun, wie einer prädikatenlogischen Sprache eine Semantik zugeordnet werden kann. Dazu ist im wesentlichen ein sog. Interpretationsbereich zu vereinbaren und zu klären, welche Bedeutung jedem nicht-logischen Symbol zuzuschreiben ist:

Definition 2.7 *Eine* Interpretation $\mathcal{I}$ *für eine logische Sprache besteht aus*

1. *einer nicht-leeren Menge $\mathcal{D}$, dem sog. Interpretationsbereich,*

2. *einer Abbildung $\mathcal{F}$, die jedem Funktionssymbol eine Funktion über $\mathcal{D}$ mit der selben Stelligkeit zuordnet (damit sind insbesondere auch die Konstanten durch Elemente aus $\mathcal{D}$ interpretiert),*

3. *einer Abbildung $\mathcal{P}$, die jedem Relationssymbol eine Relation über $\mathcal{D}$ mit der selben Stelligkeit zuordnet, und*

4. *einer Bewertungsfunktion $\mathcal{V}$, die jeder Variablen einen Wert aus $\mathcal{D}$ zuordnet.*

Wir werden häufig auch von Interpretationen einer Formelmenge Γ sprechen. Wir setzen dann stillschweigend voraus, daß die Γ zugrundeliegende prädikatenlogische Sprache schon vollständig durch die in Γ auftretenden Symbole definiert ist.

Die Bewertung der nicht-logischen Symbole induziert in naheliegender Weise eine Bewertung der Terme:

$$\mathcal{V}(f(t_1, \ldots, t_n)) := \mathcal{F}(f)(\mathcal{V}(t_1), \ldots, \mathcal{V}(t_n))$$

und einen Wahrheitsbegriff (relativ zu $\mathcal{I}$) für atomare Formeln:

$$R(t_1, \ldots, t_n) \text{ wahr } \quad \text{gdw.} \quad (\mathcal{V}(t_1), \ldots, \mathcal{V}(t_n)) \in \mathcal{P}(R)$$

der sich vermöge der Vereinbarung

logische Negation	interpretiert	$\neg$
logische Konjunktion	interpretiert	$\wedge$
logische Disjunktion	interpretiert	$\vee$
logische Implikation	interpretiert	$\rightarrow$
logische Äquivalenz	interpretiert	$\equiv$

auf beliebige, über Konnektive aus atomaren Formeln erhältliche Formeln verallgemeinern läßt.

Definition 2.8 *All- und Existenzquantoren:*

- $(\forall x F)$ *ist wahr gdw. alle Variablenbewertungen, die sich höchstens in der Bewertung von x unterscheiden, F wahr machen.*

- $(\exists x F)$ *ist wahr gdw.* $(\neg \forall x \neg F)$ *wahr ist.*

Damit haben wir für jede prädikatenlogische Formel F geklärt, wann sie in einer vorgegebenen Interpretation $\mathcal{I}$ *wahr* ist[3]. Wir schreiben hierfür:

$$\mathcal{I} \models F$$

und sagen: $\mathcal{I}$ ist ein *Modell* für F. Diese Konvention verallgemeinern wir außerdem in naheliegender Weise auf Mengen Γ von Formeln und schreiben analog: $\mathcal{I} \models \Gamma$.

Die folgenden Definitionen thematisieren Wahrheit unter wechselnden Interpretationen:

Definition 2.9 *Erfüllbarkeit und Gültigkeit:*

- *Gibt es für eine Formel F eine Interpretation $\mathcal{I}$, die F wahr macht, so heißt F erfüllbar.*

- *Eine Formel F heißt gültig, falls sie in jeder Interpretation wahr ist. Dafür schreiben wir:* $\models F$.

- *Ist eine Formel F in keiner Interpretation wahr, so nennen wir sie unerfüllbar und schreiben:* $\not\models F$.

Mit diesem Vokabular sind wir nun in der Lage, den zentralen Begriff der logischen Konsequenz zu formulieren:

---

[3]Offenbar zementiert diese klassische Technik zur Bewertung logischer Formeln die Eigenschaft der *Wahrheitsdefinitheit* (jede Formel ist in einer gegebenen Interpretation entweder wahr oder falsch), die sehr eng mit der sogenannten *Closed World Assumption* zusammenhängt. Wir werden uns diesem Aspekt später—insbesondere mit einer Diskussion der von Lorenzen begründeten Dialogischen Logik (siehe [114])—genauer widmen.

Definition 2.10 *Ist Γ eine Menge geschlossener Formeln und F eine beliebige geschlossene Formel, dann bezeichnen wir F als* logische Konsequenz von Γ, *geschrieben*[4]

$$\Gamma \models F,$$

falls für jede Interpretation $\mathcal{I}$ gilt:

$$\text{falls } \mathcal{I} \models \Gamma, \quad \text{dann } \mathcal{I} \models F$$

Offensichtlich gilt damit:

$$\Gamma \cup \{\neg F\} \text{ ist unerfüllbar} \quad \text{gdw.} \quad \Gamma \models F.$$

Die Vielzahl an Definitionen zu Anfang dieses Abschnittes mag den Eindruck erweckt haben, als könnte Logik lediglich einen Beitrag durch ihre (spärliche) Syntax leisten. Dem ist aber (wie die letzten Definitionen zeigen) nicht so—vielmehr besticht Logik gerade dadurch, daß sie eine semantische Theorie offeriert. So stellt jede Logik eine Sammlung von Ideen darüber dar, wie Sachverhalte einer gewissen Welt auszudrücken sind, und ihre Metatheorie wiederum läßt sich als eine Sammlung von Techniken zur Analyse solcher Sprachen auffassen—genauer gesagt, zu einer Analyse der *extensionalen* Bedeutung von Ausdrücken einer logischen Sprache. Die logische Bedeutung von Ausdrücken regelt mithin, zu welchen Schlüssen ein Inferenzmechanismus mit welchen Ausdrücken berechtigt ist (vgl. Hayes in [85]).

Blicken wir auf unsere Semantikdefinitionen zurück, so sehen wir, daß ein prädikatenlogischer Ausdruck gerade das meint, was er über eine mögliche Welt (Interpretation) behauptet—zwei Ausdrücke, die von den gleichen möglichen Welten erfüllt werden, haben demnach per definitionem identische Bedeutung. Soll diese Definition einen Sinn ergeben, müssen wir über eine Methode verfügen, mit der wir entscheiden können, ob ein Ausdruck in einer vorzustellenden Welt erfüllt ist oder nicht. Haben wir diese Methode gefunden, so zieht sie ganz natürlich den Inferenzbegriff der logischen Konsequenz nach sich.

Wir verzichten an dieser Stelle auf Ausführungen über den klassischen prädikatenlogischen Ableitungsbegriff, da wir in erster Linie an Ableitungsbegriffen für das maschinelle Beweisen interessiert sind. An die Diskussion dieser Begriffe werden wir allerdings mit der gleichen Intention wie ein klassischer Prädikatenlogiker herangehen, nämlich in der Hoffnung, den syntaktischen und semantischen Folgerungsbegriff (die eben angesprochene logische Konsequenz) möglichst eng miteinander zu verschweißen.

So wie wir den Begriff der Bedeutung eingeführt haben, ist er lediglich fixiert in Bezug auf eine mögliche Welt. Das impliziert natürlich noch nicht, daß jeder logische Ausdruck auch eine Entsprechung in der zu modellierenden Welt hat.

---

[4]Wir erlauben uns hier eine etwas laxe Schreibweise, indem wir davon ausgehen, daß der Kontext entscheiden möge, ob nun links vom Zeichen $\models$ jeweils eine Interpretation (d.h. eine algebraische Struktur) oder eine schlichte Formelmenge steht, ob es sich also um die Angabe einer Wahrheit oder einer logischen Konsequenz handelt.

Um seine Bedeutung genauer zu charakterisieren, muß vielmehr die Gesamtheit der von ihm ermöglichten Welten durch weitere Zusicherungen möglichst weit eingeschränkt werden. Dadurch kommen aber wieder neue erklärungsbedürftige Symbole ins Spiel. Diese müssen dann wieder konsistent mit den logisch zueinander in Beziehung stehenden Aussagen über die Welt sein (vgl. auch [74, 75]). Es kann also nicht Aufgabe der Logik sein, Definitionen oder vollständige strukturelle Beschreibungen von Objekten (der realen Welt) zu ermöglichen[5], mit deren Hilfe dann ein Ausschnitt der realen Welt "exakt" modellierbar wäre.

2.1.2 Prädikatenlogische Formeln in Klauselform

Das noch vorzustellende Resolutionsverfahren—das zentrale Verfahren der Disziplin des automatischen Beweisens—ist nur auf Formeln einer speziellen syntaktischen Form anwendbar, der sogenannten *Klauselform*, die durch die folgenden Definitionen eingeführt werden soll:

Definition 2.11 *Ein* Literal *ist ein Atom oder die Negation eines Atoms.*

- *Ein* positives Literal *ist ein Atom.*

- *Ein* negatives Literal *ist die Negation eines Literals.*

Definition 2.12 *Eine* Klausel *ist eine Formel der Form*

$$\forall x_1, \ldots, x_n (L_1 \vee \ldots \vee L_m),$$

in der die L_i für Literale und die $x_1, \ldots, x_n$ für all die Variablen stehen, die in $L_1, \ldots, L_m$ (frei) vorkommen.

In Übertragung des Sprachgebrauchs werden Klauseln, die nur aus positiven Literalen bestehen, *positive Klauseln* genannt und solche, die nur aus negativen Literalen bestehen, *negative Klauseln*. Alle übrigen Klauseln heißen *gemischt*.

Wir schreiben Klauseln in einer speziellen *Klauselnotation*:

$$\forall x_1, \ldots, x_s (A_1 \vee \ldots \vee A_k \vee \neg B_1 \vee \ldots \vee \neg B_n).$$

Diese Notation wird in Zukunft durch

$$A_1, \ldots, A_k \leftarrow B_1, \ldots, B_n$$

wiedergegeben, wobei $A_1, \ldots, A_k, B_1, \ldots, B_n$ Atome sind und $x_1, \ldots, x_s$ all jene Variablen, die in diesen Atomen vorkommen. In dieser Notation werden demnach alle Variablen als allquantifiziert betrachtet. Die Kommas auf der rechten Seite (dem *Antecedens*) stehen für Konjunktionen, die auf der linken (dem *Konsequens*) für Disjunktionen. Die Notation erscheint angebracht, da die Aussage

---

$$\forall x_1, \ldots, x_s (A_1 \vee \ldots \vee A_k \vee \neg B_1 \vee \ldots \vee \neg B_n)$$

klassisch logisch äquivalent ist zu:

$$\forall x_1, \ldots, x_s (A_1 \vee \ldots \vee A_k \leftarrow B_1 \wedge \ldots \wedge B_n)$$

Es stellt sich natürlich die Frage, in welchem Zusammenhang allgemeine logische Formeln zu Formeln in Klauselform stehen. Eine Antwort darauf gibt das folgende Theorem:

Theorem 2.1 *Jede prädikatenlogische Formel F läßt sich effektiv in eine prädikatenlogische Formel F' überführen, für die gilt:*

1. *F ist erfüllbar gdw. F' erfüllbar ist.*

2. *F' ist in* Skolem Normalform:

$$F' \equiv \forall x_1, \ldots, x_l (C_1 \wedge \ldots \wedge C_s)$$

wobei jedes C_i eine Klausel ist.
In verkürzter Schreibweise notieren wir dies durch:

$$F' \equiv \{C_1, \ldots, C_s\}$$

Wegen der grundlegenden Bedeutung, geben wir im folgenden das zugehörige Konstruktionsverfahren an:

1. Enthält F freie Variablen, so ist F existentiell abzuschließen.

2. Variablen, die in F mehr als einmal quantifiziert werden, sind durch gebundene Umbenennung formelweit eindeutig zu machen.

3. Auftreten der Konnektive $\rightarrow$ und $\equiv$ sind durch folgende Ersetzungen zu eliminieren:

$$
\begin{array}{lll}
B \rightarrow C & \text{durch} & \neg B \vee C \\
B \equiv C & \text{durch} & (\neg B \vee C) \wedge (\neg C \vee B)
\end{array}
$$

4. Negationen sind ins Formelinnere zu bewegen durch die Ersetzungen:

$$
\begin{array}{lll}
\neg(\forall x B) & \text{durch} & \exists x (\neg B) \\
\neg(\exists x B) & \text{durch} & \forall x (\neg B) \\
\neg(B \vee C) & \text{durch} & \neg B \wedge \neg C \\
\neg(B \wedge C) & \text{durch} & \neg B \vee \neg C \\
\neg\neg B & \text{durch} & B
\end{array}
$$

5. Eliminieren aller existentiellen Quantifikationen durch iterierte Ausführung der folgenden Operation:

- Sei $(\exists x B[x])$ der Teilausdruck mit dem äußersten Auftreten eines Existenzquantors und seien $x_1, \ldots, x_n$ all jene freien Variablen, für die gilt, daß der Ausdruck $(\exists x B[x])$ im Gültigkeitsbereich von Allquantoren $\forall x_1, \ldots, \forall x_n$ liegt.

- Ersetze dann diesen Teilausdruck durch

$$B[f(x_1, \ldots, x_n)]$$

wobei f ein *neues* Funktionssymbol ist (f heißt dann *Skolemfunktion*).

6. Konvertieren der Formel in *Pränexform*, d.h. Bewegen aller Allquantoren soweit nach links wie möglich. Die resultierende Formel besteht dann aus einer Folge von Allquantoren (dem *Präfix*), an die sich ein quantorenfreier Teil (die *Matrix*) anschließt.

7. Umformen der Matrix in *konjunktive Normalform* durch die Ersetzungen:

$$\begin{array}{lll} B \vee (C \wedge D) & \text{durch} & (B \vee C) \wedge (B \vee D) \\ (B \wedge C) \vee D & \text{durch} & (B \vee D) \wedge (C \vee D) \end{array}$$

Die Schritte 1–5 transformieren eine Formel F in eine Formel F', für die gilt:

$$F \text{ ist erfüllbar} \quad \text{gdw.} \quad F' \text{ ist erfüllbar.}$$

Alle anderen Schritte transformieren Formeln in logisch äquivalente.

Das soeben bewiesene Theorem ist von entscheidender Bedeutung, da die noch einzuführende Resolutionsmethode voraussetzt, daß Formeln in Klauselform vorliegen.

Wir sind jetzt in der Lage, den Begriff Logik-Programm definitorisch zu fassen:

Definition 2.13 *Definite Klauseln und Einheitsklauseln:*

- *Eine* definite Klausel *ist eine Klausel mit genau einem positiven Literal:*

$$A \leftarrow B_1, \ldots, B_n.$$

Diese Klauseln heißen auch bedingte Klauseln.

- *Der Spezialfall einer definiten Klausel ohne ein negatives Literal ist eine* Einheitsklausel:

$$A \leftarrow$$

Diese Klauseln heißen auch unbedingte Klauseln.

Definition 2.14 *Ein* Logik-Programm *ist eine endliche Menge von definiten Klauseln.*

Wir sind im Rahmen dieser Arbeit besonders an solchen prädikatenlogischen Theorien interessiert, deren Axiome durch die Klauseln von Logik-Programmen gegeben sind.

Definition 2.15 *(Unter-) Ziele und Zielklauseln:*

- *Eine* Zielklausel *ist eine Klausel der Form*

$$\leftarrow B_1, \ldots, B_n;$$

  sie enthält also kein positives Literal.

- *Jedes Literal B_i einer Zielklausel ist ein sog.* Unterziel.

Nachdem eine Zielklausel

$$\leftarrow B_1, \ldots, B_n$$

mit freien Variablen $x_1, \ldots, x_k$ nur abkürzend für

$$\neg \exists x_1, \ldots, x_k (B_1 \wedge \ldots \wedge B_n) \tag{2.1}$$

steht, fassen wir eine Klausel ohne Antecendens und Konsequens, die sog. *leere Klausel* (geschrieben □), als Widerspruch auf[6]. Natürlich gilt generell für eine Formelmenge Γ, daß sie unerfüllbar ist, falls die leere Klausel eine logische Konsequenz aus ihr ist:

$$\not\models \Gamma \quad \text{gdw.} \quad \Gamma \models \square$$

Definition 2.16 *Eine* Hornklausel *ist eine definite Klausel oder eine Zielklausel.*

Ziele lassen sich offenbar als *Anfragen* an ein Logik-Programmiersystem verstehen: Die durch ein Ziel der Form (2.1) gesetzte Behauptung läßt sich nämlich nur dadurch widerlegen, daß konkrete Objekte $o_1, \ldots, o_k$ angegeben werden, die die Aussage

$$(B_1 \wedge \ldots \wedge B_n)[o_1, \ldots, o_k]$$

wahr machen.

Ein Logik-Programmiersystem hat nun genau die Aufgabe, für ein gegebenes Logik-Programm die Berechnung von Bindungen zwischen Variablen eines Zieles und konkreten Objekten durchzuführen.

Es wird sich erweisen, daß eine Beschränkung auf Hornklausel-Logik die besonders bequeme und effiziente Formulierung von Verfahren zur Beantwortung von Anfragen gestattet.

---

[6]Die leere Klausel ist folglich die einzige zugleich positive und negative Klausel.

2.2 Herbrand-Interpretationen

Gesetzt den Fall, uns läge eine endliche Menge S von Klauseln vor, die eine prädikatenlogische Formel in Skolem Normalform repräsentiert, und nehmen wir weiter an, wir wollten zeigen, daß S unerfüllbar ist. Wie die folgenden Ausführungen dokumentieren werden, ist es nicht nötig, für jede Interpretation die Unwahrheit von S zu erhärten: Es genügt vielmehr, sich auf eine spezielle Klasse von Interpretationen zu beschränken, die sog. *Herbrand-Interpretationen*.

Definition 2.17 *Alle Herbrand-Interpretationen für S haben denselben Interpretationsbereich H_S, genannt* Herbrand-Universum*:*

- *Enthält S wenigstens ein 0-stelliges Funktionssymbol, so besteht H_S aus genau den Termen, die sich mit den Funktionssymbolen von S-konstruieren lassen.*

- *Enthält S kein 0-stelliges Funktionssymbol, so ist zunächst ein beliebiges (neues) 0-stelliges Funktionssymbol einzuführen und dann H_S wie beschrieben zu definieren.*

Alle Herbrand-Interpretationen für S weisen einem festen Funktionssymbol die gleiche Bedeutung zu:

$$\mathcal{V}(f(t_1,\ldots,t_n)) := f(t_1,\ldots,t_n)$$

Die Bedeutung eines Terms ist also der Term selbst (das gilt auch für Konstanten, da diese ja als 0-stellige Funktionen auffaßbar sind).

Definition 2.18 *Die* Herbrand-Basis B_S *für S ist die Menge all jener atomarer Formeln*

$$R(t_1,\ldots,t_n)$$

für die gilt: R ist ein n-stelliges Relationssymbol und

$$t_1,\ldots,t_n \in H_S$$

Zwei Herbrand-Interpretationen für S unterscheiden sich nun lediglich darin, wie sie die Relationssymbole aus S interpretieren, d.h. in ihrer jeweiligen Abbildung $\mathcal{P}$:

$$R(t_1,\ldots,t_n) \text{ wahr} \quad \text{gdw.} \quad (t_1,\ldots,t_n) \in \mathcal{P}(R)$$

Jede Zuweisung von Wahrheitswerten an die Atome der Herbrand-Basis liefert demnach eine mögliche Herbrand-Interpretation. Nachdem die Interpretation von Konstanten- und Funktionssymbolen in allen Herbrand-Interpretationen für S fest ist, lassen sich Herbrand-Interpretationen $\mathcal{I}$ von S mit Teilmengen der Herbrand-Basis B_S von S identifizieren:

$$\mathcal{I} := \{A \in B_S \mid \mathcal{I} \models A\}.$$

Offensichtlich hat somit jede Menge S, die überhaupt ein Modell besitzt auch
ein *Herbrand-Modell*. Darüber hinaus gilt sogar:

Theorem 2.2 *Eine Klauselmenge S ist unerfüllbar gdw. S ist unwahr unter
allen Herbrand-Interpretationen.*

Dieses Theorem gilt allerdings nur, falls S wirklich eine Menge von *Klauseln*
darstellt und nicht schon, wenn S eine beliebige Menge geschlossener Formeln
ist. In diesem Fall müssen demzufolge wieder alle Interpretationen betrachtet
werden.

Das Theorem von Herbrand erlaubt uns bei der Überprüfung der Unerfüllbarkeit von Klauselmengen noch eine weiterreichende Arbeitsersparnis. Für dessen
Formulierung müssen wir jedoch noch einmal unser Begriffsrepertoire erweitern:

Definition 2.19 *Grundklauseln und Grundinstanzen:*

- *Eine* Grundklausel *ist eine Klausel, in der keine Variablen auftreten.*

- *Eine* Grundinstanz einer Klausel C *ist eine Grundklausel, die dadurch
  erhältlich ist, daß alle Variablen von C durch Terme des Herbrand-Universums ersetzt werden.*

Der Begriff der Grundinstanz überträgt sich in natürlicher Weise von Klauseln
auf Klauselmengen. Die Menge der Grundinstanzen einer (endlichen) Klau-
sel(menge) ist außerdem offensichtlich rekursiv aufzählbar.

Repräsentiert nun S eine Formel in Skolem Normalform, so sind mit obigen
Definitionen folgende Aussagen für eine feste Herbrand-Interpretation $\mathcal{I}$ äquivalent:

S ist unwahr in $\mathcal{I}$

Eine Grundinstanz von S ist unwahr in $\mathcal{I}$

Die Grundinstanz einer Klausel von S ist unwahr in $\mathcal{I}$

Diese Erkenntnisse legen das folgende Theorem nahe (dessen Beweis sich etwa in
[32] findet):

Theorem 2.3 (Herbrand) *Eine Klauselmenge S ist unerfüllbar gdw. es eine
endliche Menge von Grundinstanzen von S gibt, die unerfüllbar ist.*

Mit Hilfe dieses Theorems läßt sich leicht ein *partielles Entscheidungsverfahren
für die Unerfüllbarkeit einer Klauselmenge S* angeben. Zu diesem Zweck definieren wir die folgenden zwei Abbildungen:

- Zu $\mathcal{E}$, einem Aufzählungsverfahren für die Menge der Grundinstanzen von
  S, und $i \in I\!N$ sei:

$$G_i := \mathcal{E}(i)$$

- und weiter für $i \in I\!N$ sei

$$
\begin{aligned}
S_0 &:= G_0 \\
S_{i+1} &:= (S_i \wedge G_{i+1})
\end{aligned}
$$

Jede Formel S_i läßt sich offenbar problemlos auf ihre Unerfüllbarkeit testen, da sie ja keine Variablen enthält und demnach wie eine aussagenlogische Formel behandelt werden kann.

Sei nun weiter[7]

$$
\mathcal{U}(S) := \begin{cases} \min\{i \mid S_i \text{ ist unerfüllbar}\}, & \text{falls } \{i \mid S_i \text{ ist unerfüllbar}\} \neq \emptyset \\ \uparrow & \text{sonst} \end{cases}
$$

Die Funktion $\mathcal{U}$ ist trivialerweise auch *berechenbar*, und es gilt für eine beliebige endliche Klauselmenge S:

1. $\mathcal{U}(S)$ hält gdw. S unerfüllbar ist (aufgrund des Herbrand-Theorems).

2. Hält $\mathcal{U}(S)$, so gilt für alle $i \in I\!N$:

$$
S_{\mathcal{U}(S)+i} \text{ ist unerfüllbar.}
$$

Dieses Verfahren Herbrands (vgl. auch [87]) wurde zuerst 1960 von Gilmore (siehe [76]) implementiert. Der zentrale Schritt des Unerfüllbarkeitstests der Formeln S_i bestand bei ihm darin, die S_i in die disjunktive Normalform zu überführen, um dann zu prüfen, ob in ihr jede Konjunktion für ein Atom A das Atom A selbst und dessen Negation $\neg A$ enthält.

Mit dem Verfahren von Gilmore konnten allerdings nur sehr einfache Sätze bewiesen werden. Hierfür ist wohl in erster Linie die Tatsache verantwortlich, daß der Konstruktionsprozeß der S_i völlig ziellos abläuft und deshalb unnötig viele Zwischenklauseln generiert werden. Die einzige Aussage, die man über ihn machen kann, ist schließlich, daß er eine exhaustive Suche nach Grundklauseln von S im Herbrand-Universum durchführt. Daß diese Suche in irgendeiner Weise an dem Ziel der Widerlegung von S ausgerichtet ist, ist deshalb natürlich nicht zu erwarten.

Erst durch das bahnbrechende Papier von Robinson (siehe [157]) konnte dieses Verfahren zu einem praktikablen verfeinert werden, der sog. *Resolutionsmethode*.

2.3 Resolution

Es gibt unzählige Vorgehensweisen bei der Suche nach dem Beweis eines vorgegebenen prädikatenlogischen Satzes. Die naheliegendste ist wohl die, ausgehend von einer Menge von Axiomen systematisch alle aus ihnen erschließbaren

---

[7]Es gelte die folgende Konvention: Der ausgezeichnete Wert $\uparrow$ wird als *undefiniert* interpretiert und jedes die Funktion $\mathcal{U}$ berechnende Programm divergiert an jeder undefinierten Stelle.

Sätze abzuleiten in der Hoffnung, dabei auch den fraglichen Satz zu erhalten (die KI würde ein derartiges Vorgehen *generate-and-test* nennen und mit einer Vielzahl sog. heuristischer Regeln aufwarten, mit deren Hilfe sich der Suchraum einschränken läßt). Dieses Vorgehen ist zwar *konstruktiv*, aber blind.

Eine davon grundverschiedene Strategie ist die *reductio ad absurdum*, die von sog. *Resolutionsbeweisern* eingesetzt wird:

- Das Negat $\neg S$ der zu beweisenden Formel S wird angenommen.

- Es wird nachgewiesen, daß die Konjunktion aus den Axiomen Ax und $\neg S$ unerfüllbar ist, d.h.

$$Ax \cup \{\neg S\} \models \Box$$

- Auf Grund der Annahme der Gültigkeit der Axiome wird die Unwahrheit von $\neg S$ und damit die Wahrheit von S erschlossen.

Dieses Vorgehen wird Beweis durch Widerlegung (*reductio ad absurdum*) genannt. Seine Akzeptanz steht und fällt allerdings mit der Akzeptanz des *tertium non datur*, da ja lediglich nachgewiesen wird, daß das Negat der fraglichen Formel widerlegbar ist, die Formel selbst somit nicht unwahr sein kann. Für die Resolutionsmethode gilt natürlich—wie für jede andere Beweismethode—, daß sie nur eine Semi-Entscheidungsprozedur darstellt, da ja das Theorem von Church und Turing ein für allemal die Nicht-Existenz einer Entscheidungsprozedur für die Gültigkeit von prädikatenlogischen Formeln fixiert hat. Auf Fragen der Korrektheit und Vollständigkeit spezieller Resolutionstechniken werden wir jedoch später zurückkommen.

Die beiden folgenden Abschnitte—die Vorstellung der Grundresolution und deren Verallgemeinerung (die schlicht Resolution heißen möge)—werden die Überlegenheit der Resolutionsmethode über ihren Vorläufer, das geschilderte Verfahren von Herbrand, belegen und erklären, warum sie zu einer der wichtigsten Schlußtechniken des automatischen Beweisens zu zählen ist:

1. Eine einzige Inferenzregel (eben die Anwendung eines Resolutionsschrittes) genügt, um die Unerfüllbarkeit einer Menge von Grundklauseln nachzuweisen.

2. Die Resolutionsmethode instantiiert die Variablen einer vorgegebenen Klauselmenge S unter Berücksichtigung des Ziels der Widerlegung von S.

Zuvor sei jedoch noch einmal daran erinnert, daß alle Varianten der Resolutionsmethode nur auf unquantifizierten Formeln arbeiten können. Deshalb sind diese Formeln—mit dem geschilderten Verfahren—vor ihrer Verarbeitung in Skolem-Normalform zu transformieren.

An dieser Stelle soll jedoch nicht verschwiegen werden, daß gerade diese Voraussetzung Gegenstand heftiger Kritik ist:

- Die Umwandlung einer wff (*well formed formula*) in Skolem Normalform eliminiert pragmatisch verwertbare Information, die in der Wahl der Konnektive zum Ausdruck kommt (etwa könnte $\neg P \vee Q$ eine Fallunterscheidung nahelegen, während die logisch äquivalente wff $P \to Q$ Vorwärtsverkettung suggerieren könnte[8]).

- Der Zwang zur Klauselform kann eine große Zahl von Klauseln zur Repräsentation einer normalen wff nötig machen und damit den Suchraum für Beweise aufblähen.

- Die maschinenorientierte Klauselform ist schwer zu lesen.

2.3.1 Einfache Resolution

Dieser Abschnitt beschreibt die sog. *Grundresolution*, eine eingeschränkte Form der Methode von Robinson, mit deren Hilfe eine vorgegebene, endliche Menge von Grundklauseln auf ihre Unerfüllbarkeit hin getestet werden kann:

Definition 2.20 *Seien G_1 und G_2 Grundklauseln. Eine Grundklausel G ist (Grund-) Resolvente von G_1 und G_2, wenn es ein Atom A derart gibt, daß:*

1. *G_1 enthält $\neg A$,*

2. *G_2 enthält A und*

3. *G ist die Disjunktion der Literale von G_1 ohne $\neg A$ und der Literale von G_2 ohne A.*

Ist $G_1 = \neg A$ und $G_2 = A$, so ist die leere Klausel $\square$ eine (Grund-) Resolvente von G_1 und G_2.

Definition 2.21 *Sei Γ eine Menge von Grundklauseln und G eine Grundklausel. G ist dann vermöge Grundresolution aus Γ ableitbar, geschrieben*

$$\Gamma \vdash_g G,$$

wenn es eine Folge $G_1, \ldots, G_n = G$ gibt, derart daß:

1. *G_i ist eine Grundklausel ($i \in \{1, \ldots, n\}$),*

2. *für jedes G_i mit $i \in \{1, \ldots, n\}$ gilt entweder*

$$G_i \in \Gamma,$$

oder es gibt $k, l \in \{1, \ldots, i-1\}$ derart, daß

$$G_i \text{ ist (Grund-) Resolvente von } G_k \text{ und } G_l.$$

---

[8]Wir werden diese Problematik im folgenden Kapitel noch vertieft studieren.

Offensichtlich gilt:

> Ist G (Grund-) Resolvente zweier Grundklauseln G_1 und G_2, dann gilt für eine beliebige Herbrand-Interpretation $\mathcal{I}$:

$$\text{falls } \mathcal{I} \models G_1 \text{ und } \mathcal{I} \models G_2, \quad \text{dann } \mathcal{I} \models G.$$

Ableitungen vermöge Grundresolution haben dementsprechend die wichtige Eigenschaft, daß sie wahrheitserhaltend—sprich *korrekt*—sind. Wie das folgende Theorem zeigt, ist Grundresolution außerdem *vollständig* bezüglich der Gesamtheit unerfüllbarer, endlicher Klauselmengen (ein Beweis findet sich in [157]):

Theorem 2.4 *Eine endliche Menge Γ von Grundklauseln ist unerfüllbar gdw. es eine Ableitung der leeren Klausel $\square$ aus Γ vermöge Grundresolution gibt:*

$$\not\models \Gamma \quad gdw. \quad \Gamma \vdash_g \square$$

Das Verfahren der Grundresolution bedeutet aber nur die Verbesserung eines der Schritte, die den Algorithmus von Gilmore so ineffizient machten, nämlich dessen der Überprüfung der Unerfüllbarkeit einer vorgegebenen Menge von Grundklauseln. Offen ist jedoch immer noch die Frage, *welche* Grundinstanzen einer zu widerlegenden Formel in Skolem-Normalform *wann* zu dieser Prüfung herangezogen werden sollen. Erst die allgemeine Resolution gibt hierauf eine Antwort.

2.3.2 Resolution mit Unifikation

Im Falle der Grundresolution sind bei jedem Resolutionsschritt je ein positives und negatives Literal (zum gleichen Relationssymbol) zweier Grundklauseln auf ihre Passung hin zu untersuchen. Die entsprechenden Klauseln werden dazu von einem Generator (mehr oder wenig willkürlich) zur Verfügung gestellt. Die entscheidende Idee Robinsons—das Vermeiden der Instantiierung von für den Beweisversuch irrelevanten Grundinstanzen einer Hypothese $\neg S$—besteht nun darin, diesen Passungstest selbst zur Unterstützung der Auswahl interessanter Grundinstanzen heranzuziehen.

Grob vereinfacht besteht die Verallgemeinerung der Grundresolution zur (allgemeinen) Resolution darin,

1. ausgehend von der Hypothese $\neg S$ beliebige, d.h. auch variablenbehaftete Klauseln miteinander zu resolvieren und

2. den Prozeß zur Passung komplementärer Literale (jetzt *Unifikation* genannt) für die Einschränkung der Menge von Grundinstanzenkandidaten zu $\neg S$ einzusetzen (jede Unifikation liefert nämlich eine unvollständige Beschreibung möglicher Grundinstanzen).

Der einzelne Resolutionsschritt wird dadurch zwar teurer, da aber insgesamt weniger Resolutionsschritte durchzuführen sind, werden die Gesamtableitungen trotzdem entschieden schneller—schließlich wird jetzt bei jedem Resolutionsschritt eine ganze Klasse von Grundinstanzen auf ihre Unerfüllbarkeit hin getestet. Im Gegensatz zum "generate-and-test" Ansatz der Grundresolution handelt es sich hier danach eher um eine Art "specialize-to-solution" Ansatz.

Wir führen nun den Begriffsapparat zur Beschreibung der allgemeinen Resolutionsmethode ein:

Definition 2.22 *(Grund-) Substitutionen:*

- *Eine* Substitution θ *ist eine Abbildung, die einer endlichen Anzahl Variablen* $x_1, \ldots, x_n$ *(evtl. variablenbehaftete) Terme* $t_1, \ldots, t_n$ *zuordnet. Wir schreiben dies:*

$$\{x_1 \to t_1, \ldots, x_n \to t_n\}$$

  (Fixpunkte von θ werden hier üblicherweise nicht erwähnt).

- *Gilt* $t_1, \ldots, t_n \in H_S$, *so heißt θ eine Grundsubstitution.*

- *Die Anwendung einer Substitution θ auf eine prädikatenlogische Formel F sei postfix notiert:* $F\theta$.

Üblicherweise werden nur idempotente Substitutionen betrachtet, also solche Substitutionen, bei denen keine Variable x_i, die in einer Zuweisung $x_i \to t_i$ vorkommt, im Term t_j einer beliebigen Zuweisung $x_j \to t_j$ der Substitution auftritt.

Offensichtlich gilt für die *Zusammensetzung* (Funktionskomposition) $\theta\phi$ zweier Substitutionen θ und ϕ:

$$F(\theta\phi) = (F\theta)\phi = \{x_1 \to (x_1\theta)\phi, \ldots, x_n \to (x_n\theta)\phi\}$$

wobei $x_1, \ldots, x_n$ all jene Variablen sind, die von θ und/oder ϕ behandelt werden[9].

Im folgenden sei unter einem *Ausdruck* ein Term, ein Literal, oder die Konjunktion oder Disjunktion von Literalen und unter einem *einfachen Ausdruck* ein Term oder ein Atom verstanden.

Definition 2.23 *Zwei Ausdrücke E und F sind voneinander* Varianten, *falls es Substitutionen θ und ϕ gibt mit:*

$$E = F\theta \quad und \quad F = E\phi$$

Sind zwei Ausdrücke voneinander Varianten, so gibt es immer auch entsprechende Substitutionen θ' und ϕ', die lediglich *Variablenumbenennungen* darstellen

---

[9]Nachdem Substitutionen rechts von den Ausdrücken notiert werden, auf die sie anzuwenden sind, bedeutet $\theta\phi$ abweichend von der üblichen Leseweise für die Funktionskomposition, daß ϕ nach θ angewendet wird.

Definition 2.24 *Unifikation, Varianten:*

- *Eine Substitution θ ist* Unifikator *für eine (endliche) Menge einfacher Ausdrücke $\{E_1, \ldots, E_n\}$, falls gilt:*

$$E_1\theta = \ldots = E_n\theta$$

  Die Menge $\{E_1, \ldots, E_n\}$ heißt dann unifizierbar.

- *Ein Unifikator θ für $E := \{E_1, \ldots, E_n\}$ ist* Variante *eines zweiten Unifikators σ für E, falls es eine Substitution ϕ gibt, derart daß gilt:*

$$\theta = \sigma\phi$$

- *Ein* allgemeinster Unifikator für eine Menge $\{E_1, \ldots, E_n\}$ *ist ein Unifikator, von dem jeder andere Unifikator für $\{E_1, \ldots, E_n\}$ eine Variante ist.*

Sind sowohl θ als auch ϕ allgemeinste Unifikatoren einer Menge einfacher Ausdrücke $\{E_1, \ldots, E_n\}$, so sind offensichtlich jeweils $E_i\theta$ und $E_i\phi$ voneinander Varianten und können wechselseitig durch Variablenumbenennung erhalten werden. Demnach sind allgemeinste Unifikatoren eindeutig bis auf Variablenumbenennung.

Ein allgemeinster Unifikator σ für eine Menge $E := \{E_1, \ldots, E_n\}$ von Ausdrücken läßt sich (sofern diese unifizierbar sind) effektiv auffinden. Das zugehörige Verfahren kann bequem mit Hilfe des Begriffs der Abweichungsmenge formuliert werden:

Definition 2.25 *Die* Abweichungsmenge $D(E_1, \ldots, E_n)$ *für die Ausdrücke aus E ist die folgendermaßen bestimmte Menge $\{t_1, \ldots, t_n\}$:*

1. *Die Ausdrücke $E_1, \ldots, E_n$ werden simultan von links nach rechts durchsucht, bis die erste Stelle angetroffen wird, an der nicht alle E_i dasselbe Symbol aufweisen.*

2. *t_i ist der Unterausdruck von E_i ($i \in \{1, \ldots, n\}$), der an dieser Stelle beginnt.*

Damit läßt sich nun der angekündigte Algorithmus angeben:

1. $A_i := E_i$ für $i \in \{1, \ldots, n\}$;
   $\sigma := \emptyset$

2. Gilt $A_1 = \ldots = A_n$?

   ja: Fertig: σ ist ein allgemeinster Unifikator!

   nein: $D := D(A_1, \ldots, A_n)$;
   Enthält D eine Variable v und einen Ausdruck t, in dem v nicht auftritt?

$$\text{ja:} \quad \mu := \{v \rightarrow t\};$$
$$A_i := A_i\mu \text{ für } i \in \{1, \ldots, n\};$$
$$\sigma := \sigma\mu;$$

weiter mit Schritt 2!

nein: Fehlschlag: Die Ausdrücke sind nicht unifizierbar!

Dieser Standardalgorithmus zur Bestimmung eines allgemeinsten Unifikators ist (für $n > 2$) offensichtlich nicht-deterministisch, da ja in Schritt 2 sowohl eine Wahl für v als auch eine für t stattfindet. Wie auch immer jedoch diese Wahl getroffen wird—die enstehenden allgemeinsten Unifikatoren sind gleich bis auf Variablenumbenennung. Auch ist klar, daß der Algorithmus nach endlich vielen Schritten terminiert, da ja jeder Schritt zur Erweiterung der Substitution σ eine Variable eliminiert (siehe auch [32] für einen Korrektheitsbeweis).

Der Test, ob die Variable v in t vorkommt, heißt üblicherweise *Occur-Check*. Wird auf ihn (aus Effizienzgründen) verzichtet (allein er ist dafür verantwortlich, daß obiger Algorithmus schlimmstenfalls exponentielles Verhalten aufweist), kann die Korrektheit der die Unifikation nutzenden Resolutionsmethode nicht mehr garantiert werden[10]. Wir werden darauf später noch einmal zurückkommen.

Es steht nun das vollständige Instrumentarium zur Beschreibung der allgemeinen Resolutionsmethode zur Verfügung:

Definition 2.26 *Seien C_1 und C_2 zwei Klauseln, die keine Variablen gemeinsam haben. Die Klausel C ist Resolvente von C_1 und C_2 (über die Literale $\{A_1^1, \ldots, A_t^1, A_1^2, \ldots, A_u^2\}$), wenn gilt:*

1. *Die Literale von C_1 lassen sich in zwei Mengen*

$$\{L_1^1, \ldots, L_r^1\} \text{ und } \{A_1^1, \ldots, A_t^1\}$$

aufteilen, wobei die A_i^1 Atome sind ($t \geq 1$).

2. *Die Literale von C_2 lassen sich in zwei Mengen*

$$\{L_1^2, \ldots, L_s^2\} \text{ und } \{\neg A_1^2, \ldots, \neg A_u^2\}$$

aufteilen, wobei die A_i^2 Atome sind ($u \geq 1$).

3. *Die Atome $\{A_1^1, \ldots, A_t^1, A_1^2, \ldots, A_u^2\}$ sind unifizierbar. Ist σ ein allgemeinster Unifikator, so sei*

$$B := A_1^1\sigma = \ldots$$

4. *Die Klausel C ist Disjunktion der folgenden Literale:*

---

[10]Das hindert jedoch die wenigsten Konstrukteure von PROLOG-Interpretern daran, ihn auszulassen (siehe auch [144]).

$$(\{L_1^1\sigma,\ldots,L_r^1\sigma\} - \{B\}) \cup (\{L_1^2\sigma,\ldots,L_s^2\sigma\} - \{\neg B\}).$$

Wieder notieren wir die leere Klausel $\emptyset$ als $\square$ und interpretieren sie als Widerspruch.

Dieses Verfahren zur Bildung von Resolventen ist noch in einem höheren Grad indeterministisch als das der Grundresolution: Ein Paar von Klauseln hat keine oder (endlich) viele Resolventen, je nach Wahl

1. der Partitionen von C_1 bzw. C_2 und

2. des allgemeinsten Unifikators σ.

Analog zur Grundresolution läßt sich wieder der transitive Abschluß dieser direkten Ableitbarkeitsrelation (Bilden einer Resolvente) bilden:

Definition 2.27 *Sei Γ eine Menge von Klauseln und sei C eine Klausel. C ist vermöge Resolution aus Γ ableitbar, geschrieben*

$$\Gamma \vdash C,$$

wenn es eine Folge $C_1,\ldots,C_n = C$ gibt mit der Eigenschaft:

1. *C_i ist eine Klausel ($i \in \{1,\ldots,n\}$) derart, daß C_i keine Variablen mit einer der Klauseln $C_1,\ldots,C_{i-1}$ gemeinsam hat und*

2. *für jedes C_i gilt mit $i \in \{1,\ldots,n\}$ entweder*

$$C_i \in \Gamma,$$

oder es gibt $k,l \in \{1,\ldots,i-1\}$ derart, daß gilt:

$$C_i \text{ ist Resolvente von } C_k \text{ und } C_l.$$

Die Bedingung, daß C_i keine Variablen mit Klauseln C_j gemeinsam hat, die vor C_i im Beweis aufgetreten sind, ist wesentlich! Andernfalls lassen sich zum Beispiel die Ausdrücke $p(x)$ und $p(f(x))$ in den (Horn-) Klauseln

$$\leftarrow p(f(x)) \quad \text{und} \quad p(x) \leftarrow$$

nicht unifizieren (Occur-Check!) und damit $\square$ nicht aus dieser Klauselmenge ableiten. In einem solchen Falle ist demzufolge statt C_i eine Variante von C_i einzusetzen, d.h. eine Variablenumbenennung durchzuführen, so daß keine Namenskonflikte auftreten können. Dieser Prozeß wird allgemein *Standardisierung* genannt. Jede in den Beweis eingehende Klausel C_i (oder eine Variante davon) wird als *Eingabeklausel* der Ableitung bezeichnet.

Die beiden folgenden Hilfssätze

- Sind G_1 und G_2 Grundinstanzen von Klauseln C_1 bzw. C_2 und ist G eine Resolvente von G_1 und G_2, so existiert eine Resolvente C von C_1 und C_2 derart, daß G eine Grundinstanz von C ist (das sogenannte *lifting lemma*).

- Ist C eine Resolvente zweier Klauseln C_1 und C_2, dann gilt für jede Herbrand-Interpretation $\mathcal{I}$:

$$\text{falls } \mathcal{I} \models C_1 \text{ und } \mathcal{I} \models C_2, \quad \text{dann } \mathcal{I} \models C$$

(allgemeine Resolution ist demnach wahrheitserhaltend!).

gestatten dann einen bequemen Beweis des zentralen Satzes von Robinson (siehe [157]):

Theorem 2.5 (Robinson) *Eine Klauselmenge Γ ist unerfüllbar gdw. die leere Klausel $\square$ aus Γ vermöge (allgemeiner) Resolution ableitbar ist:*

$$\not\models \Gamma \quad gdw. \quad \Gamma \vdash \square$$

Sehen wir uns nun erneut das—am Ende von Abschnitt 2.2 geschilderte—partielle Entscheidungsverfahren von Herbrand bzw. Gilmore an, so erlaubt uns der Satz von Robinson einige wesentliche Verbesserungen:

Zu einem Paar von Klauseln gibt es höchstens endlich viele Resolventen. Demnach gibt es für zwei endliche Klauselmengen S und T auch nur endliche viele Klauseln, die als Resolventen von je einer Klausel aus S bzw. T gewonnen werden können. Wir notieren diese Menge als

$$\mathcal{D}(S,T).$$

Die folgende Abbildung ist deshalb berechenbar ($i \in \mathbb{N}$):

$$\begin{aligned} S_0 \quad &:= \quad S; \\ S_{i+1} \quad &:= \quad \mathcal{D}(S_i, \textstyle\bigcup_{j=0}^{i} S_j). \end{aligned}$$

S_i enthält also alle Klauseln C, die sich in i Schritten vermöge Resolution aus S ableiten lassen.

Die Abbildung

$$\mathcal{U}(S) := \begin{cases} \min \{i \mid \square \in S_i\}, & \text{falls } \{i \mid \square \in S_i\} \neq \emptyset \\ \uparrow & \text{sonst} \end{cases}$$

ist dann trivialerweise auch berechenbar, und es gilt wieder für eine beliebige endliche Klauselmenge S:

1. $\mathcal{U}(S)$ hält   gdw. S ist unerfüllbar
   (aufgrund des Theorems von Robinson).

2. Hält $\mathcal{U}(S)$, so gilt für alle $i \in \mathbb{N}$: $S_{\mathcal{U}(S)+i}$ ist unerfüllbar.

Damit liegen die entscheidenden Vorteile des Verfahrens von Robinson gegenüber
dem partiellen Entscheidungsverfahren von Herbrand auf der Hand:

1. Das Haltekriterium für $\mathcal{U}$ ist extrem einfach.

2. Die Generierung neuer Klauseln ist am Beweisziel, das heißt dem Nachweis
   der Inkonsistenz von S, orientiert.

3. Es werden nicht so viele unnötige Grundklauseln erzeugt, da sich die Resolution mit Hilfe der Unifikation (gerade) auf variablenbehaftete Klauselmengen anwenden läßt (die entstehenden Variablenbindungen sollen schließlich eine beweisbare Instanz des Ziels beschreiben).

Trotzdem ist natürlich die exhaustive Generierung von Resolventen (d.h. der
Mengen S_i) extrem ineffizient.

2.3.3　Resolutionsstrategien

Die Kunst des Konstruierens automatischer Beweiser auf der Basis der Resolutionsmethode besteht wohl in erster Linie darin, geeignete Strategien zur Auswahl
von miteinander zu resolvierenden Klauseln zu finden. Diese Strategien erhalten
allerdings im allgemeinen nicht die Vollständigkeit der allgemeinen Resolutions-
regel.

Im folgenden sollen die wichtigsten Resolutionsstrategien[11] zur Einschränkung des Suchraums für kombinierbare Klauseln grob skizziert werden. Einige
davon werden wir später—zurechtgeschnitten auf die Verarbeitung von Logik-
Programmen—noch genauer studieren.

Für die nur informelle Präsentation in diesem Abschnitt halten wir uns vor
Augen, daß für eine vorgegebene Theorie (d.h. eine als Axiomenmenge betrach-
tete endliche Klauselmenge) Γ und eine Klausel S zu zeigen ist, daß $\Gamma \vdash S$ gilt.

2.3.3.1　Elimination von Tautologien

Jede Klausel, die sowohl ein Literal als auch dessen Negat enthält, wird eliminiert. Solche Klauseln würden lediglich die Durchführung irrelevanter Resolutionen bewirken—sie sind schließlich allgemein gültig und können demnach nichts
zur Ungültigkeit einer Konjunktion von Klauseln beitragen.

2.3.3.2　"Set-of-support"-Resolution

Wird die Resolution von der "Set-of-support"-Regel gesteuert, so ist zuerst die
Gesamtheit der Klauseln in zwei disjunkte Mengen T und $S - T$ zu zerlegen, so
daß $S - T$ eine erfüllbare Menge von Klauseln ist (üblicherweise die Theorie Γ
selbst). T wird dann *Set-of-support* genannt. Zwei Klauseln dürfen nur dann
miteinander resolviert werden, wenn mindestens eine der beiden Klauseln von T

---

[11]Die Aufzählung ist natürlich unvollständig.

unterstützt wird—wenn sie also entweder selbst in T liegt oder eine Elternklausel hat, die in T liegt.

Diese Strategie erhält die Vollständigkeit (vorausgesetzt, die Theorie Γ ist wirklich erfüllbar—siehe auch [205]). Sie ist außerdem bemerkenswert, weil sie sich auch in dem (manchmal unbeabsichtigt eintretenden) Fall einer widersprüchlichen Theorie gutartig verhält, da sie verhindert, daß aus der Zugehörigkeit von P und $\neg P$ zur Theorie Beliebiges gefolgert werden kann.

2.3.3.3 P_1- und N_1-Resolution

Bei der P_1-Resolution handelt es sich um eine Einschränkung der allgemeinen Resolution, bei der zwei Klauseln nur dann miteinander resolviert werden dürfen, wenn eine der beiden eine positive Klausel ist. Sie kann demnach als eine Erweiterung der "Set-of-support"-Resolution angesehen werden (man nehme die Menge aller positiven Klauseln als Set-of-support—die "Set-of-support"-Restriktion läßt sich dann nicht nur auf die Menge der Startklauseln, sondern schon dann anwenden, wenn mindestens eine Elternklausel positiv ist) und ist somit vollständig (für Details vgl. [158]).

Für N_1-Resolution gilt entsprechend, daß zwei Klauseln nur dann miteinander resolvierbar sein sollen, wenn eine der beiden negativ ist. Für sie gilt ähnliches wie für die P_1-Resolution.

Sowohl P_1- als auch N_1-Resolution haben ihre eigentliche Bedeutung durch ihre Beziehung zur Hyperresolution.

2.3.3.4 Hyperresolution

Für das Verfahren der Hyperresolution wird im wesentlichen wie folgt vorgegangen:

1. Es werden eine einzelne gemischte oder negative Klausel, der sogenannte *Nukleus* und genau so viele positive Klauseln—sogenannte *Elektronen*— ausgewählt, wie negative Literale im Nukleus vorkommen.

2. Diese Klauseln werden in einem einzigen Schritt (deswegen auch der Name Hyperresolution) zu einer positiven Klausel verschmolzen, indem jedes negative Literal des Nukleus mit einem der Literale in einem der Elektronen resolviert wird.

3. Die *Hyperresolvente* besteht dann aus den positiven Literalen des Nukleus zusammen mit den Literalen der Elektronen, über die nicht resolviert wurde.

Bei der Hyperresolution handelt es sich mithin lediglich um eine effiziente Variante der P_1-Resolution (entsprechendes gilt für die sogenannte *negative Hyperresolution*, die im gleichen Verhältnis zur N_1-Resolution steht). Die Hyperresolution ist demzufolge ebenfalls ein vollständiges Verfahren.

2.3.3.5 Input-Resolution

Für die Input-Resolution gilt die Restriktion, daß mindestens eine der zu resolvierenden Klauseln eine nicht abgeleitete Klausel (sogenannte *Inputklausel*) sein muß.

Wie das folgende Beispiel zeigt (aus [179]), ist Input-Resolution unvollständig:

$$\{P \vee Q, P \vee \neg Q, \neg P \vee Q, \neg P \vee \neg Q\}$$

kann nicht vermöge Input-Resolution entschieden werden (lediglich P und $\neg P$ bzw. Q und $\neg Q$ sind ableitbar, aber nicht diese zusammen, da keines von ihnen eine Inputklausel ist). Input-Resolution ist aber vollständig für Mengen von Hornklauseln (vgl. etwa [31]).

Input-Resolution ist mit der "Set-of-support"-Regel verträglich, d.h. eine Konbination von Set-of-support und Input-Resolution bedeutet keine weitere Verstärkung der Unvollständigkeit.

Unter geordneter Input-Resolution wird eine weitere Einschränkung des Suchraumes verstanden, bei der Disjunktionen in einer vorgegebenen Reihenfolge (z.B. von links nach rechts) zur Resolution herangezogen werden—wir werden dieses Verfahren später noch genauer beleuchten.

2.3.3.6 Lineare Resolution

Bei der linearen Resolution handelt es sich um eine Erweiterung der Input-Resolution, bei der zwei Klauseln nur dann miteinander resolviert werden dürfen, wenn mindestens eine von ihnen eine Inputklausel ist oder bereits für die Ableitung der anderen herangezogen wurde.

Lineare Resolution ist vollständig und mit der "Set-of-support"-Regel verträglich (auch wenn zusätzliche Ordnungskriterien eingeführt werden—für die entsprechenden Beweise konsultiere man [115]).

2.3.3.7 Einheits-Resolution

Bei der Einheits-Resolution (siehe auch [31]) dürfen zwei Klauseln nur dann miteinander resolviert werden, wenn mindestens eine von ihnen eine Einheitsklausel ist (eine Resolvente hat damit immer weniger Literale als die längere ihrer Elternklauseln—jeder Resolutionsschritt scheint damit dem Ziel der Ableitung der leeren Klausel näherzukommen).

Diese Einschränkung bedeutet offensichtlich den Verlust der Vollständigkeit, ist jedoch bemerkenswerterweise für Mengen von Hornklauseln vollständig[12].

Eine Abschwächung der Einheits-Resolution besteht darin, nicht ausschließlich, sondern lediglich bevorzugt Einheits-Resolutionen auszuführen.

---

[12]Für Hornklauselmengen stimmen die positiven Klauseln mit den Einheitsklauseln überein—P_1-Resolution (vollständig sogar für beliebige Klauselmengen) und Einheits-Resolution fallen hier also zusammen.

2.3.3.8 Subsumtions-Resolution

Jede von einer Klausel C_1 subsumierte Klausel C_2 wird aus der Menge der für Resolutionen in Betracht kommenden Klauseln herausgenommen. Dabei gilt folgende Definition für den Begriff Subsumtion:

Definition 2.28 *Eine* Klausel C_1 subsumiert *eine Klausel* C_2, *wenn es eine Substitution* θ *gibt, derart daß*[13]:

$$C_1\theta \subseteq C_2$$

Ist die leere Klausel mit Hilfe von C_2 ableitbar, so kann sie folglich auch—mit schlimmstenfalls gleich großem Aufwand—über C_1 gewonnen werden.

Es werden üblicherweise zwei Formen von Subsumtion unterschieden:

- *Vorwärts-Subsumtion:* Dabei werden neu abgeleitete Klauseln, die von bereits präsenten Klauseln (d.h. Inputklauseln oder abgeleiteten Klauseln) subsumiert werden, eliminiert.

- *Rückwärts-Subsumtion:* Hierbei werden alle bereits vorhandenen Klauseln eliminiert, die von einer neu abgeleiteten Klausel subsumiert werden.

Zur Vermeidung wiederholter Eliminierungen der gleichen Klausel sollte für eine neu abgeleitete Klausel zuerst geprüft werden, ob sie vermöge Vorwärts-Subsumtion eliminierbar ist, bevor irgendwelche anderen Klauseln vermöge Rückwärts-Subsumtion eliminiert werden.

2.4 Antwortsubstitutionen

Ein wichtiges Motiv für die Entwicklung sogenannter deduktiver Datenbanken war wohl der Wunsch, komplexe Frage-Antwort-Systeme bauen zu können. Typische Anforderungen, denen sich solche Systeme gegenübersehen, umfassen (mit [80]) etwa:

- Eine (interne) Sprache, die flexibel genug ist, alle möglichen Frage-Antwort-Inhalte zu beschreiben und eine (externe) Sprache, die es gestattet sowohl Fragen als auch die zugehörigen Antworten auszudrücken.

- Die Fähigkeit, gespeicherte Information effizient wiederzufinden und schnell gerade die Daten zu lokalisieren, die für eine konkrete Anfrage relevant werden könnten.

- Die Möglichkeit, nicht nur mit explizit gespeicherten Fakten als Antwort aufzuweisen, sondern auch mit solchen, die sich als Konsequenzen dieser Fakten ergeben.

---

[13]Eine Klausel C_i wird dabei wieder mit der Menge ihrer Literale identifiziert.

- Die Offenheit des Systems, die sich daraus ergibt, daß der Anwender nach Belieben Fakten verändern darf.

Für diesen Zweck einen Theorembeweiser einzusetzen, liegt infolgedessen nahe: Der Beweisprozeß reflektiert schließlich den Prozeß des Findens einer Antwort auf die gestellte Frage! Dabei kann der Beweiser für mehr als nur das Finden einer JA/NEIN/?-Antwort eingesetzt werden—ganz besonders, wenn es sich um einen (vollständigen!) Resolutionsbeweiser handelt. Das Wissen um konkrete Objekte, die die durch eine gestellte Frage spezifizierten Bedingungen erfüllen, ist allerdings über die Ableitung verteilt—insbesondere auf die im Beweis durchgeführten Substitutionen. Bei komplexen Sachverhalten ist es demnach dem Anwender kaum zumutbar, sich auf der Suche nach einer konkreteren Antwort durch die ganze Beweishistorie hindurchzuarbeiten (davon einmal ganz abgesehen, daß aus Effizienzgründen nicht alle Beweiser eine solche Historie verwalten).

Die oben geschilderte Problematik wird noch dadurch verschärft, daß es Situationen gibt, in denen das Komplement einer Frage zusammen mit den Fakten der Datenbank gar nicht die Ableitung eines Widerspruchs erlaubt. Für eine solche Situation möge das folgende ([28] und [44] entnommene) Beispiel stehen:

$$
\begin{aligned}
B(x) &\leftarrow R(x) & &; \text{a robin is a bird} \\
E(x, Worm) &\leftarrow R(x) & &; \text{robins eat worms} \\
D(x, Water) &\leftarrow H(x) & &; \text{horses drink water} \\
C(x,y) &\leftarrow D(x,y) \\
C(x,y) &\leftarrow E(x,y) & &; \text{consume means: eat or drink} \\
D(x,y), E(x,y) &\leftarrow C(x,y)
\end{aligned}
$$

Stellt man hier nun nämlich die Anfrage

$$
\leftarrow B(x), C(x,y) \qquad ; \text{what do birds consume?}
$$

so ist—wie man sich leicht überzeugen kann—die leere Klausel nicht ableitbar[14]. Das System würde uns demzufolge die lapidare Antwort geben, daß es zu dieser Frage nichts weiß, was ja nicht im wörtlichen Sinne stimmt!

Green und Raphael haben einen speziellen Kunstgriff entwickelt, mit dessen Hilfe auch in Situationen wie der obigen interessante Antworten gefunden werden können (für eine vertiefte theoretische Abhandlung siehe [80]). Ihre Idee ist es, statt der direkten Anfrage allgemeine Bedingungen dafür anzugeben, was der Benutzer als akzeptable Antwort ansieht. Dazu führen sie nach folgender Maßgabe ein spezielles *ANSWER*-Prädikat ein (für einen Spezialfall dieses Vorgehens siehe auch [202]):

- Zu jeder Klausel in der Anfrage wird ein *ANSWER*-Literal hinzugefügt, dessen Argumente gerade die freien (d.h. existentiell quantifizierten) Variablen der Anfrage sind.

---

[14] Allgemein gilt aufgrund des sogenannten P_1-*Deduktionstheorems*, daß aus einer Klauselmenge, in der keine Klausel positiv ist, die leere Klausel nicht ableitbar ist.

- Bei jeder Generierung einer neuen Klausel werden die *ANSWER*-Literale der neuen Klausel wie alle anderen Literale der Elternklausel instantiiert.

Die *ANSWER*-Literale sind aber im Gegensatz zu gewöhnlichen Literalen für den Resolutionsbeweiser unsichtbar. Eine Klausel, die nur aus einem *ANSWER*-Literal besteht, ist für den Beweiser also gleichwertig zu einer leeren Klausel. Wie Green außerdem (in [80]) gezeigt hat, ändert die Zusatzbehandlung der *ANSWER*-Literale nichts an der Vollständigkeit der Beweisprozedur. Eine *ANS-WER*-Klausel spezifiziert demzufolge, welche Wertemenge die Variablen der Anfrage annehmen dürfen, wenn gleichzeitig die Beweisbarkeit der Anfrage erhalten bleiben soll.

Für das oben genannte Beispiel ist eine mögliche erweiterte Anfrage:

$$ANSWER(y) \leftarrow B(x), C(x,y)$$

Diese erweiterte Anfrage wird dann wie ein "Set-of-support" behandelt, d.h. Resolventen aus der Theorie zusammen mit dieser Anfrage generiert:

> Alle diese Resolventen sind mögliche Antworten—von der allgemeinsten, der Anfrage selbst, bis zu den speziellsten, d.h. solchen, die nur aus einem *ANSWER*-Literal bestehen.

Eine plausible Antwort für unser Beispiel ist:

$$ANSWER(\textit{Worm}) \leftarrow R(x) \text{ ; if robins exist, then \textit{Worm} is an answer}$$

Wesentlich einfacher liegen die Verhältnisse natürlich, wenn wir uns von vornherein auf Hornklauseln einschränken, nachdem die damit verbundene Einschränkung der Ausdruckskraft und die einfachere (baumartige) Struktur der Beweise die Struktur möglicher Antworten ebenfalls einschränkt—unvollständige Antworten, wie etwa

> θ oder ϕ ist eine mögliche Belegung der freien Variablen der Anfrage, aber es ist nicht klar, welche von beiden nun zutrifft,

sind dann auszuschließen und die folgenden Definitionen (gemäß [110]) erst sinnvoll:

Definition 2.29 *Sei P ein Logik-Programm und sei G ein Ziel. Eine* Antwortsubstitution *für $P \cup \{G\}$ ist eine Variablensubstitution für G.*

Dabei wird als selbstverständlich angenommen, daß die fragliche Substitution nicht für alle Variablen aus G Belegungen spezifizieren muß.

Definition 2.30 *Sei P ein Logik-Programm und G das (zusammengesetzte) Ziel $\leftarrow A_1, \ldots, A_k$. Eine Antwortsubstitution θ für $P \cup \{G\}$ heiße* korrekte Antwortsubstitution *für $P \cup \{G\}$, falls gilt:*

$$P \models \forall((A_1 \wedge \ldots \wedge A_k)\theta)$$

Eine Antwortsubstitution ist demzufolge korrekt, wenn die Aussage

$$\not\models P \cup \{\neg\forall((A_1 \wedge \ldots \wedge A_k)\theta)\}$$

zutrifft[15]. Außerdem akzeptieren wir noch die Antwort **NEIN** als korrekt, falls $P \cup \{G\}$ erfüllbar ist.

Obige Definition stellt demnach gewissermaßen das deklarative Verständnis einer korrekten Antwort eines Logik-Programmes dar—ein Verständnis, das sich im prozeduralen Verständnis des Beweisens vermöge des Satzes von Robinson widerspiegelt.

Es mag nun der Eindruck enstanden sein, als würden beim Entwurf von Frage-Antwort-Systemen die Ziele

- effiziente Antwortfindung und

- Nützlichkeit des Frage-Antwort-Systems

einander entgegenstehen, da ja eine hinreichend ausdruckstarke Repräsentation (eben z.B. Prädikatenlogik) immer schon lediglich partielle Entscheidungsmechanismen erlaubt, der Entwickler eines solchen Systems also vor die Wahl gestellt ist, ob er nun

- die Ausdruckskraft vermindern (etwa wie oben durch eine so drastische Beschränkung wie die auf Hornklausellogik) oder

- die Freiheitsgrade des Schließens über einer starken Repräsentation auf Kosten der Vollständigkeit verringern soll.

Alan und Allen weisen (in [6]) jedoch einen Mittelweg—den der, wie sie es nennen, *beschränkten Inferenz*:

> Es wird an einer ausdruckstarken Repräsentationssprache festgehalten, dafür aber die Ausdruckskraft der Anfragelogik eingeschränkt[16].

Sie teilen mit Green (siehe [80]) die Ansicht, daß Anfragealgorithmen die Semantik der Repräsentationssprache berücksichtigen müssen und demnach Inferenzverfahren sein sollten. Sie halten jedoch die Probleme, die man sich mit einem lediglich partiellen Entscheidungsverfahren erkauft, für nicht akzeptabel, und suchen deshalb nach geeigneten Wegen, die Inferenz einzuschränken. Dabei ist der ad hoc Ansatz über eine simple Ressourcenbeschränkung nicht akzeptabel, da er nicht einmal garantiert, daß explizite Fakten[17] erfragbar sind. Die Probleme, wie sich Inferenz beschränken läßt und welche Antwortfähigkeit man von einem solchen System erwarten kann, lassen sich folglich nicht unabhängig voneinander betrachten.

---

[15]Man beachte, daß lediglich die Variablen universell abgeschlossen werden, die nicht schon durch die Antwortsubstitution instantiiert wurden.

[16]Die Unterscheidung zwischen Repräsentations- und Anfrage-Sprache entspricht bei ihnen in etwa der des Logikers zwischen Objekt- und Meta-Sprache.

[17]Ergebnisse von Deduktionen der Länge 1.

Ist $Q(B)$ nun die Menge der Anfragen, von denen man erwartet, daß sie das gegebene Frage-Antwort-System auf der Basis einer Menge von elementaren Fakten B beantworten kann, so muß ein Frage-Antwort-System im Sinne von Alan und Allen zumindest folgende Eigenschaften aufweisen:

1. Das System muß über ein Entscheidungsverfahren für $Q(B)$ verfügen, $Q(B)$ demnach auf jeden Fall rekursiv sein.

2. Die Anfragen aus $Q(B)$ müssen einerseits logische Konsequenzen aus den elementaren Fakten sein und andererseits wenigstens die elementaren Fakten umfassen:

$$B \subseteq Q(B) \subseteq \{q \mid B \models q\}$$

Zu der Spezifikation eines Frage-Antwort-Systems gehören demnach—neben der Anfrage- und der Repräsentationssprache—zwei Komponenten:

1. eine Abbildung M von Sätzen der Repräsentationssprache auf solche der Anfragesprache und

2. eine Menge R sogenannter Anfrageaxiome.

Statt also die Gültigkeit von q vermittels der Entscheidung

$$B \models q \tag{2.2}$$

zu überprüfen, geht man den Weg über die Entscheidung

$$M(B) \cup R \models M(q), \tag{2.3}$$

die wesentlich einfacher zu treffen ist[18] und vor allem oben genannte Eigenschaften des Frage-Antwort-Systems garantiert.

Auf dieser Grundlage lassen sich nun relativ komplexe Frage-Antwort-Systeme bilden. Die Abbildung M gestattet es nämlich, anstelle einer Interpretation der Repräsentationssprache durch die Anfragesprache eine Einbettung von Konstrukten der Repräsentationssprache in solche der Anfragesprache durchzuführen. Die Tatsache, daß

- einerseits durch M viele—im Sinne der Anfragesprache äquivalente—Formeln der Repräsentationssprache identifiziert werden (eine Art Normalisierungsprozeß), bevor noch irgendeine Inferenz durchgeführt wird, und dann

- andererseits Inferenzen ausschließlich in der (weniger komplexen) Anfragelogik stattfinden,

ist dabei von entscheidender Bedeutung.

---

[18]Tatsächlich gilt ja, daß die Aussage (2.2) logische Konsequenz der Aussage (2.3) ist. Wir haben es hier dementsprechend wirklich mit so etwas wie *beschränkter* Inferenz zu tun.

2.5   Semantik von Logik-Programmen

In diesem abschließenden allgemeinen Abschnitt über Logik-Programmierung
wollen wir noch einen kurzen Blick auf semantische Eigenschaften von Logik-Programmen werfen. Wir hatten ja bereits in den vorausgehenden Abschnitten eini-
ges über deklarative bzw. prozedurale Semantik-Aspekte von Logik-Programmen
kennengelernt und als wesentlichstes Resultat die Herbrand-Version des Vollstän-
digkeitssatzes ausgeführt.

Von den bekannten wollen wir uns hier auf zwei Ansätze beschränken, nämlich

- den modell-theoretischen Ansatz und

- den Ansatz über den kleinsten Fixpunkt.

Die Diskussion der konkurrierenden Ansätze

- *Finite Failure* und

- *Negation as Failure*

verschieben wir, bis wir ein vertieftes Verständnis über Logik-Programme und
PROLOG erworben haben.

Wie ganz zu Anfang dieses Kapitels bereits ausgeführt wurde, kann an die
Prädikatenlogik unter zwei verschiedenen Gesichtspunkten herangegangen werden, nämlich unter

- dem der *Beweistheorie*: hier stehen Fragen nach Operationalisierung und
  Implementation im Vordergrund, und

- dem der *Modelltheorie*: hier geht es vor allem um Spezifikationsfragen und
  deklarative Begriffe.

Modelltheoretisch wird somit danach gefragt, *was* berechnet werden soll, und be-
weistheoretisch danach, *wie* dies bewerkstelligt werden kann. Demzufolge kann
einer (endlichen) Klauselmenge Γ auch unter zwei Gesichtspunkten eine Bedeutung zugeordnet werden—je nachdem, ob man sie als logische Formel oder als
Programm auffaßt:

- Bei der Sicht als logische Formel sei die *(logische) Bedeutung* $M_l(\Gamma)$ einer
  Klauselmenge Γ festgelegt mit:

$$M_l(\Gamma) := \{F \mid \Gamma \models F\}$$

- Bei der Sicht als Programm sei die *(prozedurale) Bedeutung* $M_p(\Gamma)$ einer
  Klauselmenge Γ—relativ zur intendierten Interpretation $\mathcal{I}(\Gamma)$—festgelegt
  mit:

$$M_p(\Gamma) := \{F \mid \text{für alle Modelle } \mathcal{M} \text{ von } \Gamma, \text{ die } \mathcal{I}(\Gamma) \text{ berücksichtigen, gilt:}$$
$$\mathcal{M} \models F\}$$

Dabei berücksichtigt ein Modell $\mathcal{M}$ die intendierte Interpretation $\mathcal{I}(\Gamma)$, wenn es den intendierten Interpretationsbereich und die intendierten Interpretationen der Funktions- und Relationssymbole verwendet[19].

In beiden Fällen ist somit die Bedeutung eines Logik-Programms eine Menge von Formeln, die gewissen Bedingungen genügen.

Die soeben angesprochene Dichotomie zwischen Bedeutung als logischer Formel und Bedeutung als Programm findet sich auch in unseren Ausführungen zur Resolutionsmethode wieder:

> Vermöge Unifikation und Resolutionsregel zur Manipulation von Symbolen des Herbrand-Universums und der Herbrand-Basis lassen sich die logischen Konsequenzen einer Klauselmenge korrekt und vollständig ermitteln.
>
> Ermittelt das Verfahren, daß eine Formel F in allen (von ihrer Natur her symbolischen!) Herbrand-Modellen wahr ist, so folgt hieraus die Gültigkeit von F und damit deren Wahrheit in der intendierten Interpretation.

Die letztgenannte Eigenschaft ist allerdings unter Umständen doch etwas zu stark, da damit aufgrund des Theorems von Löwenheim-Skolem beliebig viele beliebig komplexe Modelle für die gegebene Klauselmenge existieren, obwohl deren Autor (in seiner Eigenschaft als Programmierer) gerade die eine intendierte Interpretation charakterisieren wollte.

Nach diesen einleitenden Bemerkungen wollen wir uns nun auf Mengen definiter Klauseln, also auf Logik-Programme, einschränken.

2.5.1 Modelltheoretische Semantik

Damit eine Formel logische Konsequenz eines Logik-Programms ist, muß sie in allen Herbrand-Modellen dieses Programms wahr sein. Andererseits sind Herbrand-Modelle definiter Klauselmengen bezüglich Durchschnittbildung stabil (vgl. [57]). Der Durchschnitt von Herbrand-Modellen definiter Klauselmengen ist mithin wieder ein Herbrand-Modell, womit die folgenden Aussagen für eine definite Klausel F, ein Logik-Programm P und dessen Herbrand-Modelle $(M_i)_{i \in I}$ äquivalent sind:

$$P \models F$$
$$\forall i (i \in I \rightarrow \mathcal{M}_i \models F)$$
$$\text{für } M(P) := \bigcap_{i \in I} M_i \text{ gilt: } M(P) \models F$$

Nachdem jedes Logik-Programm P ein Herbrand-Modell besitzt, gilt offensichtlich außerdem:

---

[19]Nachdem der Begriff der logischen Konsequenz unabhängig von der konkreten Bedeutung einzelner Symbole ist, wird so von der intendierten Interpretation abstrahiert und in einem ausschließlich symbolischen Kontext gearbeitet.

$$M(P) \neq \emptyset,$$

und es ist sinnvoll, von dem *kleinsten Herbrand-Modell $M(P)$ einer Klauselmenge P* zu sprechen.

Obwohl nicht sichergestellt werden kann, daß das kleinste Herbrand-Modell mit dem intendierten Modell einer Klauselmenge übereinstimmt, ist man trotzdem übereingekommen, dieses kleinste Herbrand-Modell als die *kanonische Interpretation* der entsprechenden Klauselmenge aufzufassen,

- zum einen, da der Programmierer üblicherweise die *freie* Interpretation von Funktionssymbolen[20] im Hinterkopf habe, und

- zum anderen, da (wieder mit [57]) gilt: $M(P) = M_l(P)$.

Der oben beschriebene Ansatz einer modelltheoretischen Semantikdefinition für Logik-Programme muß aufgrund der folgenden Asymmetrie mit angemessener Vorsicht gehandhabt werden:

Es gilt zwar für $A \in B_P$:

$$M(P) \models A \quad \text{gdw.} \quad P \models A,$$

nicht jedoch die symmetrische Aussage:

$$M(P) \not\models A \quad \text{gdw.} \quad P \models \neg A$$

Der modelltheoretische Ansatz setzt demzufolge die sogenannte *Closed World Assumption* voraus:

> Alle Grundatome, die nicht im kleinsten Herbrand-Modell liegen, werden als UNWAHR angenommen.

Mit dieser Annahme erkaufen wir uns jedoch Unvollständigkeit:

> Einige Atome werden zu unendlichen Berechnungen führen. Die Wahrheitswerte solcher Atome kann folglich der das Logik-Programm ausführende Interpreter nicht in endlicher Zeit—also praktisch gar nicht—feststellen.

Lassez und Maher (in [106], aber auch [94]) verfolgen deshalb einen Ansatz, bei dem Atome den Wahrheitswert WAHR (FALSCH) zugeordnet bekommen genau dann, wenn sie WAHR (FALSCH) in *allen* Herbrand-Modellen des fraglichen Programms sind. Für den Fall, daß das fragliche Programm nicht genügend Information enthält, um diese Entscheidung zu treffen, bekommt das Atom den Wert UNDEFINIERT zugewiesen. Das beschriebene Unvollständigkeitsproblem kann dann nicht mehr eintreten (Atome, die andernfalls zu unendlichen Berechnungen führen würden, haben jetzt den Wert UNDEFINIERT). Wir werden uns im folgenden Kapitel noch genauer mit der *Closed World Assumption* auseinandersetzen.

---

[20]Tatsächlich ist die Theorie der Herbrand-Modelle geradezu durchdrungen von Techniken aus der Theorie der sogenannten *freien* Algebren.

2.5.2 Semantik des kleinsten Fixpunktes

Neben der Vorstellung vom kleinsten Modell als Semantik eines Logik-Programms kann auch eine—auf den ersten Blick verschiedene—intuitive Semantik für Logik-Programme angegeben werden, die eher dem operativen Aspekt, d.h. dem des Programmierens, gerecht wird, und die (unausgesprochen) auch den meisten als Produktionensystem realisierten Experten-Systemen, zugrundeliegt:

> Auf die gegebenen Fakten (Einheitsklauseln) sind die ebenfalls gegebenen Regeln (Programmklauseln) solange anzuwenden, d.h. neue Fakten zu generieren, bis keine neuen Fakten mehr generiert werden können[21].
>
> Die entstehende (induktiv definierte) Klauselmenge wird dann als Bedeutung der Original-Klauselmenge (des Logik-Programms) aufgefaßt.

Wir hatten eine ähnliche Vorgabe zur iterierten Anwendung von Deduktionsschritten bereits in der Diskussion am Ende von Abschnitt 2.3.2 bei der Konstruktion der S_i kennengelernt. Eine Abbildung, die Klauselmengen in Klauselmengen überführt, die aus den Quell-Klauselmengen durch Anwendung aller verfügbaren Regeln auf alle vorhanden Fakten alle logisch folgenden Fakten errechnet, würde dann vermöge ihrem (kleinsten) Fixpunkt eben diese operative Bedeutung charakterisieren.

Tatsächlich deckt sich—bei näherer Betrachtung—dieses intuitiv operative Verständnis mit dem modelltheoretischen, d.h. logischen Verständnis von der Semantik eines Logik-Programms. Zur Erläuterung dieses Sachverhaltes müssen wir jedoch zunächst einige wichtige—für unsere Zwecke zurechtgeschneiderte—Grundbegriffe aus der Verbandstheorie einbringen:

Definition 2.31 *Eine* vollständige Halbordnung *VH ist ein Tripel* $(O, \sqsubseteq, \perp)$ *mit folgenden Eigenschaften:*

1. $(O, \sqsubseteq)$ *ist eine* Halbordnung, *d.h. für alle* $x, y, z \in O$ *gilt:*

   a) $\sqsubseteq$ *ist* reflexiv: $x \sqsubseteq x$

   b) *falls* $x \sqsubseteq y$ *und* $y \sqsubseteq x$, *dann gilt:* $x = y$

   c) *falls* $x \sqsubseteq y$ *und* $y \sqsubseteq z$, *dann auch:* $x \sqsubseteq z$

2. *Der* Halbverband *ist* kettenabgeschlossen, *d.h. für jede Kette* $\langle x_i \mid i \in I\!N \rangle$ *liegt ihr Supremum im Halbverband*[22]:

---

[21] Vom konstruktivistischen Standpunkt aus ist diese Vorschrift natürlich in höchstem Maße bedenklich, da sie—im schlimmsten Fall—verlangt, eine unendliche Entität (die Menge aller ableitbaren Sätze) in unendlich vielen Schritten aus einer Menge von Startsätzen abzuleiten, um dann als eine Begründung für die Vorgabe der Fakten und Regeln zu dienen.

[22] Jeder vollständige Verband ist dementsprechend offensichtlich eine vollständige Halbordnung, nachdem in einem vollständigen Verband jede Teilmenge X ein kleinstes und größtes Element besitzt.

$$\sup_{i \in N} x_i \in O,$$

wobei: $\langle x_i \mid i \in I\!N \rangle$ *ist Kette gdw. für alle* i *gilt:* $x_i \sqsubseteq x_{i+1}$
(falls $x_i \sqsubseteq x_{i+1}$*, dann gilt natürlich:* $\sup(x_i, x_{i+1}) = x_{i+1}$*)*

3. $\perp$ *ist das kleinste Element des Halbverbandes, d.h.*

    a) $\perp$ *gehört zur Halbordnung:* $\perp \in O$

    b) $\perp$ *ist Infimum der Halbordnung:* $\perp = \inf(O)$

Die folgende Definition

Definition 2.32 *Eine Abbildung* $f : VH \to VH$ *ist* (abzählbar) stetig *gdw. für jede Kette* $\langle x_i \mid i \in I\!N \rangle$ *gilt*[23]*:*

$$f(\sup_{i \in N} x_i) = \sup_{i \in N} f(x_i)$$

zusammen mit (für $i \in I\!N$, die Identität *Id* und die Funktionskomposition o) der Vereinbarung

$$\begin{aligned} f^0 &:= Id \\ f^{i+1} &:= f \circ f^i \end{aligned}$$

erlaubt uns somit die Formulierung des *Approximationstheorems von Kleene*:

Theorem 2.6 (Kleene) *Ist* $VH = (O, \sqsubseteq, \perp)$ *eine vollständige Halbordnung und* f *eine* (abzählbar) *stetige Funktion auf VH, so läßt sich der kleinste Fixpunkt* $lfp(f)$ *von* f *konstruieren durch:*

$$lfp(f) = \sup_{i \in N} f^i(\perp)$$

Nachdem die Gesamtheit $\mathcal{W}(P) = 2^{B_S}$ der Herbrand-Interpretationen eines gegebenen Programms P vermöge Mengen-Inklusion einen vollständigen Verband mit der leeren Menge als kleinstem Element abgibt[24], liegt es nahe (vgl. [57]), für eine beliebige Herbrand-Interpretation $\mathcal{I}$ eine Abbildung

$$f_P : \mathcal{W}(P) \to \mathcal{W}(P)$$

wie folgt zu definieren:

$$f_P(\mathcal{I}) := \{A \in B_S \mid \quad A \leftarrow B_1, \ldots, B_n \text{ ist Grundinstanz einer} \\ \text{Klausel in } P \text{ und } \{B_1, \ldots, B_n\} \subseteq \mathcal{I}\}.$$

Diese Abbildung leistet offensichtlich die am Eingang des Abschnittes skizzierte Verknüpfung zwischen der logischen und prozeduralen Semantik des vorliegenden Logik-Programms P:

---

[23]Eine solche Abbildung ist dann offensichtlich auch *monoton*, d.h. es gilt:

$$\text{falls } x \sqsubseteq y, \text{ dann auch } f(x) \sqsubseteq f(y)$$

[24]also $(\sqsubseteq := \subseteq)$ und $(\perp := \emptyset)$

Ist P ein Logik-Programm und $\mathcal{I}$ eine Herbrand-Interpretation von P, dann gilt:

$$\mathcal{I} \models P \quad \text{gdw.} \quad f_P(\mathcal{I}) \subseteq \mathcal{I}.$$

Nachdem die Abbildung f_P auch noch (abzählbar) stetig ist, folgt mit dem Satz von Kleene die Existenz eines kleinsten Fixpunktes $\mathrm{lfp}(f_P)$ von f_P. Dieser Fixpunkt stimmt nun

- aufgrund des soeben genannten Zusammenhanges zwischen f_P und der Eignung einer Herbrand-Interpretation von P als Modell für P und

- wegen der für jeden kleinsten Fixpunkt $\mathrm{lfp}(f)$ einer stetigen Abbildung f über einem vollständigen Verband gültigen Aussage (für einen Beweis siehe [110])

$$\mathrm{lfp}(f) = \inf\{x \mid f(x) = x\} = \inf\{x \mid f(x) \sqsubseteq x\}$$

mit dem kleinsten Herbrand-Modell von P überein:

$$\mathrm{lfp}(f_P) = M(P).$$

Obwohl mit dem kleinsten Fixpunkt eine zunächst—vom deklarativen Standpunkt—willkürlich erscheinende Festlegung auf einen ausgezeichneten Fixpunkt der oben skizzierten prozeduralen Semantikzuordnung gesetzt wurde, stellt sich diese im nachhinein—für Logik-Programme—als gerechtfertigt heraus: Die Übereinstimmung des kleinsten Fixpunktes von f_P mit dem kleinsten Herbrand-Modell $M(P)$ von P erweist nämlich den starken Zusammenhang der Begriffe *kleinster Fixpunkt* und *logische Konsequenz*.

Kapitel 3

Die deklarativ/prozedural-Kontroverse

Unterschiedliche Vorstellungen darüber, wie gewisse Aspekte der realen Welt formal zu repräsentieren sind, um abstrakt manipuliert werden zu können, führten in der Künstlichen Intelligenz meist auch zum Entwurf einer entsprechenden Programmiersprache. Dafür mußte aber auch in jedem Einzelfall die zentrale Frage nach der Zuständigkeit für die Kontrolle des Verhaltens der mit der jeweiligen Sprache realisierbaren Systeme beantwortet werden.

Allgemeine Problemlöser (wie etwa der *General Problem Solver* [139] von Newell und Simon), die lediglich eine Spezifikation zur Lösung eines Problems benötigten, wiesen nicht selten ein geradezu traumatisches Ablaufverhalten und einen derart verschwenderischen Umgang mit den Systemressourcen auf, daß man sich eine Lösung mit ihrer Hilfe—so sie prinzipiell vermittels der angegebenen Spezifikation auffindbar war—einfach nicht leisten konnte[1].

Diese Beobachtung führte Ende der 60er Jahre zu einer harten Auseinandersetzung zwischen namhaften Vertretern der Künstlichen Intelligenz, der sogenannten *deklarativ/prozedural Kontroverse*. Die KI, die seit dem Ende der 50er Jahre im wesentlichen mit *heuristischem Programmieren* gleichgesetzt wurde, beschäftigte sich nun mit der Frage nach der konzeptionellen Trennbarkeit von *Wissensdarstellung* und *Wissenseinsatz*.

Nachdem im Zuge der Aufnahme und Verarbeitung dieser Kontroverse durch die wissenschaftliche Gemeinschaft eine Reihe von interessanten KI-Systemen, insbesondere sog. KI-Sprachen entwickelt wurden, deren Tragweite bis heute noch nicht voll ausgeschöpft[2] ist, erörtern wir hier diejenigen Aspekte der Auseinandersetzung, deren Kenntnis zur Einordnung unseres eigenen Ansatzes dienlich sein wird.

Unter einer deklarativen Repräsentation wird (mit [10]) eine Repräsentati-

---

[1] Ein kurzer Blick zurück auf unsere Diskussion der unterschiedlichen Resolutionsstrategien weist ebenfalls auf ein grundsätzliches Problem mit deklarativen Repräsentationen, speziell ihrer reinsten Ausprägung, der Logik, hin.

[2] Dies trifft—wie wir noch sehen werden—insbesondere auf die KI-Programmiersprache PLANNER zu.

on verstanden, bei der statische Aspekte von Wissen—Fakten über Objekte, Ereignisse, Relationen zwischen Objekten bzw. Ereignissen und über Zustände der Welt—im Vordergrund stehen. Die deklarative Bedeutung einer Sammlung von Ausdrücken ist, was von diesen Ausdrücken *behauptet* wird. Deklarative Repräsentationen werden—wie wir im vorausgehenden Kapitel gezeigt haben— typischerweise in Verfahren eingesetzt, die von Systemen verwendet werden, die auf automatischen Beweisern aufbauen.

Dieser deklarativen Sichtweise steht die prozedurale Vorstellung von Repräsentation gegenüber. Letztere priorisiert Fragen danach, wie das dargestellte Wissen einzusetzen ist, wie die für ein Problem relevanten Fakten aufgefunden werden können und wie sich dieses Wissen in Prozeduren fassen läßt. Unter prozeduraler Bedeutung wird also verstanden, *was* von einem System an Prozeduren in einer bestimmten Situation *wie getan* wird. Das heißt, dem eher epistemischen Charakter der deklarativen Repräsentation wird der eher heuristische der prozeduralen Repräsentation gegenübergestellt. Der Unterschied zwischen "wissen, daß" und "wissen wie", zwischen "kennen" und "können", wird demnach als wesentlich für die Modellierung von Wissen herausgestrichen!

Die Vorteile einer deklarativen Repräsentation liegen auf der Hand:

- *Flexibilität:* Eine deklarative Repräsentation zieht keine Verpflichtung nach sich, wie sie verwendet wird. Es ist lediglich zu klären, wie ein zugeordnetes Ablaufsystem sie interpretieren kann. Dabei ist die Prozeßstruktur dieses Ablaufsystems verglichen mit seiner Inferenzstruktur von nachgeordneter Bedeutung. Seine Inferenzstruktur hat vor allem der Bedeutung der deklarativen Konstrukte gerecht zu werden.

- *Ökonomie der Darstellung:* Da die Äquivalenz vieler logischer Ausdrücke schon syntaktisch feststellbar ist, können solche Ausdrücke auf eine gemeinsame Normalform abgebildet werden, die sich leicht abspeichern und wiederfinden läßt[3].

- *Vollständigkeit und Korrektheit:* Diese Eigenschaften setzen eine saubere Semantik des Repräsentationsformalismus voraus. Auf den Wert solcher Aussagen wurde bereits im Zusammenhang mit der Erörterung der Bedeutung logischer Ausdrücke und der Korrektheits- und Vollständigkeitssätze im vorausgegangen Kapitel eingegangen.

- *Modifizierbarkeit:* Nachdem deklarative Ausdrücke schon für sich alleine (unabhängig von einem Interpreter) bedeutungstragend sind, lassen sie sich unabhängig voneinander in ein Repräsentationssystem einbringen. Eine Gefahr wechselseitiger Beeinflussung—wie etwa bei prozedural hinterlegten Fakten—besteht nicht. Welche Deduktionen durchführbar sind, ist

---

[3]Ein analoges Vorgehen für eine prozedurale Repräsentation stößt—wegen der prinzipiellen Unüberprüfbarkeit zweier Programme auf ihre Äquivalenz—auf erhebliche theoretische und praktische Schwierigkeiten.

insbesondere unabhängig von der Reihenfolge, in der Fakten dem System bekanntgemacht wurden.

Mit diesen Vorteilen handelt man sich allerdings auch ein grundsätzliches Problem ein: Es muß allgemein geklärt werden, wie es um den Status von Schlußfolgerungen steht, die auf der Grundlage nicht länger akzeptierter Sachverhalte entstanden sind! Gerade dieser Punkt bereitete den Deklarativisten erhebliche Kopfschmerzen, da er mit dem *Monotonieprinzip der konventionellen Logik* unvereinbar ist:

Sind Γ_1 und $\Gamma_2 \neq \emptyset$ Satzmengen und ist S ein beliebiger Satz, so gilt unter der Voraussetzung

$$\Gamma_1 \models S$$

in der "realen Welt" nicht auch schon immer

$$\Gamma_1 \cup \Gamma_2 \models S.$$

Für die Realisierung eines syntaktischen Folgerungsbegriffs, der dieser—für den Menschen offenbar ganz normalen—"Anomalie" gerecht werden soll, sind zusätzliche Vorkehrungen zu treffen, auf die im Rahmen dieser Arbeit. noch vertieft eingegangen werden wird.

Neben diesem eher technischen Problem sind aber auch die beiden folgenden zentralen Fragen zum deklarativen Ansatz keinesfalls als schon geklärt zu betrachten:

- Was sind mögliche Welten und

- Was sind Bedeutungskriterien?

Wie wir gesehen haben, werden im Falle der Prädikatenlogik ja nur schwache Annahmen gemacht: Eine logisch mögliche Welt ist eine Interpretation. Die Konventionen zur Entscheidung, ob eine Interpretation auch ein Modell ist, spiegeln sich in unseren Definitionen über logische Wahrheit, Gültigkeit und Erfüllbarkeit wider. Das ist natürlich eine sehr beschränkte Sicht. Zum einen wird—wie wir bereits ausgeführt haben—Bedeutung lediglich relativ zu sogenannten möglichen Welten (algebraischen Strukturen, den Interpretationen) definiert. Die reale Welt enthält jedoch Dinge und Vorgänge, die sich nur schwer mit diesem Ansatz fassen lassen, etwa stetige Phänomene, Flüssigkeiten oder Konzepte wie das der Kausalität.

Wir können uns jedoch damit trösten, daß durch den prädikatenlogischen Ansatz zumindest eines ermöglicht wird: die Untersuchbarkeit einer vorgelegten Repräsentation auf ihre Verträglichkeit mit gewissen vorgegebenen Umständen. Ein Formalismus ohne klare Semantik kann deshalb wohl kaum eine Repräsentationssprache abgeben. Interessanterweise wurde gerade dieser Anspruch zumindest im Fall der (als deklarative Repräsentation hingestellten) sogenannten *Semantischen Netzwerke* ganz und gar nicht eingelöst. Hier sind anscheinend

Deklarativisten ganz wie die sorglosesten von ihnen kritisierten Prozeduralisten
einem Kardinalfehler aufgesessen—dem Glauben, daß schon die suggestive Be-
nennung von Konstrukten diesen Konstrukten eine Bedeutung zuordnet[4].

Tatsächlich bekommen Semantische Netzwerke eine Semantik jedoch bestenfalls durch die sie interpretierenden Prozeduren[5] und müßten demzufolge als prozedurale Repräsentation eingestuft werden! Diese Wunschvorstellung von *Mnemonik als Semantik* und die damit einhergehende Identifikation von Zweck und
Bedeutung eines Konstruktes[6] ist eigentlich völlig unverständlich, wenn man sich
die folgende bereits von Quine (in [147]) getroffene definitorische Unterscheidung
für die Logik vor Augen hält:

> "Ein Wort tritt in einem Satz *wesentlich* auf, falls der Wahrheits-
> wert dieses Satzes dadurch geändert werden kann, daß man das Wort
> durch ein anderes Wort ersetzt.
>
> Logisch wahre Sätze im Sinne der formalen Logik sind dann gerade
> dadurch ausgezeichnet, daß es sich um wahre Sätze handelt, in denen
> alle und nur die logischen Ausdrücke wesentlich vorkommen"[7].

Für die "Theorie" der Semantischen Netzwerke implizierte dieses Fehlen einer
Semantik darüber hinaus auch die prinzipielle Unüberprüfbarkeit der Konsistenz eines solchen Netzwerkes—ein Umstand, der durch eine Inflation immer
neuer Kantentypen immer bedrohlicher wurde (vgl. hierzu speziell [21, 22]). Der
Versuch einer semantischen Bereinigung durch die Angabe (mehr oder weniger
willkürlich gewählter, für die jeweils betrachtete Spielzeugwelt jedoch adäqua-
ter) semantischer Primitive konnte über diesen prinzipiellen Mangel auch nur
schwer hinweghelfen (wir haben zur Problematik dieses Vorgehens ja bereits in
Abschnitt 2.1 Stellung bezogen).

Die Art und Weise der Verwendung von Konstrukten, die irgend etwas repräsentieren sollen, muß also in irgendeiner Weise gerechtfertigt (kognitiv adäquat)
sein—eine grundsätzliche Forderung, die leider fast ausschließlich in philosophischen Kreisen diskutiert wird (vgl. [75]) und hinter der Implementationsfragen
eigentlich zurückstehen sollten. Diese Anschauung wurde jedoch von den Prozeduralisten nur bedingt mitgetragen und in letzter Konsequenz durch eine beinahe behavioristische Vorstellung ersetzt (als Kronzeuge kann hier wohl Hewitt
fungieren—vgl. [90]):

---

[4]Der Name *Semantisches Netzwerk* wurde dementsprechend schon bald durch den Namen
Assoziatives Netzwerk ersetzt—nicht zuletzt deshalb, weil das zugrundeliegende Repräsentati-
onsschema ursprünglich als psychologisches Modell für das menschliche assoziative Gedächtnis
entwickelt wurde.

[5]Dies erklärt wohl auch, daß in vielen real existierenden Netzwerksystemen die Unterscheidung zwischen *begrifflichen Zusammenhängen* und *Beschreibungen aktueller Situationen* verwischt wird.

[6]McDermott kritisiert in einem erstaunlicherweise wenig zitierten Papier (siehe [123]) noch
weitere, auf die Suggestivkraft bestimmter Notationen bauende sogenannte KI-Techniken.

[7]Genau die deskriptiven Ausdrücke treten also unwesentlich auf! Das ist ja auch der Grund,
warum neben der mathematischen Logik sogenannte philosophische (modale, deontische, epi-
stemische) Logiken entwickelt wurden: Welche Sätze sind logisch wahr, wenn zu den logischen
Ausdrücken weitere Ausdrücke wesentlich hinzugenommen werden?

Daß prozedural repräsentierte Systeme das tun, was sie tun, ist die einzige Eigenschaft eines solchen Systems, auf die man sich verlassen kann und darf.

So ist es denn auch verständlich, daß getreu dieser Vorstellung eine ganze Serie neuer Repräsentationssprachen, sogenannte KI-Programmiersprachen, entwickelt wurde.

Nicht mehr so sehr die Frage, wie Wissen zu repräsentieren ist, als vielmehr die Frage, wie Wissen zum Zwecke einer ökonomischen Verarbeitung repräsentiert werden kann, rückte in den Vordergrund der KI-Forschung. Für diese Schwerpunktverschiebung sprachen und sprechen auch heute noch die offensichtlichen Vorteile einer prozeduralen Repräsentation:

- die mit Hilfe gegenstandsbereichsspezifischer Heuristiken zur Eingrenzung des Raums der möglichen Lösungen erzielte Direktheit der Schlußfolgerungsketten,

- die Realisierbarkeit außerlogischer Schlußtechniken, etwa solcher zum nichtmonotonen oder auch plausiblen Schließen (für eine vertiefte Diskussion außerlogischer Schlußtechniken siehe etwa [200]) und

- die durch die Kürze von Schlußketten begünstigte Leichtigkeit der Handhabung durch die Versteh- und damit Nachvollziehbarkeit der Schlußfolgerungen.

Die von einer prozeduralen Repräsentation erhoffte gerichtete Problemlöseaktivität, die eine Beschäftigung mit irrelevantem Wissen und damit ein unnatürliches Vorgehen bei der Suche nach einer Problemlösung vermeiden sollte, war ja gerade unerreichbar für die frühen deklarativen Systeme. Erst mit dem Aufkommen spezialisierter Inferenzmaschinen konnte das extrem ineffiziente, blinde Anwenden aller Inferenzregeln auf alle dem System bekannten Sachverhalte, solange, bis etwas Interessantes erschlossen wird, aufgegeben werden.

Doch auch hier gibt es eine Kehrseite der Medaille. Komplexe prozedurale Systeme sind nämlich extrem schwer versteh- und vor allem *validierbar*—die Maxime "wie statt was" öffnet ja unüberschaubaren Nebenwirkungen geradezu Tür und Tor. Eine Aussicht auf Vollständigkeit ist deshalb auch nicht zu erwarten—genausowenig wie eine Garantie, daß die das System realisierende Gemeinschaft von Prozeduren korrekt zusammenarbeitet. Am offensichtlichsten wird dies, wenn man sich überlegt, welche Probleme bei Modifikationen an von mehreren Prozeduren gemeinsam benutzten Datenstrukturen oder Schnittstellen entstehen: Änderungen haben im allgemeinen eine sehr niedrige Lokalität, und eine modulare Systemstruktur ist demzufolge kaum erzielbar. Auch die mit dem Aufkommen der *Produktionensysteme* propagierte Philosophie, die Aufgabe einiger weniger komplizierter Prozeduren durch viele kleine und damit (für sich) überschaubare Prozeduren erledigen zu lassen, konnte unseres Erachtens nichts an dieser Tatsache ändern. So verwundert es denn auch nicht, wenn ein Prozeduralist ziemlich schnell auf globale Konsistenz für sein System verzichtet und sich mit lokaler Konsistenz bescheidet[8].

Vor dem eben angesprochenen Problem steht man auch im Software Engineering: Komplexe Systeme entziehen sich weitgehend formaler Untersuchbarkeit. Der Entwurf von Werkzeugen, die einen Ingenieur bei der Entwicklung solcher Systeme unterstützen sollen, wird dadurch erheblich erschwert—zumal diese Werkzeuge wieder kein anwendungsspezifisches Verhalten zeigen dürfen, wenn sie universell einsetzbar sein sollen. Um dieser Analyseproblematik zu entgehen, wird deshalb etwa mit der Technik des *Rapid Prototyping* wieder ein eher deklarativer Weg eingeschlagen und versucht, aus einer (relativ leicht überschau- und wartbaren) Spezifikation automatisch eine (wahrscheinlich ineffiziente) Implementation zu generieren, die dann ein spezifikationskonformes Verhalten aufweist.

Wird weder der Weg der formalen Verifikation noch der des Rapid Prototyping beschritten, bleibt eigentlich nur noch der der "Programmverifikation durch visuelle Inspektion". Voraussetzung dafür sind selbstverständlich zahlreiche über den Programmtext verstreute (hoffentlich korrekte) natürlichsprachliche Zusicherungen und die Verwendung sprechender Namen für die von den Prozeduren gehandhabten Objekte sowie die Prozeduren selbst. In diesem Punkt gibt es also keinen Unterschied zwischen Prozeduralisten und Deklarativisten: Auch die Prozeduralisten leben mit der Gefahr von "Mnemonik als Semantik"! Prozedurnamen wie **UNDERSTAND**, **GOAL** oder **RECOGNIZE** als Bezeichnung von Prozeduren erklären nichts, sondern belegen höchstens eine unzulässige Identifikation der Begriffe Mittel und Zweck. Da wundert es einen dann auch nicht, wenn McDermott (wieder in [123]) süffisant die für viele KI-Forschungsberichte typische Bemerkung "only a preliminary version of the program was actually implemented" karikiert. Solche unvollständigen "Vorabversionen" von KI-Programmen sind doch bestenfalls Ausprägungen für "Vorabversionen" der den Programmen jeweils zugrundeliegenden Theorien.

Die Erkenntnis, daß keine der beiden Repräsentationsformen als der anderen überlegen ausgezeichnet werden kann (die saubere Verwendung der prozeduralen erzwingt deklarative Elemente, die effiziente Verwendung der deklarativen erzwingt prozedurale Elemente), spricht deshalb für einen Kompromiß zwischen den beiden Lagern:

> Wissen ist deklarativ zu kodieren und um Maximen zur vernünftigen Nutzung des so dargestellten Wissens anzureichern. Diese Maximen regeln im einzelnen, wie Probleme zu zerlegen, welche Teilprobleme in welcher Reihenfolge zu bearbeiten sind und wie Teillösungen zu Gesamtlösungen kombiniert werden können, insbesondere dann, wenn Interdependenzen zwischen den Teillösungen bestehen.

Kurz gesagt geht es also darum, zu klären, wie ein Standarddeduktionsmechanismus (etwa Resolution) so erweitert werden kann, daß er kontrollierbar wird.

---

[8]Einmal ganz davon abgesehen, daß die Einführung eines Semantikbegriffes doch sinnvollerweise vor der eines Konsistenzbegriffes zu erfolgen hat.

Es bieten sich dazu prinzipiell drei Ansätze (vgl. [10]):

1. Spezifikation von Kontrolle dadurch, wie Faktenwissen notiert wird, insbesondere über die Reihenfolge, in der Fakten abgelegt und verarbeitet werden. Typischer und einflußreichster Vertreter dieser Richtung ist die von Hewitt entwickelte KI-Programmiersprache PLANNER.

2. Ansiedeln der Repräsentationssprache auf einer niedrigeren Abstraktionsebene, so daß der Anwender Teile des Schlußmechanismus selber spezifizieren kann. Diese Richtung wurde vor allem von Sussman und McDermott mit dem Entwurf der KI-Programmiersprache CONNIVER (als Revision von PLANNER-69) eingeschlagen.

3. Definition einer ergänzenden Sprache zur Formulierung von Kontrollwissen, die mit der Repräsentationssprache zusammenwirkt. Diese Richtung wurde mit der von Weyhrauch entwickelten Sprache FOL beschritten[9].

Der Drang zu einer vereinheitlichenden Sichtweise der deklarativen und prozeduralen Position wird durch die momentan aktuellen Bestrebungen zur Integration verschiedender Repräsentations- bzw. Programmierstile noch verschärft. Für dieses Vorhaben müssen ja zunächst die (Einzel-) Semantiken der zu integrierenden (teils deklarativen, teils prozeduralen) Repräsentationssysteme festgelegt und anschließend zu der (Gesamt-) Semantik des geplanten *Hybridsystems* verallgemeinert werden. Falls die Kluft zwischen den Prozeduralisten und Deklarativisten zu Recht bestehen sollte, dann stellen diese Integrationsbestrebungen ja ein sinnloses Unterfangen dar!

Wir werden orientiert an der Argumentation von Hayes (in [85]) nachweisen, daß der krasse Kontrast zwischen deklarativer und prozeduraler Repräsentation nur scheinbar ist. Tatsächlich handelt es sich lediglich um verschiedene Ausprägungen derselben Sache. Die Verschiedenheit der Ausprägungen ist aber auch schon der einzige Unterschied! KI-Programmiersprachen aus dieser Zeit weisen deshalb meistens eine der Prädikatenlogik sehr ähnliche Inferenzstruktur auf. Ungeachtet dieser Ähnlichkeit liegen aber methodologische Unterschiede vor, die technische Konsequenzen zur Folge haben.

Für diesen Nachweis werden wir in den folgenden Abschnitten kurz auf die charakteristischen Eigenschaften von PLANNER, CONNIVER und Aktorensystemen eingehen, um dann zu einer abschließenden Beurteilung der deklarativ/prozedural-Kontroverse zu kommen. Der Leser möge sich dabei ständig die beiden Entwurfsziele für Sprachen dieses Typs vor Augen halten:

---

[9]FOL stellt starke Mittel zur Manipulation von prädikatenlogischen Theorien zur Verfügung und erlaubt die Konstruktion beliebiger Metatheorien zu diesen Theorien. Theoreme können damit nicht nur innerhalb der Theorie, sondern auch unter Zuhilfenahme der Metatheorie bewiesen werden. Dabei entspricht ein Beweis innerhalb der Metatheorie grob dem Ausführen einer Beweisprozedur. Die Verknüpfung zwischen Objekt- und Metaebene geschieht über sogenannte Reflexionsprinzipien. Für Details wird das Studium von [198] empfohlen.

1. Kodierbarkeit von Fakten und Schlüssen, mit denen sich Aussagen ableiten lassen, die in der externen Welt gelten (und damit eine Art Inferenzstruktur, die mit logischen Werkzeugen analysierbar ist).

2. Spezifizierbarkeit einer Strategie, die das Verhalten des Interpreters beim Problemlösungsprozeß regelt.

Kurzum: Inferenzstruktur und Prozeßstruktur sollen beide dem Programmierer zugänglich gemacht werden. Wie dieses Problem im Bereich der KI angegangen wurde—soviel sei vorweggenommen—zeigt die genetische Entwicklung der zugehörigen Sprachmittel:

- Auf der Kontrollseite wurde ein Bogen von Hierarchien über Coroutinen zu Aktorensystemen, und

- auf der Faktenseite ein dualer Bogen von globalen über hierarchische zu aktorlokalen Kontexten

durchschritten.

3.1 PLANNER

Die KI-Programmiersprache PLANNER (siehe [88, 89]) ist der bekannteste und vor allem einflußreichste Vertreter von Repräsentationsformalismen, bei denen Kontrollvorgaben über die Art und Weise erfolgen, wie Fakten dem System bekanntgemacht werden:

> Der Anwender entscheidet durch die Form der Repräsentation, welche der vorhandenen Standardkontrollstrategien der Interpreter nutzen soll.

Damit erhält ein PLANNER-Anwender die zusätzliche Aufgabe, neben der Vorgabe der mit den Fakten *logisch möglichen* Inferenzen auch noch festzulegen, welche dieser Inferenzen für ein konkretes Problem wirklich und in welcher Weise durchgeführt werden sollen. Neben der Abgrenzung des Beweisbaren obliegt ihm also nun auch die Beschreibung der zugehörigen Beweisstrategien.

In PLANNER wird ein Programm als eine Kollektion sogenannter *Theoreme* aufgefaßt. Ein solches Theorem wird dabei von Hewitt als eine Beschreibung davon angesehen, wie bestimmte Ziele unter bestimmten Bedingungen zu erreichen sind und was im Falle unvorhergesehener, die Zielverfolgung störender Situationen während dieses Auffindeprozesses zu tun ist[10]. Funktionen des Systems werden dieser Auffassung folgend aktiviert, weil sie zur Verwirklichung eines Zieles beitragen können und nicht, weil sie von irgendeiner anderen Funktion gerufen wurden.

---

[10]Tatsächlich ist aber ein PLANNER-Theorem die (naive) Repräsentation einer logischen *Implikation* und PLANNER somit eine *logische* Programmiersprache—ein Umstand, der Hewitt als erklärtem Logikgegner verborgen geblieben sein muß!

Die für die 60er Jahre revolutionäre Vorstellung von *Zielorientierung*[11] konnte natürlich nur Hand in Hand mit architektonischen Innovationen erfolgen: Wissen um die Verwendung von Problemlösedaten hilft schließlich nicht nur beim Beweisen, sondern—wie in Abschnitt 2.4 ausgeführt—auch bei der Wiedergewinnung von Information. So läßt sich PLANNER auch als Mutter der deduktiven Datenbanken auffassen. Mit der Priorisierung der Nützlichkeitsfrage waren plötzlich Fragen nach der Organisation von Daten wesentlich geworden[12]. Insbesondere sollten die meisten im Zusammenhang mit Manipulationen an der Datenbank anfallenden (etwa die Integrität erhaltenden) Verwaltungsaufgaben automatisch durchgeführt werden.

Grundlage für die Verwirklichung obiger Vorstellung war die Idee der Assoziativität der PLANNER-Datenbank:

> Jedes Teil eines in der Datenbank speicherbaren Objektes[13] kann zum Schlüssel erklärt werden.
>
> Durch Angabe dieses Teiles können dann effizient alle passenden Objekte ermittelt werden.

Theoreme und Verwaltungsoperationen werden dann mit (Klassen von) Objekten assoziiert und entsprechend ihrer Verwendung strukturiert. Außerdem werden Theoreme nicht länger als logisch wahre Sachverhalte angesehen, sondern als Verpflichtungen, in bestimmten Situationen gewisse Handlungen durchzuführen— etwa einen bestimmten Teilbeweis zu initiieren oder eine Verwaltungsoperation anzustoßen[14].

Die Lokalisation der für ein konkretes Problem relevanten Information, das heißt die Schaffung von Querbezügen zwischen den die momentane Welt beschreibenden Fakten und den die Weltzusammenhänge regelnden Theoremen geschieht nun dadurch, daß bei der Formulierung von Theoremen auch eine Beschreibung der Anwendungssituation mitgeliefert werden muß.

In PLANNER-Terminologie heißen diese Beschreibungen *Pattern*. Sie sind in einer eigenen Sprache formuliert, die man ohne zu übertreiben als eine Programmiersprache für sich verstehen kann (vgl. Stoyan in [182]). Über die Pattern lassen sich Klassen von Objekten durch Angabe eines Musters beschreiben, in dem bekannte Objektteile und Variablen vorkommen. Läßt sich ein vorgegebenes Objekt als Instanz dieses Musters auffassen, spricht man von *Passung* zwischen Objekt und Muster. Pattern lassen sich demzufolge für zweierlei Aufgaben einsetzen:

---

[11]Tatsächlich war der Begriff der Zielorientierung bereits in der Methodensprache des *General Problem Solver* [139] angelegt.

[12]Erfreulicherweise haben die Autoren von PLANNER damals noch nicht so inflationär Worthülsen in die Begriffswelt der KI eingeführt, wie das heute manchmal geschieht. Sie hätten sonst sicherlich das Urheberrecht auf den überaus zweifelhaften Begriff *Wissensbasis*.

[13]und hierzu zählen auch die Theoreme...

[14]Es ist verwunderlich, daß Hewitt diese eigentlich intuitionistische Auffassung von Subjunktion erst Jahre nach der Vorstellung von PLANNER zum ersten Mal erwähnt. Wir werden in unseren Ausführungen zu den theoretischen Grundlagen des Reason-Maintenance noch ausführlich darauf zurückkommen.

1. Zur Steuerung des Deduktionsprozesses: Wenn eine bestimmte Situation—
   charakterisiert durch Passung gewisser Pattern mit Fakten in der Datenbank—vorliegt, sind gewisse Aktionen durchzuführen. Hierfür hat sich der
   Begriff *Pattern Directed Procedure Invocation* eingebürgert.

2. Zur Formulierung von Datenbankanfragen: Die Pattern selbst werden als
   Query-Sprache eingesetzt (*Pattern Directed Database Search*), da sie ja unmittelbare Beschreibung der interessierenden Objekten sind. Diese Sichtweise gestattet dem Anwender zudem, an das System Ratschläge für die
   Anfrageauswertung zu geben.

Der Prozeß des Mustervergleichs spielt in PLANNER etwa die Rolle, die die
Unifikation in Logik-Programmiersprachen einnimmt. Grob vereinfacht läßt sich
der Mustervergleich in Micro-PLANNER (einer implementierten Teilmenge von
PLANNER) als eine Spezialform von Unifikation ansehen, bei der nur ein Unifi-
kationspartner Variablen enthält[15] (und die deswegen auch relativ effizient durchführbar ist). Im Vergleich dazu ist jedoch der Mustervergleich des vollen PLAN-
NER weit allgemeiner als Unifikation: Anläßlich eines Mustervergleichs können
da nämlich beliebige Berechnungsprozesse angestoßen werden.

Wie wir bereits angedeutet haben, werden Daten in PLANNER in zwei Klassen eingeteilt:

- Fakten, die wahre Sachverhalte (Tatsachen) beschreiben und

- Theoreme, das sind Angaben darüber, wie bei der Überprüfung gewisser
  Sachverhalte vorzugehen ist, bzw. welche Handlungen bei Bekanntwerden
  neuer (wahrer) oder Aufgabe alter (nicht mehr länger als wahr angenom-
  mener) Sachverhalte durchzuführen sind.

Fakten in PLANNER entsprechen in etwa atomaren Grundformeln des Prädi-
katenkalküls und Theoreme Implikationen, deren Konsequenz atomare Formeln
darstellen (insofern ist eine größere notationelle Freiheit als bei Hornklausellogik
gegeben). Anfragen an das System werden mit dem Operator THGOAL als (durchaus wieder als Atomformeln auffaßbare) Ziele formuliert und mit konkreten Objekten beantwortet. Dazu sucht THGOAL nach einem entsprechenden Faktum in
der Datenbank oder nach einem Weg zu dessen Beweis. Mit Hilfe des Operators
THUSE kann dabei eine Kontrolle darüber ausgeübt werden, welche Theoreme
in welcher Reihenfolge für den Beweis eingesetzt werden sollten. Neben einer
namentlichen Empfehlung spezifischer Theoreme in spezifischen Situationen gestattet PLANNER auch die Empfehlung ganzer Klassen von Theoremen durch
Angabe sogenannter *Filter*.

PLANNER kennt im Prinzip zwei Theoremklassen:

---

[15]Tatsächlich müssen jedoch auch in Micro-PLANNER echte Unifikationen durchgeführt
werden, nämlich dann, wenn die Anwendbarkeit von Theoremen auf unvollständig beschriebene
Teilprobleme zu überprüfen ist, da dann ja teilinstantiierte Pattern mit Pattern von Theoremen
zu unifizieren sind.

Consequens-Theoreme (THCONSE-Theoreme): Sie beschreiben, wie das über ihr Pattern beschriebene Ziel durch Zerlegung in Teilziele bewiesen werden kann. Jedes dieser Teilziele wird wiederum mit Hilfe des THGOAL-Operators und über Operatoren zur Bezugnahme auf den momentanen Datenbankzustand (wie etwa THFIND) beschrieben. Die Interdependenzen zwischen den Teilzielen schließlich werden durch die Verwendung gemeinsamer Variablen in den sie beschreibenden Ausdrücken formuliert sowie über (meist nicht-kommutative!) Operatoren, die den logischen Konnektiven entsprechen (THAND, THOR und THPROG zum Ausdrücken existentiell quantifizierter Aussagen).

Antecedens-Theoreme (THANTE- und THERASE-Theoreme): Diese beschreiben (ähnlich den Dämonen in Frame-Systemen oder Triggern in Datenbanken) Aktionen, die durchzuführen sind, sobald sich bestimmte Veränderungen in der Datenbank einstellen. PLANNER unterscheidet hier zwei Arten von Veränderungen:

- Eintragen eines ab jetzt als wahr betrachteten Sachverhaltes in die Datenbank und

- Löschen eines ab jetzt nicht mehr als wahr betrachteten Sachverhaltes in der Datenbank.

Diese beiden Veränderungen werden wieder—getreu der PLANNER-Auffassung—über die zusammen mit der Formulierung des Antecedens-Theorems zu erfolgende Angabe eines die Situation beschreibenden Patterns und die Angabe ASSERT bzw. ERASE charakterisiert.

Die angegebene Klassifikation ist natürlich in hohem Maße idealisierend—beschreibt sie doch lediglich, für welchen Zweck die beiden Theoremtypen gedacht sind. Tatsächlich können jedoch sowohl in Antecedens- als auch Consequens-Theoremen beliebige Aktionen durchgeführt werden.

Eine besondere Rolle spielt in PLANNER auch die Negation. PLANNER verfügt über kein Sprachmittel, mit dem sich *unwahre* Sachverhalte ausdrücken ließen. Es kennt lediglich einen Operator namens THNOT, der uns später noch genauer als *Negation as Failure* interessieren wird:

Die Anwendung des Operators THNOT auf ein Ziel gelingt nur dann, wenn ein Beweis dieses Zieles—mit dem derzeitigen Kenntnisstand—fehlschlägt.

Nachdem PLANNER außerdem grundsätzlich alle Fakten als wahr annimmt, lassen sich somit zwei Schlüsse ziehen:

1. PLANNER kennt keinen Inkonsistenzbegriff und

2. in PLANNER gilt die *Closed World Assumption*.

Unsere Interpretation von PLANNER-Theoremen als intuitionistische Subjunktionen zeigt, daß es sich bei PLANNER um einen Konsequenzkalkül (gemäß der Definition von Lorenzen in [112]) angereichert um die Negation as Failure Regel handelt. Dieser Kalkül ist allerdings schon mächtig genug, um mehr als nur Handeln nach einer vorgeplanten Aktionssequenz wie in imperativen Programmiersprachen zu ermöglichen.

Der Begriff Fakt, den PLANNER für den expliziten Datenbankteil verwendet, ist—wie die letzten Ausführungen zeigen—offensichtlich etwas irreführend, denn es gibt Operatoren zur beliebigen Manipulation dieses Teiles[16]:

THASSERT: Dieser Operator trägt sein Argument (einen variablenfreien Ausdruck!) als "Fakt" in die Datenbank ein.

THERASE: Dieser Operator löscht sein Argument aus der Faktendatenbank.

"Deduktionen" können in PLANNER folglich Nebenwirkungen auf die (globale) Datenbank haben—ein Umstand, der wieder einmal gute und schlechte Seiten hat:

- Als Vorteil läßt sich die Möglichkeit begreifen, daß die Entscheidung, ob ein momentan ableitbares Faktum auch wirklich in der Datenbank etabliert wird, dem Anwender überlassen wird. Er kann damit selbst kontrollieren, wann welches Zwischenergebnis einer Deduktion explizit in die Datenbank aufgenommen wird.

- Als Nachteil muß die Gefahr *materialer* Inkonsistenzen[17] gesehen werden. Obgleich PLANNER keine *formale* Inkonsistenz kennt, können offensichtlich durch diese Konstrukte in Verbindung mit dem **THNOT**-Operator Situationen erzeugt werden, bei denen der Faktenteil im Widerspruch zur vom Theoremteil postulierten Situation steht.

Wir werden auf diesen Problemkreis noch einmal im Zusammenhang mit der Diskussion von CONNIVER im nächsten Abschnitt und vor allem bei der Erörterung der theoretischen Grundlagen unseres eigenen Ansatzes eingehen. An dieser Stelle sei nur eine für die Validierung komplexer PLANNER-Programme entscheidende Bemerkung gemacht:

> Die Existenz einer globalen, vermöge der Primitive **THASSERT** und **THERASE** zeitlich modifizierbaren Faktendatenbank erschwert wesentlich die logische Rekonstruierbarkeit derjenigen Mechanismen, die PLANNER zugrundeliegen. Die Einsetzbarkeit von durch den Anwender zu spezifizierenden Antecedens-Theoremen zur Wahrung der Datenbankintegrität kann diese Problematik kaum entschärfen.

---

[16]In beiden Fällen kann natürlich die Anwendung des Operators eine implizite Aktivierung eines Antecedens-Theorems zur Folge haben, dessen Pattern auf das betreffende Faktum paßt.

[17]Darunter verstehen wir eine zwar nicht innerhalb des Systems nachweisbare, aber von der intendierten Bedeutung der Repräsentationskonstrukte implizierte Inkonsistenz.

Um ein Gefühl dafür zu geben, wie sich PLANNER im Vergleich zu einer rein prädikatenlogischen Repräsentation verhält, wollen wir (frei nach [199]) beispielhaft den folgenden prädikatenlogischen Sachverhalt zur Evaluierung einer wissenschaftlichen Arbeit in PLANNER formulieren:

$$\forall x \; (Thesis(x)$$
$$\wedge \; (Long(x) \vee \exists y \; (Persuasive(y)$$
$$\wedge \; Argument(y) \wedge Contains(x,y)))$$
$$\rightarrow \; Acceptable(x))$$

Sobald die in dieser Formel verwendeten Prädikate namens *Thesis*, *Long*, *Persuasive*, *Argument* und *Contains* formalisiert sind, könnte ein Theorembeweiser eingesetzt werden, um eine vorgelegte Arbeit in diesem Sinne auf ihre Akzeptanz zu überprüfen. Die Art der Formulierung gibt jedoch keinerlei Aufschluß darüber, wie sich eine Arbeit ökonomisch evaluieren läßt—hier könnte man z.B. auf jede inhaltliche Prüfung verzichten, falls nur das Kriterium *Long* erfüllt ist. Dieses Wissen läßt sich allerdings leicht für die PLANNER-Formulierung[18] ausnutzen:

```
(DEFTHEOREM EVALUATE
    (THCONSE (X Y) (#ACCEPTABLE $?X)
        (THGOAL (#THESIS $?X))
        (THOR
            (THGOAL (#LONG $?X)
                (THUSE CONTENTS-CHECK COUNTPAGES))
        (THAND
            (THGOAL (#CONTAINS $?X $?Y))
            (THGOAL (#ARGUMENT $?Y))
            (THGOAL (#PERSUASIVE $?Y) (THTBF THTRUE))))))
```

In dem Theorem namens **EVALUATE** ist ausgesagt, daß zur Prüfung der Akzeptanz einer potentiellen **THESIS** zunächst einmal (durch Inspektion der Datenbank) geprüft werden sollte, ob es sich überhaupt um eine **THESIS** handelt. Im positiven Falle sollte (aus Zeitgründen) vorrangig ihre Länge überprüft werden—und zwar unter Einsatz des Theorems **CONTENTS-CHECK** (zur Auswertung des Inhaltsverzeichnisses) und erst, falls das nicht gelingt, durch die langwierige Prozedur **COUNTPAGES** des Seitenzählens. Schlägt diese Strategie fehl, ist eine "inhaltliche" Prüfung durchzuführen. Für diesen Zweck ist zuerst die Datenbank auf Dinge zu untersuchen, die in der Arbeit enthalten sind und anschließend Ding für Ding festzustellen, ob es in der Datenbank als Argument vermerkt ist und ob es unter Zuhilfenahme aller Theoreme, deren Pattern mit dem Zielpattern zusammenpaßt (signalisiert durch Angabe des allgemeinsten Theorem-Filters **THTRUE**) als überzeugend erhärtet werden kann. Bei Anwendung dieser alternativen Strategie gilt die Arbeit demnach als akzeptable **THESIS**, sobald ein Ding mit den genannten Eigenschaften gefunden ist.

---

[18]Es gelten die folgenden Notationskonventionen: Prädikatsnamen werden mit #, konkrete Objekte mit : und Variablen (die zu deklarieren sind) mit $? eingeleitet.

Die Tätigkeit des Beweisens ist sicherlich bis zu einem gewissen Grad eine spielerische und damit probiererische Tätigkeit (vgl. [145]): Entsprechend einer Intuition werden bestimmte Wege bevorzugt gegenüber anderen Wegen eingeschlagen, so daß die Gefahr, eine Sackgasse zu betreten, allgegenwärtig ist. Auch ein automatischer Beweiser wie etwa PLANNER kann und wird in diese Situation kommen und muß demnach fähig sein, aus einer derartigen Sackgasse auszubrechen und alternative Wege auf der Beweissuche einzuschlagen.

PLANNER memoriert zu diesem Zweck (vergleichbar einem Ariadne-Faden), welche Entscheidungen während einer Deduktion aufgrund welcher Operatoren und Datenbankfakten getroffen wurden und realisiert damit einen Backup-Mechanismus, der auch als *chronologisches Backtracking* in die Literatur eingegangen ist:

> Das erste `THCONSE`-Theorem, dessen Pattern zu dem vorgegebenen Ziel passt, wird ausgewählt[19].
>
> Für diejenigen seiner Prämissen, die nicht direkt als Fakten in der Datenbank vermerkt sind, werden entsprechende Teilziele aufgestellt und diese (in einer durch die nicht-kommutativen Zusammensetzungsoperatoren vorgegebenen Reihenfolge) rekursiv verfolgt—so lange, bis entweder alle Teilziele bewiesen sind, oder bis feststeht, daß das gesteckte Ziel aufgrund des bisherigen Vorgehens nicht erreichbar ist.
>
> Im Falle eines Fehlschlages wird dann zum letzten Entscheidungspunkt für die Auswahl eines Theorems zurückgegangen und eine alternative Zielverfolgung angestoßen.

Chronologisches Backtracking ermöglicht also tentative Entscheidungen, die revidierbar sind, falls sie sich im Verlauf der weiteren Problemverfolgung als unhaltbar herausstellen.

Intern wird dazu von einem laufenden PLANNER-Programm ein Keller von sogenannten *Fail Points* verwaltet, von denen jeder entweder eine Entscheidung oder eine Nebenwirkung repräsentiert. Ein Fail Point beinhaltet all die Information, die benötigt wird, um den Problemlöseprozeß in denjenigen Zustand zurückzuversetzen, der zu dem Zeitpunkt bestand, als der Fail Point erzeugt wurde[20]. Erkennt der Problemlöseprozeß später, daß er sich in einer Sackgasse befindet, so muß dieser Fehlschlag über den Keller propagiert werden. Dazu wird der oberste Fail Point vom Keller genommen und folgendermaßen vorgegangen:

- Repräsentiert der fragliche Fail Point eine Nebenwirkung, so wird zunächst diese Nebenwirkung ungeschehen gemacht und anschließend der Fehlschlag im Keller weiterpropagiert.

---

[19]Zumindest die Gesamtheit der Fakten und Theoreme, die auf dieses Pattern passen, muß demnach in einer festen Reihenfolge stehen, die Gesamtheit aller PLANNER-Daten also eine partielle Ordnung bilden.

[20]Im Gegensatz zu PROLOG gibt es in PLANNER Operatoren zur Datenbankmodifikation, deren Wirkungen beim Backtracking anulliert werden!

- Repräsentiert der Fail Point einen Entscheidungspunkt, so wird eine alternative Entscheidung getroffen, auf dem Keller vermerkt und der Problemlöseprozeß fortgeführt, falls es eine alternative Entscheidung gibt. Ansonsten wird der Fehlschlag im Keller weiterpropagiert.

Aus dieser Vorgehensweise wird sofort folgendes ersichtlich: Durch die Technik des chronologischen Backtracking wird jedes Resultat einer Entscheidung, eines (Teil-) Beweises oder einer Datenbankanfrage zwischen dem letzten Entscheidungspunkt mit Alternative und dem Erkennen der Sackgasse ungeschehen gemacht—unabhängig davon, ob diese Aktivitäten überhaupt etwas mit der neuen Wahl zu tun haben. Diesem Umstand verdankt diese Technik auch ihren Spitznamen *Blind Backtracking*.

Die Tatsache, daß chronologisches Backtracking die dominante Kontrollstruktur von PLANNER darstellt, muß auch noch aus anderen Gründen nachdenklich stimmen. Datenbankanfragen werden schließlich ebenfalls über Backtracking geregelt. Die zur Anfrage passenden Objekte können deshalb—pro Fehlschlag wird ein neues geliefert—nur schwer miteinander verglichen werden, da ja nur immer eines zur Verfügung steht. Nachdem PLANNER alle Entscheidungspunkte als gleich wichtig erachtet, kann es also passieren, daß ein einziges, (von PLANNER) unglücklich gewähltes Objekt einen komplexen Teilbeweis zusammenbrechen läßt, der erneut geführt werden muß, sobald ein geeigneteres Objekt angetroffen wird.

Obwohl es ein Kommando gibt, das den zur Zeit gültigen Teil des (durch den Keller repräsentierten) Kontrollbaumes abschließt, so daß nach einem später potentiell erfolgenden Fehlschlag nicht über den von ihm gesetzten Fail Point hinweg propagiert werden kann[21] (und somit die bis dahin gewonnenen Teilergebnisse nicht der Bedrohung einer Annullierung ausgesetzt sind), bleibt (mit [184]) festzuhalten:

> Ohne die Möglichkeit einer Analyse derjenigen Annahmen, die zu einem Fehlschlag geführt haben, besteht offensichtlich keine Aussicht, den Problemlöseprozeß scharf genug zu fokussieren.
>
> Was PLANNER bietet, muß somit nüchtern als nichts anderes als eine große Ansammlung ineinander verschachtelter, von Fehlschlägen gesteuerter Schleifen zum Ausprobieren alternativer Entscheidungen gesehen werden.

Daran ändert auch die Existenz eines Sprachmittels nichts, mit dessen Hilfe ein Anwender einen Fehlschlag mit einer bestimmten Nachricht selbst signalisieren kann[22]. Davon abgesehen, daß diese Möglichkeit nun wieder zum imperativen Programmieren mit PLANNER einläd, ist sie auch nur von sehr zweifelhaftem

---

[21] Uns wird dieses Konstrukt im nächsten Kapitel noch genauer in seiner Ausprägung als PROLOG-CUT beschäftigen.

[22] Der normale Backtracking-Mechanismus wird zu diesem Zweck so erweitert, daß jeder Fail Point, zu dem ein Fehlschlag propagiert wird, prüft, ob er mit der zugehörigen Nachricht gemeint ist und im negativen Fall den Fehlschlag weiterpropagiert.

Nutzen. Einerseits assoziiert der allgegenwärtige `THGOAL`-Operator mit seinem
Entscheidungspunkt immer die leere Nachricht, und andererseits kann auch nicht
jede die eigentliche Fehlerursache charakterisierende Information in dieser Nachricht untergebracht werden[23].

Die beiden genannten Sprachmittel zur Beeinflussung des chronologischen
Backtracking sind also einerseits von recht zweifelhaftem Nutzen, stellen aber
andererseits auch keine Bedrohung dar, da sie grundsätzlich nichts an der Natur
der in PLANNER möglichen Inferenzen ändern.

Die KI-Programmiersprache PLANNER wurde nie voll implementiert, sondern lediglich eine Untermenge namens Micro-PLANNER, die vor allem durch
ihren Einsatz in Winograds Blocksworld (siehe [199]) zur Berühmtheit gelangte[24].
Sie ruht—wie wir gesehen haben—im wesentlichen auf drei grundlegenden Ideen:

- chronologisches Backtracking als Kontrollstruktur,

- Pattern Directed Procedure Invocation und

- Pattern Directed Database Search.

Diese drei Ideen stehen in einem engen Zusammenhang. Die Schwächen einer
jeden einzelnen gefährden also jede andere. Die größte Bedrohung geht dabei
vom chronologischen Backtracking aus, das stillschweigend die Annahme voraussetzt, daß die Alternativen an Entscheidungspunkten unabhängig voneinander
sind. Diese Annahme gilt auch für die ein PLANNER-Programm realisieren-
den Theoreme, so daß die Blindheit des chronologischen Backtrackings für die
Ursache von Fehlschlägen noch bedenklicher wird.

Die vorhandenen Kontrollstrategien erweisen sich außerdem als sehr inflexi-
bel, da Kombinationen aus ihnen (wie wir im folgenden Abschnitt sehen werden)
nicht jede denkbar wünschenswerte Strategie darzustellen gestatten.

Die einzelnen Kontrollvorgaben sind darüber hinaus extrem lokal, was die
Realisierung von komplexem, globalem Verhalten erschwert. Zudem kann Kontrollinformation nicht zum Schließen herangezogen werden.

Ärgerlich ist weiterhin, daß kein Ziel vorgebbar ist, ohne daß gleichzeitig ge-
wisses (unter Umständen triviales) Kontrollwissen mitspezifiziert wird. Dafür
läßt sich jede Information, die PLANNER bekannt gemacht wird, unmittelbar
für den Problemlöseprozeß einsetzen, auch wenn sie fragmentarisch ist und von
heuristischer Natur. Ebenso tritt der Dualismus zwischen deklarativer und prozeduraler Sicht von PLANNER-Theoremen klar zutage: Theoreme werden in
PLANNER als *imperativ* angesehen, wenn sie ausgeführt werden, und als *deklarativ*, falls sie wie Daten verwendet werden.

---

[23]Sussman und McDermott weisen in [184] insbesondere auf den folgenden Mangel hin:
Nachdem der den Fehlschlag auslösende und damit die Nachricht signalisierende Prozeß zum
Zeitpunkt der Nachrichtenanalyse gar nicht mehr existiert, ist jede Information über diesen
Prozeß von recht fragwürdiger Nützlichkeit.

[24]Das ist angesichts der immer weiter ausufernden Mustervergleichssprache des vollen PLAN-
NER eigentlich kein Wunder...

3.2 CONNIVER

Im vorausgehenden Abschnitt wurde der Versuch unternommen, nachzuweisen, daß automatisches Backtracking kein idealer Kontrollmechanismus ist. Das gilt besonders dann, wenn damit—wie im Falle des chronologischen Backtracking— eine Verkopplung des

- Mechanismus zur Erzeugung von Alternativen mit dem

- Mechanismus, der die alte Umgebung wiederherstellt, nachdem eine Alternative überprüft worden ist

einhergeht[25].

Müßte nach dem Überprüfen einer Alternative nicht jede damit zusammenhängende Aktion ungeschehen gemacht werden, falls sie (momentan) inakzeptabel ist, so könnten

- einerseits Alternativen leichter miteinander verglichen und damit schon frühzeitig eventuell notwendige Maßnahmen zur Richtungsänderung des Problemlöseprozesses eingeleitet, und

- andererseits ein unnötiges Wiederentdecken mancher im Rahmen der Auswertung einer früheren Alternative gewonnenen Teillösungen vermieden

werden.

Die von Sussman und McDermott (in [184]) vorgeschlagene CONNIVER zugrundeliegende Technik zur Trennung des Generierens vom Testen besteht nun darin, den Prozeß zur Überprüfung einer Alternative in einer eigenen Umgebung abzuwickeln, die nach Beendigung der Auswertung mit derjenigen des die Auswertung anstoßenden Prozesses abgeglichen werden kann.

Damit ist also der Begriff des Kontextes ins Spiel gebracht:

> *Kontexte* sind Sichten[26] auf die globale Datenbank, die ein Prozeß annehmen kann.

Demzufolge wird die Vorstellung einer globalen zugunsten einer geschichteten Datenbank aufgegeben. Jeder Kontext ist eine Liste von Objekten. Diese Objekte lassen sich—ganz wie bei PLANNER—in Fakten (jetzt besser *Item* genannt) und Theoreme (in CONNIVER-Terminologie als *Methoden* bezeichnet) einteilen. Kontexte können zu Hierarchien angeordnet werden, bei denen jeder Tochterkontext eine lediglich inkrementelle Variante der Datenbanksicht seines

---

[25]Die in PLANNER allgegenwärtigen, von Fehlschlägen gesteuerten Generatoren von zu Pattern passenden Objekten sind ja gerade Funktionen, die mit jeder Instantiierung eines Pattern auch einen Fail Point auf dem Keller hinterlassen.

[26]Dieser Begriff der Sicht ist noch am ehesten mit dem Begriff der Datenbankversion vergleichbar, nicht jedoch mit dem der Datenbanksicht.

Vaters darstellt[27]. Damit ist CONNIVER eine der ersten Sprachen, die einen *Vererbungsmechanismus* zur Verfügung stellten.

Kontexte können verwendet werden, um simultan Situationen (mögliche Welten, Annahmenmengen) zu repräsentieren, die aus verschiedenen, von einer gemeinsamen Ausgangswelt gestarteten Aktionssequenzen (Wurzelpfade der Kontextbäume) resultieren.

Für die *Kontextverwaltung* sind die Prozesse selbst verantwortlich. Sie bedienen sich dazu der folgenden primitiven Operatoren:

PUSH: Damit kann ein neuer Kontext erzeugt werden, der alles aus dem momentanem Kontext erbt und zum momentanen Kontext wird.

SPROUT: arbeitet wie der **PUSH**-Operator. Der neue Kontext wird aber nicht sofort nach seiner Erzeugung betreten.

POP: Damit kann auf den dem momentanen Kontext hierarchisch übergeordneten Kontext umgeschaltet werden.

SWITCH: gestattet das direkte Betreten des angegebenen Kontextes.

DELETE: löscht den angegebenen Kontext zusammen mit all seinen Abkömmlingen.

In Kombination mit dem noch zu schildernden Coroutinen-Mechanismus besteht somit die Möglichkeit, die Arbeit an einem Unterproblem zu unterbrechen, um eine zunächst erfolgversprechendere Alternative vorrangig zu verfolgen und anschließend—ohne den Zwang zur Wiederableitung von bereits durch die Alternativenüberprüfung gewonnener Information—das alte Teilproblem aufzunehmen. CONNIVER gestattet dazu *laterale Kontextwechsel*, das heißt ausgehend vom momentanen Kontext die (Re-) Aktivierung eines nicht hierarchisch übergeordneten Kontextes aus der Kontexthierarchie! In PLANNER war dies—wenn überhaupt, dann nur sehr unnatürlich—möglich, da Information über Kontexte (lediglich implizit) auf die für das automatische Backtracking benötigten Fail Points verteilt war und Kontexte nur in der Reihenfolge, die dem chronologischen Backtracking entsprach, erzeugt, betreten und verlassen (und damit automatisch gelöscht) werden konnten.

Um die durch das Vorhandensein von Kontexthierarchien zusätzlich gewonnene Ausdruckskraft auch voll zu nutzen, verfügt CONNIVER über die schon von PLANNER her bekannten Operatoren zur expliziten Modifikation der Datenbank. Diese Operatoren (**ADD** und **REMOVE**) wirken jetzt allerdings kontextlokal, während die entsprechenden PLANNER-Operatoren (**THASSERT** und **THERASE**) auf der globalen Datenbank operierten. CONNIVER verfügt ebenfalls über Trigger (**IF-ADDED** und **IF-REMOVED**), die wir schon von PLANNER her kennen—dort hießen sie Antecedens-Theoreme.

---

[27]Auf diese Weise läßt sich natürlich der Speicher- und Verwaltungsaufwand für die Gesamtheit der Kontexte wesentlich reduzieren!

Auf CONNIVER übertragen sich also unsere Ausführungen über die guten und schlechten Seiten der entsprechenden Sprachmittel von PLANNER. Im Vergleich zu PLANNER stellt sich die Bedrohung durch materiale Inkonsistenzen jedoch noch in einem verstärkten Maße. Der Vererbungsmechanismus von CONNIVER ist lediglich *operational* definiert. Die Vater/Sohn-Relation in den Kontexthierarchien hat keine von den Prozeduren unabhängige Semantik. Ein Sohnkontext kann demnach Information, die er von seinem Vaterkontext ererbt, für sich (und damit alle seine Nachfahren) invalidieren. Die entsprechende Information des Vaterkontextes ist jedoch weiter vorhanden und nur in dem durch den Sohn definierten Teilbaum nicht mehr gültig, hat also die Qualität einer *Voreinstellung*[28].

Kontexthierarchien beschreiben in obigem Sinne also keine Vererbungs-, sondern eine *Zugänglichkeitsrelation*. Dies zeigt auch, daß es gar keine kanonische prädikatenlogische Rekonstruktion von Kontexthierarchien geben kann, da dazu eine Relativierung des Gültigkeitsbegriffes auf Kontexte möglich sein müßte[29]. Es zeigt andererseits aber auch, daß die Vorstellung einer global konsistenten CONNIVER-Datenbank nicht mehr länger aufrecht erhalten werden kann und zugunsten von *kontextlokaler Konsistenz* aufgegeben werden muß.

Der Kontextmechanismus unterstützt dafür neue Schlußtechniken, wie etwa die des *hypothetischen Schließens*. Bewirkt ein Prozeß nämlich Nebenwirkungen (zum Beispiel bei einem Beweis durch reductio ad absurdum, der eine inkonsistente Welt hinterlassen würde), so lassen sich diese wieder rückgängig machen, indem einfach der zugehörige, ihren Wirkungsbereich begrenzende Kontext gelöscht wird.

Damit ist aber das Problem der Verwaltung von Abhängigkeiten zu Erklärungs- und Konsistenzzwecken noch nicht gelöst. Alles, was soweit erreicht wurde, ist ja eine *Modularisierung* durch den Einsatz von Kontexthierarchien, die nur zum Teil die Entstehungsgeschichte des momentanen Datenbankzustandes widerspiegeln und demnach im allgemeinen nicht genügend Information für die Reparatur einer inkonsistent gewordenen Datenbank repräsentieren. Zur Behandlung des allgemeinen Problems der Konsistenzerhaltung gibt es im Prinzip drei Ansätze:

1. Die Verantwortung für die Konsistenz liegt allein beim Anwender. Er muß durch manuellen Eingriff die Datenintegrität sichern. Natürlich ist dieser Ansatz indiskutabel, sobald die Komplexität der Anwendung einen bestimmten Grad übersteigt.

2. Bereitstellung eines Kontext-Mechanismus wie in CONNIVER. Damit ist aber die Problematik des teueren Wiederberechnens bereits ermittelter

---

[28] Die von Minsky begründeten Framesysteme (siehe [127]) erheben diesen Umgang mit Voreinstellungen sogar zu einer eigenen, *Default Reasoning* genannten Schlußtechnik.

[29] Es existieren jedoch Ansätze zur *modallogischen Rekonstruktion* solcher Hierarchien, bei denen Kontexte möglichen Welten (im Sinne einer Kripke-Semantik) entsprechen (vgl. etwa [187]).

Zwischenergebnisse noch nicht vollständig gelöst, nachdem die einzigen explizit repräsentierten Abhängigkeiten die durch die Topologie der Kontexthierarchie gegebenen sind.

3. Einsatz von Triggern, die in bedrohlichen Situationen feuern und Reparaturen durchführen. Dieser Ansatz krankt einerseits daran, daß Trigger unerwünschte Nebenwirkungen auslösen können und die Gefahr zyklischer wechselseitiger Triggeraktivierungen besteht, und andererseits die möglichen Inkonsistenzen schon *a priori* bekannt sein müssen, damit die Trigger, die sie reparieren sollen, überhaupt formulierbar werden.

Wir werden in einem der folgenden Kapitel sogenannte *Reason-Maintenance-Systeme* kennenlernen, die dem Anwender die Verwaltung von Abhängigkeiten abnehmen und unter Zuhilfenahme dieser Abhängigkeiten automatisch die Konsistenz der Daten sichern bzw. eine Unterstützung bei der Wiederherstellung von verlorengegangener Konsistenz bieten.

Nachdem wir nun gesehen haben, wie sich Prozeßumgebungen von den Prozessen trennen lassen, können wir wieder auf unser eingangs geschildertes Problem einer gezielteren Auswertung von Alternativen zurückkommen.

In PLANNER sind die Listen alternativer Objekte (Possibility-Lists) lediglich implizit in den Fail Points repräsentiert und damit für eine direkte Auswertung durch den Anwender unzugänglich. Der FIND-Operator von PLANNER wurde deshalb in CONNIVER durch das von der Ablaufsemantik her völlig verschiedene Paar der Operatoren FETCH und TRY-NEXT ersetzt. Während FIND unmittelbar eine Instantiierung seines Argumentpatterns relativ zur Datenbank durchführt, liefert FETCH sofort die ganze zugehörige Possibility-List, die dann vom Anwender beliebig manipuliert werden kann—zum Beispiel mit Hilfe des Operators TRY-NEXT, der die Alternativen der fraglichen Possibility-List eine nach der anderen liefert.

Damit ist automatisches Backtracking als alleinige Kontrollstrategie natürlich nicht mehr ausreichend. Analog den PLANNER-Theoremen ist es zwar auch in CONNIVER möglich, eine Menge von Objekten nicht nur explizit, sondern auch aufgrund prozeduraler Kriterien in einen Kontext einzuordnen. Nachdem in CONNIVER jedoch kein Backtracking-Mechanismus zur Verfügung steht (obwohl er leicht implementierbar ist), muß das zu den THCONSE-Theoremen von PLANNER analoge CONNIVER-Konstrukt (die IF-NEEDED-Methode) alle von ihm produzierten Alternativen auf einmal liefern. Zur Erzeugung der Alternativen kann eine Methode über die NOTE-Operation explizit Einträge in der ihr zugeordneten Possibility-List vornehmen. Solche Methoden werden vom System behandelt wie jedes andere Datum, d.h. wenn eine Methode aufgefunden wird, die zu einem FETCH-Pattern passt, so wird diese Methode ebenfalls in die zugehörige Possibility-List eingereiht und von TRY-NEXT aktiviert. Sobald die Methode ihre Arbeit beendet hat, ersetzt sie sich selbst durch die von ihr generierten Alternativen.

Das eben geschilderte Vorgehen hat zur Konsequenz, daß von einer Aktivierung des Operators FETCH grundsätzlich alle Alternativen geliefert werden,

auch wenn man an nur einer Alternative interessiert ist. Es gibt aber gewichtige
Gründe, die dafür sprechen, Alternativen (so wie in PLANNER) eine nach der
anderen zu generieren, nämlich

- wenn unendlich viele Alternativen existieren oder

- die Kosten für die Generierung der nächsten Alternative wesentlich höher
  sind als die für die Auswertung.

In CONNIVER kann deshalb eine Methode sich selbst (ähnlich einem Fail Point
auf dem Keller für das chronologische Backtracking) als Alternative auf der von
ihr generierten Possibility-List hinterlegen. Eine solche Methode—im Zusammenhang mit ihrer Aktivierung durch eine FETCH-Operation auch *Generator*
genannt—hat damit die Qualität einer Coroutine. Diese Möglichkeit erlaubt also
die Formulierung von Kontrolloptionen, die über einen einfachen Prozeduraufruf
hinausführen[30].

Neben reinen Kontrollhierarchien lassen sich demzufolge Prozesse (also Ausprägungen eines abstrakten Datentyps mit Operationen wie create, activate,
suspend, resume und terminate) formulieren. Diese Prozesse kommunizieren
dann über die ihnen gemeinsame Possibility-List. Es dürfen zwar mehrere Generatoren über der gleichen Possibility-List operieren, jedoch darf zu jedem Zeitpunkt höchstens ein Prozeß aktiv sein.

Hier ist ein Beispiel für die Definition einer CONNIVER-Methode namens
SUP-ON[31] (frei nach [184]):

```
(IF-NEEDED SUP-ON (!X SUPPORTS !?Y)
    (PROG "AUX" ((CONTEXT (PUSH-CONTEXT)))
          (ADD (,X VANISHES)
          (FOR-EACH (PHYSICAL-OBJECT ?Y)
               (COND ((UNSTABLE Y) (NOTE)))))))
```

Diese Methode kreiert einen hypothetischen Kontext (durch Setzen des augen-
blicklichen Kontextes CONTEXT auf einen mit PUSH-CONTEXT neu erzeugten Tochterkontext), in dem X als nicht mehr länger vorhanden betrachtet wird, und sucht
nach all den Objekten, die dann—nach Ansicht der LISP-Funktion UNSTABLE—
nicht mehr stabil gelagert sind. All diese Objekte werden mit dem Operator
NOTE über die zugehörige Possibility-List geliefert, nachdem die Methode verlassen wurde.

Möchte der Anwender die entsprechenden Objekte nicht alle auf einmal erzeugen—weil er zum Beispiel die Selektion der fraglichen Objekte während der
Generierung beeinflussen will, so kann er dies durch die alternative Definition

---

[30]Denn als solcher läßt sich ja eine normale Methodenaktivierung verstehen.

[31]Es gelten die folgenden notationellen Konventionen: Die Präfixe ! bzw. !? markieren me-
thodenlokale Pattern-Variablen. Von einer !-Variablen wird erwartet, daß sie zum Zeitpunkt
des Betretens der Methode bereits instantiiert ist (Eingabevariable), von einer !?-Variablen
dagegen, daß sie durch Aktionen im Methodenrumpf instantiiert wird (Ausgabevariable). Bereits instantiierte Variablen können über das ,-Präfix referiert werden. Der Identifikator "AUX"
kennzeichnet lokale Variablen.

```
(IF-NEEDED SUP-ON (!X SUPPORTS !?Y)
      (ASSUMING (,X VANISHES)
          (FOR-EACH (PHYSICAL-OBJECT ?Y)
              (COND ((UNSTABLE Y) (NOTE)
                                  (AU-REVOIR))))))))
```

erreichen, wobei die Abkürzung

```
(ASSUMING <assertion> ...)
```

für den komplexen Ausdruck

```
(PROG "AUX" ((CONTEXT (PUSH-CONTEXT)))
      (ADD <assertion>) ...)
```

steht. Nach jedem Eintragen einer neuen Alternative vermerkt sich die Methode
SUP-ON jetzt—vermöge des Operators AU-REVOIR—selbst in der Possibility-List
und suspendiert sich anschließend. Der nächste TRY-NEXT Aufruf wird die Methode dann als erstes auf der Possibility-List vorfinden und zur Lieferung weiterer
Alternativen auffordern.

Zusammenfassend kann also festgehalten werden: CONNIVER stellt ein Instrumentarium bereit, mit dem all das elegant getan werden kann, was auch in
PLANNER möglich ist. Zur Erlangung größerer Flexibilität bei der Kontrolle
des modellierten Szenarios erfolgt aber keine Festlegung darauf, wie die allgemei-
neren (neuen) Kontrollstrukturen benutzt werden sollen. Die Verantwortung, ob
und wenn ja wann eine derartige Kontrollstruktur zum Einsatz kommen soll,
liegt jetzt ausschließlich beim Benutzer. So gesehen läßt sich PLANNER als ein
in CONNIVER schreibbarer Spezialinterpreter ansehen (vgl. [184]).

CONNIVER gibt zu einem gewissen Grad die von PLANNER eingeführte
Zielorientiertheit auf und betont wieder den imperativen Programmierstil zu-
züglich

- einiger Deduktionsprimitive und eines

- Coroutinen-Mechanismus.

Methoden können jetzt also zusätzlich direkt (über einen Funktionsaufruf) aktiviert werden. Außerdem können Pattern in CONNIVER beliebige symbolische
Ausdrücke (nicht nur positive Grundliterale) sein und somit zur Analyse von Da-
tenbankeinträgen herangezogen werden (nicht nur für Datenbankanfragen und
zur Aktivierung von Theoremen).

Der klare Trend zurück zum imperativen statt zielorientierten Programmieren
erklärt wohl auch, warum für die Sprachkonstrukte von CONNIVER neutralere
Namen verwendet wurden. Die folgende kleine Tabelle (aus [123]) zeigt dies
deutlich:

PLANNER	CONNNIVER
GOAL	FETCH & TRY-NEXT
CONSEQUENT	IF-NEEDED
ANTECEDENT	IF-ADDED
THEOREM	METHOD
ASSERT	ADD

Doch wie steht es um die Inferenzstruktur dieser Repräsentationsprache? Schließlich haben wir uns mit dem Schritt von PLANNER zu CONNIVER auf eine niedrigere konzeptionelle Ebene begeben, nämlich auf die des Interpreters und nicht mehr auf die, in der Behauptungen über den Anwendungsbereich gemacht werden. CONNIVER ist ja wieder eine primär prozedurale (Programmier-) Sprache und keine deskriptive Sprache. Die Objekte, die in einer deskriptiven Sprache Beschreibungen oder Namen wären, sind demnach zu reinen Datenstrukturen degradiert worden. Ihre Interpretation, die Festlegung, was eine solche Datenstruktur bedeuten soll, bleibt folglich dem Programmierer überlassen. Der Anspruch einer prozeduralen *Repräsentation* muß so gesehen also vergeblich erscheinen[32]:

> CONNIVER beschäftigt sich mit Prozessen und deren Verhalten, Logik dagegen mit Zusicherungen und deren Bedeutung!

CONNIVER kann also bestenfalls zur Implementation eines Systems mit logischer Inferenzstruktur (etwa PLANNER) herangezogen werden. Damit bleibt aber immer noch ein prozedurales Problem, nämlich das des Kontrollregimes der Sprache, in der der Interpreter definiert wird—in CONNIVER etwa der Coroutinen-Mechanismus. Aber welches Regime man auch nutzt, auf dieser Ebene ist es immer determistisch[33]—auch wenn Mechanismen wie Pattern Directed Procedure Invocation oder Procedural Attachment (in Frame-Systemen—siehe [127]) einen gegensätzlichen Eindruck suggerieren mögen.

3.3 Aktorensysteme

Im vorausgehenden Abschnitt hatten wir gesehen, wie dem Anwender durch die Verfügbarkeit der CONNIVER-Konstrukte Kontexthierarchie und Coroutine Fesseln abgenommen wurden, die ihm vom automatischen Backtracking von PLANNER auferlegt worden waren. Einige Probleme bestehen aber weiter:

- Nachdem von mehreren Coroutinen immer nur jeweils eine aktiv sein kann, ist die Kommunikation zwischen Prozessen nur umständlich formulierbar: Der jeweils aktive Prozeß muß sich erst suspendieren, bevor er an einen anderen Prozeß Information weitergeben kann.

---

[32]Hauptkritikpunkt der Deklarativisten! Kronzeuge: Pat Hayes—vgl. [85]

[33]Vgl. unsere Ausführungen im vorausgehenden Abschnitt zur Determiniertheit des chronologischen Backtracking aufgrund der partiellen Ordnung der PLANNER-Datenbank.

- Das Programmieren mit dem Konstrukt Coroutine allein ist wenig modular, da bei der Formulierung einer Coroutine bereits genau bekannt sein muß, wo überall in dieser Coroutine die Kontrolle, zusammen mit welcher Information, an welche andere Coroutine abgegeben werden soll.

- Kontexte können nicht explizit referenziert werden, sondern lediglich für eine bzw. von einer Coroutine bis auf weiteres gültig gemacht, neu erzeugt oder gelöscht werden. Dadurch sind Beziehungen zwischen Ausdrücken unterschiedlicher Kontexte nicht direkt ausdrückbar.

Eine naheliegende Verallgemeinerung, die diese hinderliche Art der Verknüpfung von Informationsaustausch mit Kontrollübergabe und Kontextwechsel vermeidet, waren die sogenannten *Aktoren*: aktive Objekte, die mit anderen Aktoren über den Austausch von Nachrichten kommunizieren[34]. Systeme solcher Aktoren sollten (mit Hewitt in [90]) nach den gleichen Prinzipien wie Gesellschaften organisiert werden:

- Information ist über alle Mitglieder der Gesellschaft verteilt und nicht in einer globalen, das heißt jedem Mitglied gleichermaßen zugänglichen Datenbank zentralisiert (auch nicht in einer geschichteten, globalen Datenbank).

- Jedes Gesellschaftsmitglied muß die Fähigkeit zur Kommunikation mit jedem anderen besitzen.

- Es muß die Möglichkeit bestehen, daß (Gruppen von) Gesellschaftsmitglieder(n) bestimmte Aufgaben parallel bearbeiten.

- Bestimmte Gesellschaftsgruppen können sich gewisse Ressourcen und gemeinsame Informationen teilen.

Nachdem Aktoren also unabhängig voneinander aktiv sein dürfen (*Multi-Processing*), ist im Gegensatz zu Coroutinen ein ungehinderter Nachrichtenaustausch möglich. Was in einem System von Aktoren geschieht, hängt jetzt nicht mehr von einem Prozeß allein, sondern von ihm und seinen Prozeßkollegen ab. Die Aktivierung eines Prozesses bedeutet jetzt auch nicht unbedingt—wie im Falle der Coroutinen—die sofortige Ausführung von in ihm enthaltenen determistischem Code.

Durch die

- Beschränkung von Informationsverbreitung auf den Nachrichtenaustausch und die

- Maxime der (lediglich) aktorlokalen Informationsverarbeitung

---

[34]Wir schildern im folgenden Hewitts Vorstellung von Aktorensystemen, wie er sie in der Zeit unmittelbar nach der Veröffentlichung der CONNIVER-Arbeiten hatte. Diese Vorstellungen wurden von Hewitt seitdem immer wieder—zum Teil nicht unerheblich—"korrigiert".

wird außerdem ein beachtlicher Gewinn an Modularität erzielt[35].

Über die gesellschaftliche Organisationsform hinaus werden die folgenden ontologischen Vereinbarungen für Aktorsysteme getroffen:

- Der einzige Objekttyp, der existiert, ist der des Aktors. Prozeduren und Daten werden demzufolge uniform repräsentiert.

- Der einzige Geschehnistyp ist der des Ereignisses, das eintritt, wenn ein Aktor eine Nachricht empfängt.

- Nachrichten selbst sind wieder Aktoren.

Aktoren vereinigen dazu in sich Eigenschaften von Prozeduren und Datenstrukturen. Sie bestehen aus

- einem *Skript*, das über die Annahme und Verweigerung von Nachrichten entscheidet und für deren Verarbeitung zuständig ist. Es wird aktiviert, sobald der Aktor eine Nachricht empfängt;

- dem Verweis auf einen Aktor (den sogenannten *proxy*), an den eine Nachricht automatisch weitergeleitet wird, falls sie vom Skript abgelehnt wurde[36], und

- lokalen Daten—den sogenannten *Acquaintances*—die aufgrund der ontologischen Grundannahmen lediglich aus Namen von dem Aktor bekannten anderen Aktoren bestehen können.

Neben multiplen Repräsentationen ein und desselben (abstrakten) Datentyps ist so insbesondere eine gefährliche Eigenschaft konventioneller Programmiersysteme aus der Welt geschafft: Die durch ein Aktorsystem realisierten Programme machen keine stillschweigenden Annahmen über die konkrete Implementation eines (abstrakten) Datentyps und sind hierdurch robust gegen Änderungen der dem System unterliegenden Datenstrukturen und somit leichter erweiterbar.

Problemlösen durch ein Aktorsystem wird nun naheliegenderweise als gesellschaftliche Aktivität einer Gruppe von Individuen aufgefaßt, die Nachrichten untereinander austauschen. Diese grundlegend neue Sicht zieht ersichtlich eine Programmiermethodologie nach sich, die dem Anwender ein höheres Maß an Disziplin beim Entwurf seines Systems abverlangt:

1. Entscheidung für die natürlichen Bereichsobjekte.

2. Festlegung, welche Nachrichten jedes Objekt verstehen soll.

3. Vereinbarung, wie welches Objekt auf welche Nachricht reagieren soll. Diese Vereinbarung wird auch *Protokoll* genannt.

---

[35]In CONNIVER konnte zum Beispiel die Erstellung von Possibility-Lists von Nebenwirkungen begleitet sein.

[36]Wir finden hier also eine weitere Verallgemeinerung der uns aus CONNIVER bekannten Zugänglichkeitsrelation. Diese kann jetzt eine beliebige Topologie aufweisen.

Das Problem der Kontrolle einer Problemlösegesellschaft wird somit eine Frage
des Nachrichtenaustauschs. Das Konzept des *Offenen Systems* ist damit geprägt.
Hier sind die Eigenschaften, die ein solches System (nach [91]) charakterisieren:

- Inkrementelle Entwicklung: Art und Umfang der Teilnehmer ändern sich
  ständig.

- Entscheidungsfindung ohne Bezugnahme auf Interna des Kommunikations-
  partners.

- Unvollständigkeit und Inkonsistenz aufgrund der Dezentralisiertheit und
  Privatheit von Information.

- Verhandlungsbereitschaft jeder Systemkomponente, da keine Komponente
  die andere kontrollieren kann.

- Aufgabe der Closed World Assumption[37].

Diese Eigenschaften beeinflussen sich natürlich wechselseitig! Sie implizieren vor
allem aber eine andere Auffassung von Semantik als etwa in der Logik:

> Die Bedeutung einer Nachricht liegt in ihrem Effekt auf das System,
> das heißt darin, wie sie ihre Empfänger beeinflußt.

Aspekte der Bedeutung sind demzufolge Vereinbarungen, wie die Empfänger
diese Nachrichten verarbeiten, und Bedeutungsdefinitionen insofern (aufgrund
der grundsätzlichen Offenheit von Protokollen) eigentlich nie als abgeschlossen
zu betrachten.

Genau wie CONNIVER eignet sich ein solches System jedoch bestenfalls zur
Implementation eines Systems mit logischer Inferenzstruktur, wobei nicht einmal selbstverständlich ist, daß ein solches—im Sinne von Hewitt—offenes System tatsächlich auf einer konventionellen von-Neumann Maschine realisierbar
ist. Dafür ist zunächst die Frage nach dem Kontrollregime der Sprache, in der
der Interpreter des Aktorsystems realisiert wird, zu klären. Schließlich muß (in
Abhängigkeit von der Anzahl zur Verfügung stehender Prozessoren) in irgendeiner Weise eine Serialisierung und vor allem Synchronisierung der (prinzipiell)
möglichen parallelen Geschehnisse im Aktorsystem durchgeführt werden. Üblicherweise geschieht dies mit Hilfe einer Agenda (pro Prozessor), in der vorge-
plante Aktivitäten von Aktoren in ihrer zeitlichen Reihenfolge vermerkt sind.

Doch wie entscheidet der Interpreter, in welcher Reihenfolge Nachrichten verarbeitet werden sollen (bei einer Agendarealisierung also, welche Aktivität wo in
die Agenda einsortiert wird)? Er weiß ja nichts über die spezielle Anwendung
und muß somit alle Aktoren als gleich (un)wichtig ansehen. Die jetzt erreichte
maximale Kontrollfreiheit hat uns demnach in die Ausgangssituation zurückver-
setzt, in der wir überhaupt keine Sprachmittel zur Kontrolle hatten und rein

---

[37]Die Closed World Assumption würde offensichtlich in erster Linie einer inkrementellen
Entwicklung des Aktorsystems entgegenstehen.

deklarativ repräsentiert hatten. Der allgemeine Problemlöser steht wieder vor uns[38].

Aus dem beschriebenen Dilemma befreit uns nicht einmal der Ruf nach der Intervention des Benutzers. Denn einigen wir uns darauf, daß ihm die letzte Entscheidung über die Agendasortierung überlassen bleibt, so vollziehen wir damit lediglich einen Schritt auf eine noch tiefere Ebene, nämlich die des Interpreters, der den Interpretercode ausführt.

Es bleibt jedoch die Erkenntnis, daß Prozeßstrategien in einer Sprache beschrieben werden müssen, die mindestens so ausdrucksstark ist wie die, mit der das Anwendungsgebiet beschrieben ist—am besten in derselben Sprache, da auf diese Weise am einfachsten *reflexive Sachverhalte* ausdrückbar werden.

3.4 Lehren aus dieser Diskussion

Konstrukte prozeduraler Sprachen, die sich einer kanonischen logischen Rekonstruktion widersetzen, wie

- das `THNOT`-Konstrukt von PLANNER,

- Negation as Failure in PROLOG,

- Continuations als Objekte erster Klasse in CONNIVER[39] oder

- Defaults in Frame-Sprachen (Werte, die solange verwendet werden, wie nicht zusätzliches Wissen ihre Verwendung verbietet),

sind Stellen, an denen die Sprachen auf das Verhalten ihres Interpreters bezugnehmen. Gerade diese von den Proceduralisten beschworene reflexive Natur der betreffenden Sprachen gibt ihnen also ihre nicht-logischen Eigenschaften. Werden diese Eigenschaften über prozedurale Konstrukte explizit verfügbar gemacht, so steht man schnell vor einer universellen Programmiersprache. So gesehen endet dann jede Repräsentationstätigkeit früher oder später in Programmierung.

Der Wunsch, reflexive Sachverhalte ausdrückbar zu machen, adressiert andererseits nur die Frage danach, *welches Wissen* repräsentiert wird und nicht die danach, *in welcher Sprache* Wissen ausgedrückt wird. Reflexive Sachverhalte lassen sich genauso gut—wenn nicht besser—in Logik ausdrücken. Die Unterscheidung zwischen Logik und Prozeduren reduziert sich damit auf eine der Anwendungsbereiche und nicht der Spracharten:

---

[38]Dieses brillante, zuerst von Hayes in [85] ausgesprochene Argument ist leider noch von den wenigsten Konstrukteuren (Verkäufern?) sogenannter *universeller Expertensystemshells* zur Kenntnis genommen worden. Ein Formalismus, in dem alle nur denkbaren Probleme gleich gut repräsentierbar sein sollen, kann diesen Problemen nur entweder gleich schlecht gerecht werden oder muß schlicht die Qualität (nicht nur Ausdruckskraft) einer universellen Programmiersprache aufweisen.

[39]Mit Hilfe dieser Continuations ist ja der beschriebene Coroutinen-Mechanismus implementiert. Durch die explizite Verfügbarkeit von Continuations wird allerdings nicht nur der Beweisprozeß selbst, sondern sogar der das Beweisgeschehen konstituierende Interpreter beeinflußbar.

> Der Prozeduralist sieht das System als eines, das zur Beschreibung
> seiner eigenen Inferenzprozesse in der Lage ist und demnach Schlüsse
> über sein eigenes Verhalten durchführen kann.

Um jedoch den Interpreter für ein solches System zu entwerfen, braucht man
eine Sprache, in der sein Verhalten angemessen beschreibbar ist. Die Logik bietet hier—mit dem Konzept des Beweises—die besseren Möglichkeiten als jedes
prozedurale Konzept.

Natürlich sind die beschriebenen Sprachen alle universell in dem Sinn, daß
jeder Algorithmus in einer Sprache auch in jeder anderen Sprache ausdrückbar ist. Jedoch unterscheiden sich die Sprachen durch ihr spezifisches Angebot
an vordefinierten Konstrukten insofern, als sie unterschiedliche *Programmierstile*
begünstigen (vgl. [181]). Ihrem jeweiligen Entwurf liegen also voneinander abwei-
chende Annahmen darüber zugrunde, welche Art von Programmen ein Anwender
dieser Sprache schreiben möchte und welche Vorstellung dieser Anwender von der
Abarbeitung seines Programms auf der jeweiligen virtuellen Maschine hat.

Die deklarativ/prozedural-Kontroverse war verständlicherweise nicht zuletzt
von der in der Künstlichen Intelligenz immer noch vorherrschenden Grundsatz-
diskussion geprägt, was denn das eigentliche Ziel der KI-Forschung sein soll:
die Konstruktion von *Performanz-* oder *Kompetenzmodellen*[40] der "Intelligenz"?
Für die Frage danach, was denn ein intelligentes System ausmacht, schließen wir
uns hier der von Smith (in [169]) formulierten, sogenannten *Knowledge Representation Hypothesis* an:

> "Any mechanically embodied intelligent process will be comprised of
> structural ingredients that
>
> - we as external observers naturally take to represent a propositio-
>   nal account of the knowledge that the overall process exhibits,
>   and
>
> - independent of such external semantical attribution, play a for-
>   mal but causal and essential role in engendering the behaviour
>   that manifests that knowledge."

In dieser These wird ausgedrückt, daß Wissen, das einen "mechanisch" realisierten, intelligenten Prozeß ausmacht, in zweierlei Gestalt in Erscheinung tritt:

- nach außen in einer Form, die eine Semantikzuordnung erlaubt (also eher
  deklarativ) und

- (unabhängig davon) nach innen derart, daß kausal nachvollziehbares Sy-
  stemverhalten ermöglicht wird (und somit eher prozedural).

---

[40]Wir gebrauchen hier die Begriffe Kompetenz bzw. Performanz in dem Sinne, wie sie von
Chomsky (in [35]) eingeführt wurden.

Folgt man Smith, so geht es also nicht darum, Wissen *entweder* deklarativ *oder* prozedural zu repräsentieren, sondern darum, eine—vom jeweiligen Standpunkt abhängende—adäquate Wahl der Beschreibungsform zu treffen.

Wenn die deklarativ/prozedural-Kontroverse auch nicht durch eine letztendliche Klärung der Repräsentationsproblematik abgeschlossen wurde, so ist jedoch eines sicher: Mit ihr wurde eine echte Paradigmendiskussion (im Sinne von Kuhn) in Gang gesetzt. Zwei konkurrierende Gruppierungen von Wissenschaftlern mit einer innerhalb der Gruppe jeweils

- einheitlichen, intuitiven Grundeinstellung gegenüber einem bestimmten Bereich von Phänomenen und einer

- gemeinsamen Vorstellung davon, welche Fragen als relevant erkannt und welche Lösungsmethoden als zulässig erachtet werden,

standen und stehen immer noch vor hinreichend vielen, offenen und interessanten Problemen. Die deklarativ/prozedural-Kontroverse ist außerdem—wie wir gesehen haben—ein Beispiel dafür, wie leicht es passieren kann, daß—wieder konform mit Kuhn—Paradigmen die sie auslösenden Phänomene mitkonstituieren. Sie hat unbestritten einen erheblichen Impuls für die KI-Forschung bewirkt—durch die damit verbundene wissenschaftliche Auseinandersetzung mit dem Repräsentationsproblem.

Kapitel 4

Logik-Programmierung

Die Logik regelt, welche Schlüsse über einer vorgegebenen Repräsentation unter welchen Bedingungen als zulässig (weil wahrheitserhaltend) einzustufen sind. Sie beschäftigt sich mit der Bedeutung von Repräsentationen. Daneben spielt jedoch—wie wir im vorausgehenden Kapitel an der Geschichte der KI-Sprachen gesehen haben—auch jene Frage eine entscheidende Rolle, ob (und wenn ja wie) ein logischer Kalkül effizient genutzt werden kann, wie sich also steuern läßt, wann aus der Fülle logisch zulässiger Schlüsse über einer Repräsentation welcher Schluß gezogen werden soll.

Bis jetzt wurden die meisten Beispiele in Hornklauselform präsentiert. Wir werden in den nächsten Abschnitten ausführen, daß der Übergang von allgemeiner (Klausel-) Logik zu *Hornklausellogik* als ein möglicher Schritt zur Unterstützung von *kontrollierter Deduktion* gesehen werden kann. Wir werden außerdem untersuchen, inwiefern diese doch recht starke Beschränkung gerechtfertigt ist und wo ihre Grenzen liegen.

4.1 SLD-Resolution

Wie wir in Abschnitt 2.3.3 gesehen haben, gibt es zahlreiche Verfeinerungen des Resolutionsprinzips. In diesem Abschnitt betrachten wir eine Resolutionsstrategie, die speziell für ein effizientes Arbeiten in der Hornklauseluntermenge der Klausellogik ausgelegt ist: die SLD-Resolution[1] (vgl. [31, 84, 100, 101], aber auch [90, 91]).

4.1.1 SLD-Widerlegungen

Für die Einführung des Begriffs SLD-Widerlegung erweitern wir erneut (konform zu [110]) unseren Begriffsapparat:

Eine *Berechnungsregel* ist eine Abbildung, die aus einem zusammengesetzten Ziel ein atomares Teilziel, das sogenannte *selektierte Atom*, auswählt. Sie

---

[1] Das Akronym SLD steht für *Linear Resolution with Selection Function for Definite Clauses* (nach [9]; für die Definitionen der Einzelbegriffe vgl. S. 38).

wird während eines SLD-Beweises zur Entscheidung der Frage eingesetzt, welches Teilziel eines zusammengesetzten Ziels *als erstes* zu verwirklichen ist.

Definition 4.1 *Sei G_i ein Ziel $\leftarrow A_1, \ldots, A_m, \ldots A_k$ und C_{i+1} eine Hornklausel $A \leftarrow B_1, \ldots, B_q$ und sei weiter R eine Berechnungsregel. Das Ziel G_{i+1} heißt dann vermöge R abgeleitet aus G_i und C_{i+1} über den Unifikator θ_{i+1}, wenn gilt:*

   1. $A_m = R(G_i)$, das heißt A_m wurde von R für G_i selektiert,

   2. $A_m\theta_{i+1} = A\theta_{i+1}$, das heißt θ_{i+1} ist ein allgemeinster Unifikator für A_m und A, und

   3. G_{i+1} ist das Ziel

$$\leftarrow (A_1, \ldots, A_{m-1}, B_1, \ldots, B_q, A_{m+1}, \ldots, A_k)\theta_{i+1}.$$

Offensichtlich gilt für ein solches Tripel (G_{i+1}, G_i, C_{i+1}):

$$G_{i+1} \text{ ist Resolvente von } G_i \text{ und } C_{i+1}.$$

Damit läßt sich nun definieren, was wir unter einer SLD-Ableitung verstehen wollen:

Definition 4.2 *Sei P ein Logik-Programm, G ein Ziel und R eine Berechnungsregel. Eine SLD-Ableitung von $P \cup \{G\}$ vermöge R besteht aus je einer (möglicherweise unendlichen) Folge von*

   • *Zielen: $G = G_0, G_1, \ldots$*

   • *Varianten von Programmklauseln von P: $C_1, C_2, \ldots$*

   • *und allgemeinsten Unifikatoren: $\theta_1, \theta_2, \ldots$*

derart, daß jedes Ziel G_{i+1} vermöge R aus G_i und C_{i+1} über θ_{i+1} abgeleitet ist.

Wir nennen eine SLD-Ableitung *endlich*, falls die zugehörige Zielfolge endlich ist, und *unendlich* sonst. Ist eine SLD-Ableitung von $P \cup \{G\}$ vermöge R endlich und endet sie in G_n, so schreiben wir:

$$P \cup \{G\} \vdash_R G_n$$

Eine *SLD-Widerlegung von $P \cup \{G\}$ vermöge R* ist dann eine *endliche* SLD-Ableitung von $P \cup \{G\}$ vermöge R, in der die leere Klausel $\square$ als letztes Ziel auftritt:

$$P \cup \{G\} \vdash_R \square$$

Unter der Länge einer Widerlegung verstehen wir die Länge der Zielfolge der zugehörigen Ableitung.

SLD-Widerlegungen werden auch als *erfolgreiche SLD-Ableitungen* bezeichnet. *Fehlgeschlagene SLD-Ableitungen* sind demnach solche (endlichen) Ableitungen, die in einem Ziel G_n enden, für das gilt:

- G_n ist nicht das leere Ziel $\square$ und

- $R(G_n)$ läßt sich mit keinem Kopf einer Programmklausel unifizieren.

Fehlgeschlagene SLD-Ableitungen sind hiernach insbesondere nicht zu SLD-Widerlegungen verlängerbar.

Mit Hilfe des Begriffs der SLD-Widerlegung können wir nun das prozedurale Gegenstück zum kleinsten Herbrand-Modell eines Logik-Programmes formulieren:

Definition 4.3 *Sei P ein Logik-Programm. Dann ist die* Erfolgsmenge (Success Set) S_P *von P folgendermaßen definiert:*

$$S_P := \{A \in B_P \mid P \cup \{\leftarrow A\} \vdash_R \square,\ R\ \text{beliebige Berechnungsregel}\}$$

Wir haben jetzt außerdem das prozedurale Gegenstück zur korrekten Antwortsubstitution in der Hand:

Definition 4.4 *Sei P ein Logik-Programm, G ein Ziel, R eine Berechnungsregel und $\theta_1, \theta_2, \ldots, \theta_n$ die Unifikatorenfolge einer SLD-Widerlegung*

$$G = G_0, G_1, \ldots, G_n = \square$$

von $P \cup \{G\}$ vermöge R. Dann heißt

- *die Komposition σ_i der ersten i Einzelunifikatoren*

$$\sigma_i := \theta_1 \theta_2 \ldots \theta_i, \qquad (1 \le i \le n)$$

  die für das Ziel G_i aktuelle (R-berechnete) Substitution und

- *die auf die Variablen von G eingeschränkte Substitution $\theta = \sigma_n$ die R-berechnete Antwortsubstitution für $P \cup \{G\}$.*

SLD-Resolution ist als Spezialfall von (allgemeiner) Resolution selbstverständlich korrekt (siehe Abschnitt 2.3.2) und als speziell auf Hornklausellogik zurechtgeschneiderte Variante linearer Input-Resolution—wie bereits in Abschnitt 2.3.3 bemerkt—sogar vollständig. Es gilt somit folgender Satz:

Theorem 4.1 *Sei P ein Logik-Programm, G ein Ziel und sei weiter angenommen, daß gilt:*

$$P \cup \{G\}\ \text{ist unerfüllbar.}$$

Dann gibt es eine Berechnungsregel R mit: $P \cup \{G\} \vdash_R \square$

Aufgrund dieses Resultates folgt auch unmittelbar die Übereinstimmung des kleinsten Herbrand-Modells $M(P)$ mit der Erfolgsmenge S_P für ein gegebenes Logik-Programm P:

$$M(P) = S_P$$

Schließlich muß man zur Erhärtung dieser Aussage lediglich Ziele G der Form

$$G \equiv\, \leftarrow A$$

für Grundatome A betrachten. Die Korrektheits- und Vollständigkeitsergebnisse lassen sich in Bezug auf Antwortsubstitutionen sogar noch verschärfen (siehe Clark [38]):

Theorem 4.2 *Korrektheit und Vollständigkeit in Bezug auf korrekte Antwortsubstitutionen:*

1. *Sei P ein Logik-Programm, G ein Ziel und R eine Berechnungsregel. Dann ist jede R-berechnete Antwortsubstitution für $P \cup \{G\}$ eine korrekte Antwortsubstitution.*

2. *Sei P ein Logik-Programm und G ein Ziel. Zu jeder korrekten Antwortsubstitution θ für $P \cup \{G\}$ gibt es*

   - *eine Berechnungsregel R,*
   - *eine R-berechnete Antwortsubstitution σ für $P \cup \{G\}$ und*
   - *eine Substitution γ derart, daß gilt:*

   $$\theta = \sigma\gamma.$$

Die beiden Teilaussagen sind—wie das folgende Logik-Programm zeigt—nicht genau invers[2]:

$$A(c) \leftarrow$$
$$B(x) \leftarrow$$

Offensichtlich ist die einzige zum Ziel $\leftarrow B(x)$ berechnete Antwortsubstitution die identische Substitution, obwohl auch $\{x \rightarrow c\}$ eine korrekte Antwortsubstitution darstellt.

Dieser Umstand ist der Tatsache zu verdanken, daß berechnete Antwortsubstitutionen immer *allgemeinste* Substitutionen sind. Jede korrekte Antwortsubstitution ist jedoch Instanz einer berechneten Antwortsubstitution. Ist P ein Logik-Programm und A ein Atom derart, daß gilt:

$$P \models \forall(A),$$

so existiert sogar eine SLD-Widerlegung von $P \cup \{\leftarrow A\}$, die die *Identität* als berechnete Antwortsubstitution liefert.

Bis jetzt ist zwar klar, daß zu unerfüllbaren $P \cup \{G\}$ eine SLD-Widerlegung vermöge irgendeiner Berechnungsregel existiert. Wir haben jedoch noch kein Mittel, das uns ein effektives Auffinden einer geeigneten solchen Regel gestattet. Das folgende Ergebnis (ein Beweis findet sich in [110]) hilft uns hier weiter, da es zeigt, daß die Berechnungsregel im voraus ohne Verlust der Vollständigkeit festgelegt und somit der für eine konkrete Widerlegung in Frage kommende Suchraum entscheidend eingeschränkt werden kann.

---

[2]Das Symbol c möge eine Konstante, das Symbol x eine Variable bezeichnen.

Theorem 4.3 *Sei P ein Logik-Programm, G ein Ziel und seien R sowie R' Berechnungsregeln. Dann gilt:*

1. *Falls $P \cup \{G\} \vdash_R \Box$, dann $P \cup \{G\} \vdash_{R'} \Box$.*

2. *Sind σ bzw. σ' die zugehörigen R- bzw. R'-berechneten Antwortsubstitutionen, dann ist $G\sigma$ eine Variante von $G\sigma'$.*

Dieses Ergebnis leuchtet auch sofort intuitiv ein, da es ja logisch unerheblich sein sollte, in welcher Reihenfolge die (mit der *kommutativen* logischen Konjunktion verknüpften) Teilziele eines zusammengesetzten Ziels erneut zu Teilzielen reduziert werden. Alles, was zählt, ist schließlich, daß sie sich schließlich unter einem Unifikator zum Gesamtziel kombinieren lassen. Wir nehmen uns daher die Freiheit, statt

$$P \cup \{G\} \vdash_R G_0$$

einfach

$$P \cup \{G\} \vdash G_0$$

zu notieren, falls die Berechnungsregel R entweder irrelevant oder aus dem Auftretenskontext der Aussage ersichtlich ist.

Mit der eben plausibel gemachten Freiheit bei der Wahl einer Berechnungsregel kann einerseits für ein beliebiges Logik-Programm P und Ziel G bei fester Berechnungsregel R konstatiert werden, daß

$$S_P = \{A \in B_P \mid P \cup \{\leftarrow A\} \vdash_R \Box\}$$

zutrifft, und andererseits das zuletzt erwähnte Vollständigkeitsergebnis noch einmal verschärft werden:

Theorem 4.4 *Ist P ein Logik-Programm, G ein Ziel und R eine beliebige (feste) Berechnungsregel, dann existieren für jede korrekte Antwortsubstitution θ zu $P \cup \{G\}$*

1. *eine R-berechnete Antwortsubstitution σ zu $P \cup \{G\}$ sowie*

2. *eine Substitution γ mit: $\theta = \sigma\gamma$*

Auf den ersten Blick mag diese Aussage zwar bedenklich stimmen—vor allem dann, wenn man an die Realisierbarkeit von Frage-Antwort-Systemen (vgl. Abschnitt 2.4) denkt, bei denen man sich ja für alle Antwortsubstitutionen zu einer Anfrage interessiert. Das Theorem sagt ja schließlich, daß nicht alle korrekten Antwortsubstitutionen berechnet werden. Diese Eigenschaft der SLD-Resolution ist jedoch unkritisch, da gerade die fehlenden korrekten Antwortsubstitutionen *gewisse* Instanzen berechneter Antwortsubstitutionen sind. Nachdem aber *jede* Instanz einer korrekten Antwortsubstitution wieder korrekt ist, stellt sich die Frage nach der konkreten Instanz gar nicht. In diesem Sinne überdecken die berechneten Antwortsubstitutionen also die Gesamtheit der korrekten Antwortsubstitutionen zu einem Logik-Programm.

4.1.2 SLD-Bäume

Bevor wir uns einer konkreten SLD-Widerlegungsprozedur zuwenden können, haben wir noch zu klären, welchen Anforderungen eine derartige Prozedur in Bezug auf die Strategie für die Suche nach SLD-Widerlegungen zu genügen hat. Dazu benötigen wir zunächst eine Beschreibung desjenigen Suchraumes, der für die Suche nach einer SLD-Widerlegung zu $P \cup \{G\}$ vermöge einer gegebenen Berechnungsregel R erkundet werden muß:

Definition 4.5 *Sei P ein Logik-Programm, G ein Ziel und R eine Berechnungsregel. Der* SLD-Baum *für $P \cup \{G\}$ vermöge R ist dann folgendermaßen induktiv definiert:*

1. Jeder Knoten des SLD-Baumes ist ein (möglicherweise leeres) Ziel.

2. Der Wurzelknoten dieses Baumes ist G.

3. Die Söhne eines Knotens G_i sind genau diejenigen Knoten

$$G_{i_1}, \ldots, G_{i_m},$$

für die gilt: G_{i_k} ist ableitbar vermöge R aus G_i $(1 \leq k \leq m)$ und irgendeiner Input-Klausel.

4. Knoten mit dem leeren Ziel $\square$ haben keine Nachkommen.

Jeder (Wurzel-) Pfad des SLD-Baumes entspricht demnach einer Ableitung aus $P \cup \{G\}$. Wir teilen diese Pfade wieder in naheliegender Weise in erfolgreiche, fehlgeschlagene und unendliche Pfade ein.

Obwohl die von unterschiedlichen Berechnungsregeln induzierten SLD-Bäume für $P \cup \{G\}$ im allgemeinen völlig verschiedene Gestalt aufweisen werden, müssen sie—aufgrund von Theorem 4.4—in Bezug auf ihre erfolgreichen Pfade übereinstimmen.

Für die Suche nach erfolgreichen Pfaden in einem SLD-Baum wird sich eine SLD-Widerlegungsprozedur nun einer bestimmten *Suchstrategie* bedienen. Eine konkrete SLD-Widerlegungsprozedur ist also durch zwei Parameter bestimmt:

1. Eine Berechnungsregel R und

2. eine Suchstrategie für die von R induzierten SLD-Bäume.

Diese Tatsache erklärt auch, wie Kowalski (in [101]) zu seiner berühmten "Gleichung"

$$\text{Algorithm} = \text{Logic} + \text{Control}$$

kommen konnte, und wohl auch, warum schlechthin von Logik-*Programmierung* gesprochen wird. Selbst bei einem Start mit einem rein logischen Problemlöseansatz wie dem der Klausellogik kommen früher oder später Kontrollprobleme ins Spiel. Wir sehen uns also erneut mit der deklarativ/prozedural Kontroverse konfrontiert.

Bevor wir im nächsten Abschnitt die Logik-Programmiersprache PROLOG einer ähnlichen Untersuchung wie die von Realisierungen von PLANNER, CONNIVER bzw. Actors unterziehen, seien noch einige grundsätzliche Bemerkungen erlaubt:

Für die Konstruktion einer konkreten SLD-Widerlegungsprozedur kann das Vorhandensein eines SLD-Baumes zu einem vorgegebenen Problem natürlich nicht vorausgesetzt werden. Vielmehr wird die Erzeugung dieser Bäume und ihre Durchforstung nach erfolgreichen Pfaden Hand in Hand gehen:

- So sind etwa zwei parallel arbeitende Prozesse vorstellbar, von denen einer als Produzent agiert und Teile eines Baumes erzeugt, während der andere, der Konsument, diese Teile nach erfolgreichen Pfaden durchsucht.

- Auch kann die Widerlegungsprozedur versuchen, bereits in der Vergangenheit erzeugte Bäume wiederzuverwenden—etwa bei häufig wiederkehrenden Teilbeweisen.

- Über diesen Zweck hinaus können die Bäume noch von anderen Komponenten eines umfassenderen Problemlösesystems genutzt werden—etwa für Erklärungszwecke.

Setzen wir also zunächst die vollständige Kenntnis aller im Verlauf einer Problemlösung benötigten SLD-Bäume voraus. Dann bleibt immer noch das Problem der Wahl einer geeigneten Suchstrategie. Das wichtigste Kriterium bei der Suche nach geeigneten Suchstrategien sollte der Erhalt der wesentlichen logischen Eigenschaften der SLD-Resolution sein:

- Nachdem die Korrektheit nicht von der Wahl der Suchstrategie beeinflußt wird, braucht sie für die Auswahl nicht berücksichtigt zu werden.

- Das Hauptproblem verursacht demnach die Vollständigkeit.

Unsere Widerlegungsprozedur muß mithin

1. einen wachsenden Ausschnitt des SLD-Baums zum vorgelegten Problem generieren und

2. das generierte Baumfragment nach erfolgreichen Pfaden durchsuchen.

Dabei kommt uns eine wesentliche Eigenschaft von SLD-Bäumen entgegen:

> SLD-Bäume sind aufgrund der Tatsache, daß Logik-Programme aus nur endlich vielen Hornklauseln bestehen, grundsätzlich von endlichem Verzweigungsgrad.

Eine sichere ad hoc Suchstrategie bestünde demzufolge in einer Breite-Zuerst Traversierung der Baumfragmente. Wünschenswert sind natürlich wieder Kriterien, mit denen a priori ganze Teilbäume der fraglichen Baumfragmente von der Suche ausgeschlossen werden können. Diese Kriterien sollten jedoch *sichere Kriterien*, das heißt konservativ in Bezug auf Vollständigkeit sein, und nicht nur anwendungsbereichsspezifische Heuristiken. Das Beispiel PROLOG kann hier— wie wir in Kürze sehen werden—als schmerzliche Erfahrung dafür dienen, daß eine Priorisierung von Effizienz auf Kosten von Effektivität äußerst bedenklich stimmen muß[3].

Für ein anwendungsunabhängiges, auf Hornklausellogik beruhendes Widerlegungssystem läßt sich also nur schwer eine (sichere) Suchstrategie vor der anderen auszeichnen—wieder einmal haben wir also zu erkennen, daß Universalität und Effizienz bzw. Adäquatheit einer Repräsentation für eine spezielle Problemklasse konfligieren.

4.2 PROLOG

Das bekannteste Resultat der Forschung auf dem Gebiet der Logik-Programmierung ist zweifelsfrei die Sprache PROLOG (vgl. [40, 41] und [102, 178]). Sie erfreut sich—vor allem in Europa—einer zunehmenden Benutzergemeinschaft und einer breiten Anwendung[4]. PROLOG ist außerdem mittlerweile zur Basissprache für Japans Fifth Generation Project gewählt worden.

Nachdem PROLOG seine Wurzeln sowohl im Bereich der (klassischen) Programmiersprachen als auch auf dem Feld des Automatischen Beweisens hat, muß es auch unter zwei Gesichtspunkten gesehen werden:

- als Programmiersprache einerseits und

- als prädikatenlogisches Beweissystem andererseits.

Wir wollen diese Unterscheidung im Gedächtnis behalten, wenn wir PROLOG im Rest dieses Abschnittes im Hinblick auf weitverbreitete Thesen wie

> "Um mit PROLOG ein Problem zu lösen, braucht man dem PRO-LOG-System nur alle Fakten über das entsprechende Problem bekanntzumachen—für den Rest der Problemlösung sorgt dann schon das System..."

(womit PROLOG ja als ideales Instrument zum *Rapid Prototyping* prädestiniert wäre) oder

> "Programmieren in PROLOG heißt Programmieren in Logik..."

---

[3]Was ist schließlich von einem *All-Solutions Prädikat* zu halten (vgl. Abschnitt 5.3.2 und [134]), das von einer unvollständigen Widerlegungsprozedur berechnet werden soll?

[4]Vor allem in den Bereichen maschinelle Sprachverarbeitung, Expertensysteme und neuerdings in dem der deduktiven Datenbanksysteme.

untersuchen. Dazu führen wir zunächst in die "Terminologie" von PROLOG ein, wie sie von einem Prozeduralisten benutzt wird[5]:

Ein PROLOG-Programm besteht aus einer endlichen Menge von *Prozeduren* und jede Prozedur wiederum aus einer endlichen Menge von *Klauseln*[6]. Der Name der Prozedur wird *Prädikat* genannt und hat eine feste Stelligkeit—die Anzahl der Prozedurargumente. Jede Klausel hat einen *Kopf* (auch Eintrittspunkt für die Prozedur genannt) und wird mit einem *Rumpf* fortgesetzt. Ist der Rumpf nicht leer, so wird er vom Kopf durch das Symbol :- getrennt. Klauseln werden durch einen Punkt abgeschlossen. Der Kopf ist ein Muster dafür, wie die zugehörige Prozedur aufgerufen werden kann. Der Rumpf besteht aus einer endlichen Anzahl von Teilzielen (auch Prozeduraufrufe genannt), die zusammen festlegen, wann der Kopf erfüllt sein soll. Ist der Rumpf leer, so liegt eine *Einheitsklausel* vor.

Alle PROLOG-Objekte werden als Terme betrachtet[7]: Eine Klausel ist ein PROLOG-Term, jedes Literal ist ein PROLOG-Term und natürlich jeder (logische) Term.

Zusammengesetzte PROLOG-Terme werden über sogenannte *Funktoren* gebildet. Dabei entsprechen aussagebildende Funktoren den gewohnten Prädikatoren und namenbildende Funktoren den Funktionssymbolen.

Einige Funktoren werden infix notiert, etwa der Funktor :- (die Entsprechung des Zeichens ← in Klauseln). Statt der unübersichtlichen "internen" Form

$$:- (h, (g_1, \ldots, g_n))$$

wird also die einfacher lesbare "externe" Form

$$h \ :- \ g_1, g_2, \ldots, g_n.$$

geschrieben. Das trifft auch für die folgenden, ausgezeichneten PROLOG-Terme zu, die für *Listen* stehen:

$$[\ ] \ \text{bzw.} \ [A,B] \ \text{bzw.} \ [H \mid T],$$

und zwar

- [ ] für die leere Liste,

- [A,B] für die Liste aus den zwei Elementen A und B und

- [H | T] für die Liste mit Kopf H und Rest T: cons(H,T).

---

[5] Die entsprechende "Terminologie" des Deklarativisten haben wir bereits in Abschnitt 2.1.2 vorgestellt.

[6] Eigentlich handelt es sich hierbei nur um prozedural interpretierte Regeln.

[7] Um eine Verwechslung des Termbegriffs in PROLOG mit dem Termbegriff der Prädikatenlogik zu vermeiden, werden wir im Zusammenhang mit ersterem immer von *PROLOG-Termen* sprechen.

Diese Vorgehensweise hat natürlich ihren Grund: Beabsichtigt wird damit nämlich eine *Uniformisierung von Programm und Daten*, die die Implementation *reflexiver Mechanismen* vereinfacht. Wir werden Beispiele hierfür in den nächsten
Abschnitten der PROLOG-Diskussion kennenlernen.

Der Termbegriff in PROLOG birgt aber auch Gefahren, denn er verwischt
die—in der Sprache der zugrundeliegenden Prädikatenlogik noch getroffene—
Unterscheidung zwischen Aussagen und den von Aussagen referenzierten Entitäten.

In dem PROLOG unterliegenden logischen Modell haben Terme erster Ordnung[8] eine *funktionale* Bedeutung. Termstrukturen sind aber *uninterpretierte
Konstruktoren*. Sie werden daher oft unter Vernachlässigung ihrer funktionalen
Semantik als Record-Strukturen benutzt[9].

4.2.1   Suchstrategie von PROLOG

Gerüstet mit der soeben—konform zur einschlägigen PROLOG-Literatur—eingeführten PROLOG-Terminologie können wir uns nun dem Beweisalgorithmus
von PROLOG zuwenden:

> Zur Ausführung eines Ziels wird nach der ersten[10] Klausel gesucht,
> deren Kopf mit dem Ziel unifizierbar ist. Der Unifikationsprozess
> (hoffentlich mit Occur-Check, um die Korrektheit von Ableitungen
> zu gewährleisten) liefert dann die allgemeinste gemeinsame Instanz
> der beiden PROLOG-Terme.
>
> Sind Klauselkopf und Ziel unifizierbar, so wird die betreffende
> Klausel aktiviert, das heißt der Reihe nach jedes der in ihrem Rumpf
> spezifizierten Teilziele aktiviert—und zwar in der Reihenfolge ihres
> Auftretens.
>
> Sollte dabei das System für eines der Teilziele keine passende
> Klausel finden, löst es Backtracking aus. Dazu wird die zuletzt ak
> tivierte Klausel verworfen, indem alle von dem Mustervergleich mit
> ihr stammenden Substitutionen rückgängig gemacht werden.
>
> Anschließend wird dasjenige Ziel erneut betrachtet, das die zu
> rückgewiesene Klausel aktivierte, und nach einer alternativen Folge
> klausel gesucht, die ebenfalls mit dem (Teil-) Ziel zur Passung ge
> bracht werden kann.
>
> Die Ausführung wird als beendet betrachtet, sobald kein Teilziel
> mehr zur Ausführung ansteht.

---

[8]definiert wie in Abschnitt 2.1.1...

[9]Ein Indiz hierfür sind etwa Logik-Programme, die sich ein structure-sharing zwischen Listen
zunutze machen. Für eine semantisch "saubere" Verallgemeinerung des PROLOG-Termbegriffs
konsultiere man die Arbeiten von Aït-Kaci (etwa [3, 4] und [5]).

[10]Analog zu PLANNER müssen folglich die Klauseln eines PROLOG-Programms einer systemdefinierten Ordnung unterliegen.

Am Ende des Beweisprozesses konstatiert das System entweder die Unbeweisbarkeit (relativ zum gegebenen PROLOG-Programm und zur benutzten PROLOG-Implementierung) des vorgelegten Zieles, oder es liefert eine bezüglich der deklarativen Semantik des Logik-Programms wahre Instanz des ursprünglichen Zieles. Über ein vom Benutzer ausgelöstes Backtracking können anschließend weitere Beweisversuche des fraglichen Zieles angestoßen werden[11].

Versuchen wir nun, PROLOG mit dem Begriffsapparat der SLD-Resolution zu fassen, erkennen wir folgendes:

- Die prozedurale Semantik von PROLOG ist im wesentlichen SLD-Resolution.

- Die PROLOG-typische Berechnungsregel R lautet:

$$R(\leftarrow A_1, \ldots, A_n) := A_1$$

- Die Suchstrategie von PROLOG für einen gegebenen SLD-Baum ist Tiefe-Zuerst und Links-Rechts.

Für die Definition der Links-Rechts Relation ist der Begriff SLD-Baum noch weiter zu spezialisieren. Dazu benötigen wir zunächst den Begriff der *Ordnungsrelation auf Hornklauseln*:

Definition 4.6 *Sei M eine Menge von Klauseln. Eine zweistellige Relation O heiße Klauselordnung auf M, falls gilt:*

1. *O ist partielle Ordnung auf M.*

2. *O ist totale Ordnung auf den maximalen Untermengen von M, deren Klauselkopf das gleiche Prädikat spezifiziert.*

So eine Ordnungsrelation induziert dann in naheliegender Weise eine Ordnung auf den SLD-Bäumen eines Programms:

Definition 4.7 *Sei P ein Logik-Programm, G ein Ziel, R eine Berechnungsregel und O eine Klauselordnung auf P. Der bezüglich O geordnete SLD-Baum B für $P \cup \{G\}$ vermöge R ist dann folgendermaßen definiert:*

1. *B ist der SLD-Baum für $P \cup \{G\}$ vermöge R.*

2. *Gilt in B:*

$$G_{i_1}, \ldots, G_{i_n} \text{ sind die Söhne von } G_i,$$

so ist G_{i_k} links von $G_{i_{k+1}}$ $(1 \leq k \leq n)$ gdw. gilt:

---

[11]Diese müssen übrigens nicht zu weiteren Zielinstanzen führen, da PROLOG zwei verschiedene Beweise für das gleiche Ziel als zwei verschiedene Lösungen ansieht, auch wenn sie zu identischen Zielinstanzen führen.

> a) G_{i_k} *und* $G_{i_{k+1}}$ *sind über die Programmklauseln* C_{i_k} *bzw.* $C_{i_{k+1}}$ *aus* G_i
> *entstanden, und*
>
> b) C_{i_k} *ist vermöge* O *vor* $C_{i_{k+1}}$.

Für PROLOG-Systeme ist folgende Vereinbarung der Klauselordnung O auf einem Logik-Programm P üblich:

- Die Ordnung zweier Klauseln aus verschiedenen Prozeduren ist undefiniert.

- Für Klauseln K_1 und K_2 der gleichen Prozedur gilt:

  > Liegt in der textuellen Repräsentation von P die Klausel K_1 vor
  > K_2, so auch in der Relation O.

Nachdem—wie wir in Kürze sehen werden—durch den Einsatz der Operatoren **ASSERT** und **RETRACT** PROLOG-Programme einer dynamischen Veränderung unterworfen werden können, gilt außerdem:

> Gehören zwei Klauseln K_1 und K_2 zur gleichen Prozedur und wurde
> K_2 zeitlich nach K_1 in das Logik-Programm aufgenommen, so liegt
> K_1 vor K_2 vermöge O.

Zudem werden von den meisten PROLOG-Systemen Einheitsklauseln grundsätzlich Nicht-Einheitsklauseln mit gleichem Klauselkopfprädikat vorangestellt[12].

Erst die obigen Festlegungen machen die Abarbeitung von PROLOG-Programmen *deterministisch* und somit—das auf den ersten Blick indeterministische—chronologische Backtracking deterministisch implementierbar! Sie erlauben darüber hinaus eine extrem einfache Implementierung der Widerlegungsprozedur mit Hilfe eines Kellers, auf dem der augenblicklich betrachtete Wurzelpfad des SLD-Baums abgewickelt wird:

- Beim Abstieg im SLD-Baum wird jedes angetroffene Ziel auf dem Keller hinterlegt.

- Sobald bei einem Blatt G angelangt wird, gibt es zwei Möglichkeiten:

  1. G ist das leere Ziel $\Box$. In diesem Fall wird ein Erfolg gemeldet und allenfalls nach einer anschließenden Benutzeranforderung ein Backtracking ausgelöst, um die nächste Lösung zu finden.

  2. G ist nicht die leere Klausel. Dann entspricht der auf dem Keller liegende Wurzelpfad einer fehlgeschlagenen Ableitung, und es wird in jedem Fall Backtracking veranlaßt, um nach Lösungen in nachfolgenden Pfaden zu suchen.

- Der Keller wird genauso wie der Fail Point Keller in PLANNER verwaltet.

---

[12]Auf diese Weise wird die Gefahr von Endlosschleifen bei der Abarbeitung rekursiver Klauseln (Klauseln, die in Kopf und Rumpf das gleiche Prädikat erwähnen) etwas entschärft.

Ein PROLOG-Beweiser verwaltet also jeweils genau einen Wurzelpfad des SLD-Baums. Diese Form, eine Widerlegungsprozedur zu implementieren, hat zwar einerseits einen sparsamen Umgang mit Speicherressourcen zur Folge, zementiert andererseits jedoch Backtracking und erfordert die immer neue Berechnung von Teilzielen, die in einem komplexen Beweis mehrmals benötigt werden. Unsere Diskussion des Verhältnisses von PLANNER zu CONNIVER weist einen Weg zur Verallgemeinerung dieses Vorgehens, die wir uns für unseren eigenen Ansatz zunutze machen werden:

> Auch für eine SLD-Widerlegungsprozedur sollte die Generierung von Alternativen vom Testen dieser Alternativen getrennt werden.

Statt also bereits generierte Teile des SLD-Baumes nach dem Testen zu verwerfen, sollten diese zur

- Vermeidung erneuter Berechnung von Zwischenergebnissen,

- beliebigen Expandierbarkeit des SLD-Baumes an verschiedenen Stellen— eventuell sogar parallel (durch den Einsatz von Coroutinen)—sowie

- Fortsetzbarkeit fehlgeschlagener Ableitungen beim Eintreffen neuer Information

eingesetzt werden—eine Aufgabe, mit der wir uns in Kapitel 7 auseinandersetzen werden.

Die Art und Weise, mit der in PROLOG Determismus erkauft wird, hat eine der größten Schwächen von PROLOG zur Folge: Die *Unvollständigkeit* der eben geschilderten Widerlegungsprozedur:

> Jedes erfolgreiche Blatt, das im geordneten SLD-Baum hinter einem unendlichen Wurzelpfad liegt, ist effektiv unerreichbar!

Das folgende PROLOG-Programm (aus [110]) demonstriert diese Tatsache[13]:

```
(1)   P(A,B).
(2)   P(C,B).
(3)   P(x,z) :- P(x,y),P(y,z).   (Transitivität)
(4)   P(x,y) :- P(y,x).          (Kommutativität)
```

Offensichtlich gilt

$$P \cup \{G\} \vdash \Box \text{ für } G \equiv \leftarrow P(A,C).$$

Nachdem jedoch die Klauseln (3) und (4) maximal allgemeine Klauselköpfe besitzen, sind deren Köpfe immer mit jedem Literal zum Prädikat P unifizierbar. Je nach Ordnung dieser beiden Klauseln wird also von einer Tiefe-Zuerst als Berechnungsregel verwendenden Widerlegungsprozedur (wie PROLOG) entweder nur immer Klausel (3) oder ausschließlich Klausel (4) betrachtet, obwohl für eine erfolgreiche SLD-Widerlegung alle vier Klauseln benötigt werden!

---

[13]A, B und C mögen Konstanten sein, x, y und z Variablen.

4.2.2 Nicht-logische Eigenschaften von PROLOG

Sowohl PROLOG als auch LISP (siehe etwa [1, 64] und [181]) enthalten eine rein deklarative Untermenge, in der jeder Ausdruck den Verlauf des weiteren Berechnungsgeschehens nur über seinen Wert, nicht aber über—wie auch immer geartete—Nebenwirkungen beeinflußt. Die zugeordneten elementaren Operationen sind

- Termreduktion entsprechend dem λ-Kalkül in LISP und

- Zielreduktion entsprechend dem Prädikatenkalkül (lineare Resolution für Hornklauseln) in PROLOG.

Beschränkt auf diese Untermengen lassen sich deshalb sowohl PROLOG als auch LISP als *logische* bzw. *logisch rekonstruierbare* Programmiersprachen auffassen. Ersichtlicherweise stellt sich dabei PROLOG als die allgemeinere Sprache heraus—schließlich erlaubt es ja die Definition "beliebiger" Relationen, während LISP nur die Definition rekursiver Funktionen gestattet. So gesehen läßt sich *reines PROLOG* also zu Recht als konzeptionelle Erweiterung von *reinem LISP* verstehen.

Betrachtet man die jeweilige Sprache hingegen unter dem Aspekt des Programmiersystems (also einem universellen Berechnungsformalismus, angereichert um pragmatisch und software-ergonomisch nützliche "Werkzeuge"), fällt eine gewisse Asymmetrie ins Auge:

In LISP werden Aufgaben auf zwei wohlunterschiedenen Ebenen der Abstraktion abgewickelt:

1. Einfache Aufgaben auf der Ebene der rekursiven Funktionen und

2. komplexere Aufgaben auf der Ebene, in der Operationen zur destruktiven Manipulation von Objekten angesiedelt sind.

Dabei sind diese beiden Ebenen auf eine Art und Weise integriert, die die Zuordnung einer beide Ebenen umfassenden Semantik erlaubt[14].

Stellt man der Erweiterung des funktionalen LISP-Kernes die entsprechende Erweiterung von PROLOG gegenüber, so lassen sich auch hier zwei konzeptionell verschiedene Ebenen feststellen:

1. Die rein logische Ebene des Kerns von PROLOG und

2. die Ebene der nicht-logischen Erweiterungen dieses Kernes.

Semantisch gesehen sind diese Ebenen allerdings bei weitem nicht so sauber integriert wie in LISP: Konstrukte der rein logischen Ebene werden semantisch durch die bekannte, modelltheoretische Semantik beschrieben. Sie lassen sich

---

[14]Der unseres Wissens erste konsequente Versuch, die Semantik eines Dialekts von LISP (Scheme) vollständig (denotationell im Sinne von [180]) anzugeben, ist vor kurzem einem amerikanischen Team geglückt (siehe [149]).

effizient und—wie die Korrektheits- und Vollständigkeitsergebnisse für Logik-Programme zeigen—konform zu dieser Semantik verarbeiten.

Die Semantik der nicht-logischen Konstrukte ist dagegen weit weniger offensichtlich: Sie kann im allgemeinen nur unter genauer Kenntnis implementationstechnischer Details der Widerlegungsprozedur angegeben werden und ist keinesfalls direkt am Logik-Programm ablesbar. Eine solche (z.B. denotationelle) Semantik ist jedoch mit Sicherheit *unangemessen* für die Beschreibung der logischen Konstrukte und scheidet demnach als Kandidat für eine ganz PROLOG umfassende Semantik aus.

Logische und nicht-logische Konstrukte von PROLOG stehen so gesehen also eher *orthogonal* zueinander. Die folgenden Abschnitte werden zeigen, daß sie in gewissen Fällen sogar semantisch unvereinbar sind. Ein Ziel dieser Arbeit wird es sein, einen Teil dieser nicht-logischen Konstrukte durch den Rückgriff auf sogenannte *Reason-Maintenance-Systeme* sauber mit den logischen Konstrukten zu integrieren.

4.2.2.1 Meta-logische Prädikate und Meta-Variablen

Wie LISP unterscheidet PROLOG nicht zwischen Programmen und Daten. PROLOG-Klauseln sind also selbst wieder PROLOG-Terme. In PROLOG sind deshalb leicht sogenannte *Meta-Interpreter* formulierbar.

Ein Meta-Interpreter für eine Sprache ist ein Interpreter, der selbst in dieser Sprache geschrieben ist. Ein einfacher Meta-Interpreter für reines PROLOG wird durch das folgende Programm (aus [178]) realisiert:

```
solve(true).
solve([A,B]) :- solve(A), solve(B).
solve(A) :- clause(A,B), solve(B).
```

Dabei repräsentiert der Term `[A,B]` in der zweiten Klausel die Konjunktion der Ziele `A` und `B` und das Literal `clause(A,B)` den Aufruf eines Systemprädikates, das das Ziel `A` (bei jedem Backtracking) mit dem Kopf einer Programmklausel zu unifizieren versucht und im Erfolgsfall deren Rumpf an die Variable `B` bindet (ein leerer Rumpf bewirkt eine Bindung von `true`).

Anwendungen von Meta-Interpretern sind etwa die Implementation von Expertensystem-Shells und Programmierumgebungen für PROLOG (vgl. [178] und [138]) oder die Nutzung von PROLOG als Repräsentationssystem und Query-Prozessor für auf dem Relationenkalkül basierende deduktive Datenbanksysteme.

Eines ist jedoch klar: Diese Meta-Interpreter sind in PROLOG, nicht in Prädikatenlogik erster Stufe beschrieben. Schließlich benötigt man für ihre Formulierung meta-logische Prädikate (wie das Systemprädikat `clause`) und Meta-Variablen—Variablen, an die ganze PROLOG-Programme, Prädikatnamen, Ziele und vieles mehr gebunden werden können.

Ein Beispiel für die Verwendung meta-logischer Prädikate ist der kürzeste Meta-Interpreter, der für PROLOG formuliert werden kann. Er besteht lediglich aus der Klausel

```
solve(A) :- A.
```

Hier bezeichnet A offensichtlich eine Meta-Variable, die nicht nur Individuen, sondern beliebige PROLOG-Literale denotieren kann. Die Verwendung solcher Konstrukte verkompliziert selbstverständlich die für reine PROLOG-Programme leicht zu beantwortende Frage nach den Modellen für derart reflexive Programme[15]. Wenn man diese Form der Programmierung also überhaupt als logisch auffassen will, dann als Programmieren in Logik zweiter Stufe (in der Quantifizierung über Prädikate und Funktionen erlaubt ist).

In der Logik erster Stufe sind diese Mechanismen sicher nicht nachbildbar, da von ihnen unter anderem

- auf den momentanen Zustand des Beweises Bezug genommen wird,

- Variablen neben den von ihnen denotierten Objekten handhabbar sind, und

- Umwandlungen von Datenstrukturen in Klauseln (und umgekehrt) ermöglicht werden.

Sie erlauben andererseits,

- PROLOG-Programme auf eine von eventuell vielen durch die deklarative Semantik zugelassenen Verwendungen festzulegen und

- die Instantiierung von Variablen zu kontrollieren.

Hier ist ein Beispiel (die Additions- und Subtraktionsfunktion seien im System bereits definiert):

```
plus(x,y,z) :- EQUAL(z,x+y).
```

Dieses Programm hat drei verschiedene funktionale Verwendungen, die unter Einsatz des meta-logischen Prädikates **nonvar** explizit fixiert werden können:

```
plus(x,y,z) :- nonvar(x), nonvar(y), EQUAL(z,x+y),
plus(x,y,z) :- nonvar(z), nonvar(x), EQUAL(y,z-x),   bzw.
plus(x,y,z) :- nonvar(z), nonvar(y), EQUAL(x,z-y).
```

Dabei gilt **nonvar(v)** als erfolgreich "bewiesen", falls v keine Variable (also einen Grundterm) bezeichnet, und sonst als fehlgeschlagen.

Das wichtigste meta-logische Prädikat von PROLOG ist das Systemprädikat **call**. Es realisiert eine Erweiterung der Objektsprache um denjenigen Teil der Metasprache, der sich mit der *Beweisbarkeitsrelation* der Objektebene beschäftigt[16]:

---

[15]Für den λ-Kalkül wurde diese Frage mit der *Domain-Theorie* von Scott (siehe [180]) beantwortet.

[16]Wir hatten ja bereits betont, daß in PROLOG Objekt- und Metasprache übereinstimmen.

- Das Literal `call(x)` ist "beweisbar", falls die (Meta-) Variable x mit einem PROLOG-Term instantiiert ist, der in einer Anfrage vorkommen darf, und falls die Anfrage `:- x` beweisbar ist.

- Die Variableninstantiierungen, die zum Beweis der Anfrage notwendig sind, werden nach dem Beweis des Literals `call(x)` beibehalten.

- CUT-Operatoren, die im Term x vorkommen, haben keinen Einfluß auf das Backtracking der Klausel, in der das Literal `call(x)` vorkommt.

Hiernach gilt[17] augenscheinlich für beliebige Ziele G und Programme P:

$$P \vdash G \quad \text{gdw.} \quad P \vdash \texttt{call(G)}.$$

Das Prädikat `call` ist also ein Beweisbarkeitsprädikat[18]. Mit ihm können—analog zur Funktion `EVAL` in LISP—Daten in Programme (Ziele) umgewandelt und einer neuen Inkarnation des Interpreters zur Verarbeitung gegeben werden. Es ist in diesem Sinne das Gegenstück zum Prädikat `clause`, das ja die Transformation von Programm in Daten gestattet.

4.2.2.2 Die Operatoren CUT und FAIL

Ein wichtiger Operator zur "Spezifikation" der Kontrolle ist der CUT-Operator. Er wird durch ein Ausrufezeichen notiert und tritt in einem Logik-Programm wie eine Prämisse auf, wird jedoch nicht als logischer Bestandteil des Programms betrachtet[19].

Die (prozedurale) Semantik des CUT-Operators kann wie folgt beschrieben werden:

> Wird der CUT-Operator das erste mal—als zu beweisendes Teilziel—angetroffen, so gilt er unmittelbar als bewiesen, hinterläßt aber auf dem Kontrollkeller einen Ausführungsvermerk zusammen mit einem Verweis auf dasjenige Teilziel, welches zur Aktivierung der Klausel geführt hat, in der der CUT-Operator auftritt.
>
> Sollte später—im Rahmen des chronologischen Backtracking—eine Fehlschlagspropagierung über den Keller diesen Vermerk antreffen, so löst dies einen Fehlschlag des vom CUT-Operator vermerkten Zieles aus.

Mit dem CUT-Operator kann das System also auf all die Auswahlen *verpflichtet* werden, die seit der Entscheidung für jenes Teilziel getroffen wurden, das den CUT aktiviert hat. Alternativen für dieses Teilziel werden demzufolge genausowenig

---

[17]Das Symbol ⊢ bezeichne wieder SLD-Ableitbarkeit.

[18]Für eine vertiefte logische Untersuchung derartiger Verquickungen von Objekt- und Metasprache siehe auch [20, 198]).

[19]Andererseits kann er aber auch nicht für Fragen der deklarativen Semantik ignoriert werden, da er—neben der Suchstrategie von PROLOG—zur Unvollständigkeit der PROLOG zugrundeliegenden Widerlegungsprozedur beiträgt.

betrachtet wie solche für Teilziele, die in der CUT-Klausel vor dem CUT selbst liegen.

Der CUT-Operator verstärkt trivialerweise die *Unvollständigkeitstendenz* von PROLOG, da ja erfolgreiche Pfade, die in einem durch CUT vor der Alternativensuche beschützten Teilbaum des SLD-Baumes vorkommen, für die Widerlegungsprozedur verborgen bleiben. Hier ist ein Beispiel:

```
if_then_else(p,q,r)  :- p, !, q.
if_then_else(p,q,r)  :- r.
```

Prozedural gesehen ist die Semantik dieses PROLOG-Programms das bekannte Konditional

$$\text{if\_then\_else(p,q,r)} \quad \text{gdw.} \quad (p \wedge q) \vee (\neg p \wedge r).$$

Nicht jedoch *deklarativ*:

$$\text{if\_then\_else(p,q,r)} \quad \text{gdw.} \quad (p \wedge q) \vee r.$$

Dieser Umstand muß um so bedenklicher stimmen, als die meisten PROLOG-Systeme ein sogenanntes *All-Solutions Prädikat* zur Verfügung stellen, das alle richtigen Antworten zu einer gegebenen Anfrage (als PROLOG-Liste) liefern soll. Dieses Prädikat kann ja offensichtlich nicht (logisch) korrekt implementiert werden für Programme, in denen auch der CUT-Operator eingesetzt wird. Bei einer Verwendung des CUT-Operators nach Art der angeführten Beispiele kann folglich nicht ernsthaft von logischem Programmieren als *deklarativem* Programmieren gesprochen werden.

Sterling und Shapiro geben in [178] Kriterien an, wie der CUT-Operator guten Gewissens verwendet werden kann (grüne CUTs) und wann in jedem Fall nach einer alternativen PROLOG-Formulierung des Problems gesucht werden sollte (rote CUTs). Ein sinnvoller Einsatz des CUT-Operators ist danach fast immer gegeben, wenn bereits eine Lösung eines Problems gefunden worden ist und garantiert keine weitere Lösung mehr existiert.

Dieser Fall liegt insbesondere dann vor, wenn gewisse durch das Logik-Programm charakterisierte Prädikate *funktionale Abhängigkeiten* (im Sinne der aus dem Datenbankbereich bekannten Normalisierungstheorie) aufweisen. Diese Eigenschaften sind jedoch nicht ohne weiteres in PROLOG formulierbar—jedenfalls nicht, solange kein Gleichheitsprädikat zur Verfügung steht. Erst dann könnte etwa die Rechtseindeutigkeit einer zweistelligen Relation R(x,y) festgelegt werden:

$$\text{EQUAL}(y_1,y_2) \quad \text{:- } R(x,y_1), R(x,y_2).$$

Bei Hinzunahme dieser Klausel zur Prozedur R kann anschließend innerhalb dieser Prozedur getrost der CUT verwendet werden—deklarative und prozedurale Semantik stimmen überein.

Durch die logische Charakterisierung der Abhängigkeiten allein kann der CUT jedoch nicht überflüssig gemacht werden. Der eigentliche Grund für seinen Einsatz—die Vermeidung von unnötigem (chronologischem!) Backtracking— wird so nämlich eher konterkariert: Die Anzahl der Klauseln nimmt unter Umständen zu, ohne daß das schlechte Ablaufverhalten des Programms verbessert würde. Die Behandlung (explizit bekanntzumachender!) funktionaler Abhängigkeiten sollte daher gesondert, d.h. außerhalb der Widerlegungsprozedur, durchgeführt werden.

Die vereinzelt lesbare Rechtfertigung für den CUT-Operator mit der Behauptung

> "Durch das Backtracking können falsche Lösungen entstehen und deshalb benötigt man den CUT..."

ist dagegen blanker Unsinn—sie kann wohl nur auf eine Verwechslung von Ursache und Wirkung zurückgeführt werden. Wie wir gesehen haben, stimmt eher das Gegenteil. Chronologisches Backtracking als alleinige (aber korrektheitserhaltende) Kontrollstruktur ist eben nicht ausreichend.

Ein mit dem CUT-Operator häufig zusammen verwendeter Operator ist der FAIL-Operator:

> FAIL ist ein vordefiniertes Prädikat, für das keine Klauseln existieren und das daher nicht beweisbar ist.
>
> Mittels des Literals FAIL kann also Backtracking ausgelöst werden.

Bereits erwähnt hatten wir die Verwendung des FAIL-Operators als Reaktion des Benutzers auf einen erfolgreichen Beweis, mit dem er *alternative Beweisversuche* auslösen kann. Diese bequeme Möglichkeit, iteriert Beweise anzustoßen, ist allerdings semantisch völlig unklar. Wie soll schließlich logisch formuliert werden, daß gewisse Teile einer Spezifikation in gewissen Fällen als nicht gegeben anzusehen sind? Genau das wird ja prozedural ausgesagt, da mit dem FAIL-Operator ganze Teile des SLD-Baumes von einer Durchsuchung ausgeschlossen werden und der augenblickliche Wurzelpfad als fehlgeschlagen eingestuft wird—obwohl er unter Umständen zu einem erfolgreichen Pfad verlängerbar wäre!

In Verbindung mit dem CUT-Operator läßt sich über den FAIL-Operator zudem eine eingeschränkte Form der Negation ausdrücken, die durch die *Negation as Failure Regel* charakterisiert ist:

> Die Negation not(q) zu einem Literal q wird als bewiesen betrachtet, wenn q nicht beweisbar ist.

Dazu müssen lediglich Klauseln der Form

```
p :- not(q)
```

in je zwei Klauseln der Form

```
p :- q, !, FAIL.
p.
```

transformiert oder das meta-logische Prädikat not durch

```
not(x) :- call(x), !, FAIL.
not(x).
```

definiert werden[20]. Offensichtlich sind auf diese Weise nur negierte Rumpf-
Literale, nicht aber negierte Kopf-Literale behandelbar. Es versteht sich außerdem von selbst, daß die durch diese Form der Negation erfolgte Festlegung auf
die *Closed World Assumption* ausschließlich in ganz bestimmten Bereichen—
insbesondere nicht dem der deduktiven Datenbanken—gerechtfertigt ist.

4.2.2.3   Die Operatoren ASSERT und RETRACT

Manchmal wird behauptet, Programmieren in PROLOG bedeute *nebenwirkungs-
freies Programmieren*. In Bezug auf Variablen von Klauseln ist das auch rich-
tig. Sie sind ja *logische* Variablen und konstituieren deswegen auch nicht den
Zustand eines PROLOG-Programms. Macht man sich jedoch die Operatoren
ASSERT und RETRACT zunutze, ändern sich die Verhältnisse schlagartig. Diese
Operatoren erlauben Manipulationen der PROLOG-Datenbank, das heißt ein
Einfügen (ASSERT) bzw. Löschen (RETRACT) von Klauseln.

- Das Literal ASSERT(x) gilt als unmittelbar bewiesen. Als Nebenwirkung
  dieses "Beweises" wird das Programm um die Klausel x erweitert.

- Das Literal RETRACT(x) eliminiert *eine* Klausel aus dem Programm, die
  mit x unifizierbar ist, oder schlägt fehl.

- Die Nebenwirkungen der Operatoren ASSERT und RETRACT werden vom
  Backtracking-Mechanismus nicht beeinflußt[21].

Für die Bereitstellung dieser Operatoren werden üblicherweise (etwa in [195]) die
folgenden drei Gründe angeführt:

1. Mit ASSERT und RETRACT können Operatoren zur Datenbankmanipulation
   implementiert werden.

2. Sie erlauben die Formulierung von Mechanismen zur Konsistenzverwaltung.

3. Sie sind ein gewisser Ausgleich dafür, daß PROLOG-Systeme nicht über
   Garbage-Collection Mechanismen verfügen[22].

---

[20]Die Tatsache, daß beide Varianten der Negation nur mit *außerlogischen* Mitteln realisierbar sind, zeigt die Fragwürdigkeit der Qualifizierung von PROLOG als *logische*
Programmiersprache.

[21]In dieser Beziehung unterscheiden sich PROLOG und PLANNER wesentlich!

[22]Warren meint hier wohl die Tatsache, daß Modifikationen der Klauseldatenbank (über die
Operatoren ASSERT und RETRACT) nicht vom Backtracking rückgängig gemacht werden.

Hier ist ein Beispiel (aus [178]) für den Einsatz des ASSERT-Operators—ein Meta-Interpreter, der ein interaktives "Shell" zur Verfügung stellt: Es fragt den Benutzer nach Information, die es für Beweise von Anfragen benötigt. Dazu sei zuvor mit dem Prädikat askable spezifiziert, welche nicht vom Interpreter beweisbaren Ziele (man beachte, wie hier die Reihenfolge der solve-Klauseln ausgenutzt wird!) vom Benutzer zu erfragen sind. Antworten auf Fragen werden gespeichert. War die Antwort auf eine Frage nach A positiv (yes), so wird A zugesichert, sonst (no) untrue(A). Diese Information wird vom Prädikat known zur Vermeidung wiederholter Fragen nach dem gleichen Ziel verwendet:

```
solve(true).
solve([A,B]) :- solve(A), solve(B).
solve(A) :- clause(A,B), solve(B).
solve(A) :- askable(A), not(known(A)),
            ask(A,Answer), respond(Answer,A).
ask(A,Answer) :- display_query(A), read(Answer).
respond(yes,A) :- ASSERT(A).
respond(no,A) :- ASSERT(untrue(A)), FAIL.
known(A) :- A.
known(A) :- untrue(A).
display_query(A) :- write(A), write("? ").
```

Es liegt natürlich nahe, dieses "Shell" so zu erweitern, daß es auch Rechtfertigungen für solche Fragen liefert, die der Benutzer mit der Gegenfrage why? beantwortet (dazu müssen lediglich zusätzlich die verwendeten Regeln memoriert und auf Anfrage entsprechend präsentiert werden).

Mit Hilfe von ASSERT und RETRACT können also Variablen beliebiger Art *simuliert* werden. Das PROLOG-Programm selbst—die Klauselmenge, hier die Extension des Prädikats known—wird zur Repräsentation eines Zustandes verwendet. Die Operatoren ASSERT und RETRACT sind also Operatoren zur Transformation von Logik-Programmen.

Beweisversuche zu einer Anfrage und einem gegebenen PROLOG-Programm können bei Verwendung von ASSERT und RETRACT Änderungen des Programms (und damit der zugehörigen logischen Theorie) nach sich ziehen. Der eigentliche Zweck der Logik-Programmierung—das Erstellen von Programmen, deren Eigenschaften direkt an ihnen ablesbar sind—ist in Gefahr. Die Semantik von Programmen, in denen ASSERT und RETRACT verwendet wird, ist nämlich im allgemeinen unverträglich mit der Semantik reiner PROLOG-Anfragen:

- Die Reihenfolge von Klauseln und Prämissen von Klauseln wird ein entscheidender Aspekt des Programms—sie muß mit der Reihenfolge der beabsichtigten Nebenwirkungen harmonieren.

- Die Nebenwirkungen von ASSERT und RETRACT werden *nicht* im Rahmen des Backtracking rückgängig gemacht.

Dies liegt nicht zuletzt daran, daß die Operatoren prozedural gesehen *Programm-transformationen* darstellen, während sie deklarativ gesehen als *Zusicherung von Wahrheitswerten* aufzufassen sind.

Bei der Benutzung des oben beschriebenen interaktiven "Shells" kann also durchaus die Situation eintreten, daß ein im Verlauf der Interaktion als untrue memorierter Sachverhalt A aufgrund weiterer Programmtransformationen beweisbar wird und somit zusätzlich direkt zugesichert wird—eine materiale Inkonsistenz[23]: Stehen dann die fraglichen Zusicherungen in der Reihenfolge

```
A.
  .
  .
  .
untrue(A).
```

in der PROLOG-Datenbank, so gilt untrue(A) gewissermaßen als *voreingestellte* (und damit notorisch alogische) Zusicherung für den Wahrheitswert von A. Deshalb erscheint der Wunsch, mit Hilfe der Operatoren ASSERT und RETRACT Mechanismen zur Konsistenzerhaltung formulieren zu wollen, geradezu als absurd. Die umgekehrte Vorgehensweise ist angebracht: Unter Rückgriff auf ein Reason-Maintenance-System ist—bei gleichzeitigem Differenzieren zwischen *Fakten* und *Annahmen*—ein logisch unbedenkliches Paar von Modifikationsoperatoren zu realisieren.

Auch als Ausgleich für das Fehlen von Garbage-Collection Mechanismen erscheinen die Operatoren ASSERT und RETRACT ungeeignet. Das folgende Beispiel (aus [124]) mag dies veranschaulichen—ein Programm, das alle dem System bekannten Objekte mit einer bestimmten Eigenschaft finden soll[24]:

```
findall(X,P,L) :- P, ASSERT(note(X)), FAIL.
findall(_,_,L) :- reap(L).
reap([X | L]) :- RETRACT(note(X)), !, reap(L).
```

Es sichert in einer ersten Phase note(X) für jedes X zu, das die Eigenschaft P aufweist, um dann in der zweiten Phase die entsprechenden Zusicherungen—sie wurden ja nur für den Beweis zu findall benötigt—wieder zurückzunehmen und die zugehörigen Objekte in einer Liste zu sammeln. Allerdings leistet dieses Programm nicht in jedem Falle das Gewünschte—zum Beispiel dann nicht, wenn das Prädikat P findall erwähnt. Je nachdem, in welchem *Kontext* folglich findall eingesetzt wird, weist es ein ganz unterschiedliches Verhalten auf— ein Umstand, der mit der kompositionellen Semantik reiner Logik-Programme schlicht unvereinbar ist!

Nach den bisherigen Ausführungen bleibt die Frage zu klären, inwiefern sich PROLOG (einschließlich der Operatoren ASSERT und RETRACT) als Grundlage

---

[23]Nicht jedoch eine *formale* Inkonsistenz, da dem System ja nicht bekannt ist, daß der Benutzer das Prädikat untrue als eine Form von Negation auffaßt!

[24]Das Zeichen _ steht für eine sogenannte *anonyme Variable*, die mit jedem PROLOG-Term unifizierbar ist, da eine weitere, im selben Term auftretende anonyme Variable per definitionem nicht mit ihr identisch zu sein braucht.

zur Realisierung einer (relationalen) deduktiven Datenbank eignen könnte. Um
den Rahmen dieser Arbeit nicht zu sprengen, begnügen wir uns hier mit den
folgenden kursorischen Anmerkungen.

Die naive Sicht, daß eine PROLOG-Datenbank lediglich

- als Sammlung von Klauseln aufzufassen ist (Prädikate entsprechen dann
  Relationen, Einheitsklauseln deren Tupeln und alle anderen von ASSERT-
  und RETRACT-Operatoren freien Klauseln werden wie Views betrachtet),

- über der die SLD-Widerlegungsprozedur als Query-Prozessor eingesetzt
  wird und

- in der Datenmanipulationen über Klauseln beschrieben werden, in denen
  die Operatoren ASSERT und RETRACT auftreten ("Transaktionen"),

greift zu kurz, und zwar nicht nur, weil sie offensichtlich Fragen nach der *Synchronisation* paralleler Zugriffe auf gemeinsame Daten (vgl. Schreier in [163])
oder nach Maßnahmen zur *Datensicherung* offen läßt, sondern vor allem deswegen, weil sie weder eine *Kontrolle* der Datenbanknutzer noch der zugehörigen
Anwendungsprogramme vorsieht (vgl. [128]):

- Jeder Anwender hat Zugriff auf jedes in der Datenbank gespeicherte Faktum und kann beliebig Fakten zur Datenbank hinzufügen oder aus ihr
  löschen.

- Obwohl sich in PROLOG Views formulieren lassen, sind die Anwendungen,
  für die das geschieht, nicht an sie gebunden.

- Ein Transaktionskonzept nach dem ACID-Prinzip[25] ist nicht in PROLOG
  allein formulierbar.

- Es ist von vornherein keine Modularisierung des vermutlich recht komplexen PROLOG-Programms, das die Semantik der Datenbank konstituiert,
  möglich.

Als schwerwiegendstes Argument muß jedoch die Tatsache gesehen werden, daß
das PROLOG-System seinen Anwendern keinerlei Restriktionen in Bezug darauf
auferlegt, wer neue Klauseln einführen oder alte löschen darf. Es ist ja nicht
einmal sichergestellt, daß Modifikationen der Klauseldatenbank aufgrund fehlgeschlagener Beweisversuche zurückgenommen werden. Anwender sind folglich in
der Lage, eine PROLOG-Datenbank nach Belieben und damit *unvorhersagbar*
umzustrukturieren.

---

[25]Nach dem ACID-Prinzip ist eine Transaktion als atomare, consistenzerhaltende, isoliert
von anderen Transaktionen ablaufende Handlungsfolge anzusehen, deren Effekte dauerhaft
sind.

4.2.3 Resümee

Zusammenfassend wollen wir uns noch einmal ansehen, welche Kombination von
Eigenschaften PROLOG zu einem ausdrucksstarken Programmiersystem macht:

- PROLOG-Programme lassen sich bis zu einem gewissen Grad als Spezifikationen von Algorithmen ansehen.

- Kontrollstrukturen wie Sprünge und Iterationskonstrukte ebenso wie Zuweisungsoperatoren und Zeiger sind überflüssig.

- Uniformität von Programm und Daten—Klauseln können eingesetzt werden, um Daten zu repräsentieren, aber auch wie Terme manipuliert werden.

- Prozeduren können mehrere Ausgaben und mehrere Eingaben aufweisen. Einzelne Variablen können sowohl als Eingabe- als auch als Ausgabevariablen eingesetzt werden (Ungerichtetheit der Berechnung).

- Prozeduren können—über den Backtracking-Mechanismus—eine Folge alternativer Ergebnisse erzeugen (Möglichkeiten für "iteratives" Ausführen).

- Über die Terme werden allgemeine Record-Strukturen zur Verfügung gestellt. Es gibt keine Typen-Restriktionen für die Felder solcher Records.

- Operationen auf komplexen Daten werden einheitlich über Unifikation anstelle von Selektor- und Konstruktorfunktionen realisiert.

- Unvollständige Datenstrukturen (Datenstrukturen mit Variablen) stehen als Objekte erster Klasse zur Verfügung.

Dem stehen gewisse Nachteile gegenüber:

- Die Möglichkeit von Beweisen mit Nebenwirkungen; besonders gefährlich sind etwa destruktive Operationen auf als Record-Strukturen mißbrauchten Termen (vgl. die Anmerkungen auf S. 90).

- Die Unzulänglichkeit des chronologischen Backtracking (siehe unsere Diskussion von PLANNER).

- Die Verwendung außerlogischer Konstrukte wie **ASSERT**, **RETRACT** und metalogischer Prädikate ermöglicht eine Diskrepanz zwischen deklarativer und prozeduraler Semantik.

- Die Reihenfolge der Bekanntmachung von Prozeduren und der von Klauseln innerhalb jeder Prozedur hat wesentlichen Einfluß auf die Abarbeitung des Programms. Sie verleitet darüber hinaus wieder zu einem imperativen Programmierstil.

- Unter anderem durch die *Negation as Failure* Regel ist die Kommutativität der Prämissen von Klauseln nicht mehr gewährleistet[26].

- Die Unvollständigkeit der von PROLOG verfolgten Suchstrategie, die insbesondere im Zusammenwirken mit der *Negation as Failure* Regel (und damit mit dem All-Solutions Prädikat) sogar zu inkorrekten Ableitungen führen kann.

Es fällt auf, daß die genannten positiven Eigenschaften nahezu ausschließlich den rein logischen Kern von PROLOG betreffen, während die negativen Eigenschaften vorwiegend die nicht-logischen Eigenschaften von PROLOG berühren. Ein Anwender von PROLOG steht also vor einem gewissen *Dilemma*:

- Erst unter Ausnutzung seiner nicht-logischen Konstrukte wird PROLOG als Programmiersystem sinnvoll und kostengünstig einsetzbar.

- Die Verwendung dieser Konstrukte nimmt einem PROLOG-Programm jedoch seinen grundsätzlich logischen Charakter: Allein aus der Gültigkeit all seiner Klauseln relativ zum zu modellierenden Bereich folgt dann eben nicht mehr dessen Korrektheit.

Doch selbst bei Hinwegsehen über diese semantischen Ungereimtheiten stecken heutige PROLOG-Systeme—verglichen mit KI-Entwicklungsumgebungen wie LOOPS—noch in den Kinderschuhen: die üblichen (im wesentlichen oben geschilderten) nicht-logischen Erweiterungen von PROLOG können diesem Anspruch keinesfalls gerecht werden. Eine Bewertung der japanischen Entscheidung für PROLOG ist demnach wohl auch erst in dem Moment zulässig, in dem vergleichbare Entwicklungsumgebungen für PROLOG aufgetaucht sein werden (vgl. hierzu auch Bobrow in [18]).

Möchte man PROLOG primär als ein System zur Repräsentation und Manipulation von Sachverhalten einsetzen, so stößt man recht schnell an die Grenzen dessen, was sich überhaupt logisch in PROLOG *ausdrücken* läßt. So sind weder negierte Sachverhalte ausdrückbar[27] noch Disjunktionen erschließbar, sofern nicht mindestens eine der disjungierten Teilaussagen ableitbar ist[28].

Die *Beschränkung auf die Hornklauseluntermenge* der Prädikatenlogik, die ja mit dem Ziel effizienter Verarbeitbarkeit durchgeführt wurde, hat folglich auch ihren Preis. Die im Abschnitt 1.1.2 hervorgehobenen Eigenschaften logischer Repräsentationen, die eine Verwendung von Logik als Grundlage von Repräsentationssystemen nahelegten, sind somit zum Teil außer Kraft gesetzt.

---

[26]Diese Kommutativität muß übrigens schon alleine deswegen aufgegeben werden, weil jedes PROLOG-System über spezielle Prädikate verfügt, die Ein- bzw. Ausgaben bewirken. Nachdem Ein-/Ausgaben in einer festen Reihenfolge zu geschehen haben, zieht dies auch eine feste Reihenfolge der zugehörigen Literale nach sich.

[27]Reduziert man also PROLOG-Programme auf ihre nicht-prozeduralen Komponenten, so erhält man Spezifikationen, die *formal* grundsätzlich nicht inkonsistent sein können!

[28]Eine Eigenschaft, die wir—grundsätzlich konstruktivistisch eingestellt—gar nicht als einen Nachteil empfinden.

PROLOG-Systeme, die—aus Effizienzgründen—auch noch auf den Occur-Check bei der Unifikation verzichten, sind darüber hinaus nicht einmal mehr zu einer *korrekten Handhabung quantifizierter Formeln* in der Lage. Wir betrachten zur Verdeutlichung dieser Tatsache das folgende (von Moore in [131] angedeutete) Beispiel: Gegeben seien die beiden Formeln

$$\forall x P(x,x) \quad \text{bzw.} \quad \forall x \exists y P(x,y).$$

Logisch gesehen gilt zwar:

$$\text{aus} \quad \forall x P(x,x) \quad \text{folgt} \quad \forall x \exists y P(x,y),$$

keinesfalls jedoch die umgekehrte Aussage:

$$\text{aus} \quad \forall x \exists y P(x,y) \quad \text{folgt} \quad \forall x P(x,x).$$

Nach der Umwandlung dieser beiden Formeln in Skolem Normalform[29]

$$P(x,x) \quad \text{bzw.} \quad P(x, f_y(x))$$

kann nun die Anfrage `:- Test` an das PROLOG-Programm

```
Test :- P(x,x).
P(x,f_y(x)).
```

als Aufforderung verstanden werden, die Äquivalenz der beiden fraglichen Formeln nachzuweisen.

Von einem PROLOG-System ohne Occur-Check sind die Terme

$$x \quad \text{und} \quad f_y(x)$$

unifizierbar, wodurch ein Beweis für die Anfrage führbar wird. Ein solches System faßt demnach die Aussage "Jede Person hat sich selbst zur Mutter" als logische Konsequenz der Aussage "Jede Person hat eine Mutter" auf!

Das *Problem des Vergleichs von Termen* wird auf zwei grundsätzlich verschiedene Arten angegangen:

1. Der Anwender muß sich für den betreffenden Anwendungsbereich ein eigenes Gleichheitsprädikat `EQUAL` definieren, das letztendlich auf ein systemdefiniertes Gleichheitsprädikat "=" für die textuelle Übereinstimmung von Termen zurückgeführt und wie jedes andere Prädikat behandelt wird[30], oder

2. Gleichheitsaxiome angeben, die dann unmittelbar von der Unifikationsprozedur zum Vergleich von (Teil-) Termen ausgenutzt werden (vgl. etwa [99] und [83]).

---

[29]Das Symbol f_y stehe für die Skolemfunktion zu y.

[30]Nachdem das Prädikat "=" zwei Variablen schon als gleich betrachten muß, wenn die eine (etwa durch eine Unifikation) mit der anderen gleichgesetzt wurde (andernfalls könnten höchstens voll instantiierte Terme gleich sein), ist es ein nicht-logisches Prädikat!

Die zweite Lösung hat natürlich gegenüber der ersten den Vorzug, daß das System *automatisch* all jene Sachverhalte als wahr erkennt, die aus wahren Sachverhalten durch Substitution von Gleichem für Gleiches entstehen. Bei der ersten Lösung werden diese Schlüsse nur gezogen, wenn sie der (Logik-) Programmierer explizit vorsieht oder zu jedem n-stelligen Prädikat R die *Substitutionsinvarianz* für gleiche Terme formuliert[31]:

$$\texttt{R}(y_1,\ldots,y_n) \ :- \ \texttt{R}(x_1,\ldots,x_n),\texttt{EQUAL}(x_1,y_1),\ldots,\texttt{EQUAL}(x_n,y_n).$$

Diese Lösung wird nur angemessen sein, wenn man keine *Vollständigkeit der Beweisprozedur bezüglich Hornklausellogik mit Gleichheit* erwartet!

Bei beiden Lösungen besteht immer noch die Gefahr, daß schon allein die Erweiterung des Programms um die bereichsspezifischen Gleichheitsaxiome die zugehörige Theorie *unentscheidbar* macht (siehe unsere Ausführungen in Abschnitt 4.4).

Auch in Bezug auf die *Ausdrückbarkeit disjunktiv verknüpfter Literale* kann eine Teillösung angegeben werden:

- In den Klauselrümpfen dürfen Ziele auch mit logischer Disjunktion verknüpft werden.

- "Klauseln" der Form

$$\texttt{h} \ :- \ g_1,\ldots,g_{k-1},g_{k_1} \vee g_{k_2}, \ g_{k+1},\ldots,g_n.$$

werden dann vom Beweissystem behandelt, als wäre an ihrer Stelle das Klauselpaar

$$\texttt{h} \ :- \ g_1,\ldots,g_{k-1},g_{k_1},g_{k+1},\ldots,g_n.$$
$$\texttt{h} \ :- \ g_1,\ldots,g_{k-1},g_{k_2},g_{k+1},\ldots,g_n.$$

geschrieben worden.

- Will man sich diese (impliziten) Programmtransformationen ersparen (sie führen ja zu unnötigen Neuberechnungen der Teilziele $g_1,\ldots,g_{k-1}$, falls die erste Alternative fehlschlägt!), so kann man dazu das meta-logische Prädikat $\vee$ durch

$$\vee(\texttt{x},\texttt{y}) \ :- \ \texttt{call}(\texttt{x}).$$
$$\vee(\texttt{x},\texttt{y}) \ :- \ \texttt{call}(\texttt{y}).$$

definieren.

Offen bleibt dabei allerdings die Realisierung von "Klauseln" der Form

---

[31]Er wird dann aber eklatante Effizienzeinbußen bei der Abarbeitung seines Programms in Kauf nehmen müssen!

$$h_1 \vee h_2 \ :\text{-}\ g_1, \ldots, g_n \,.$$

wenn man nicht gleichzeitig ein neues Prädikat

$$h_1\_or\_h_2 \ :\text{-}\ h_1 \vee h_2 \,.$$

einführt. Dieser Ansatz wird jedoch indiskutabel, sobald nicht-atomare Prädikate zu disjungieren sind, und insbesondere dann, wenn Meta-Variablen ins Spiel kommen. Außerdem ist er—insbesondere im Zusammenhang mit den Operatoren **ASSERT** und **not**—sicher nicht unproblematisch. Zur Verdeutlichung betrachten wir das nachstehende PROLOG-Programm P:

```
p :- p.
not_p :- not(p).
compl :- p V not_p.
```

Wird nun dieses Programm mit Hilfe des **ASSERT**-Operators um die Einheitsklausel

$$p\_or\_not\_p \,.$$

erweitert, so stehen wir vor den folgenden sich gegenseitig widersprechenden Tatsachen:

1. Aus P ist weder **p** noch **not_p** und damit auch nicht **compl** ableitbar. Für jedes der entsprechenden Ziele führt ein Beweisversuch aufgrund der ersten Klausel zu einer Endlosschleife.

2. Die Aussage **p_or_not_p** (Vollständigkeit der Beweisprozedur bezüglich des Prädikates **p**) ist trivialerweise ableitbar—sie wurde ja explizit zugesichert.

3. Falls die (intendierte) Semantik von **p_or_not_p** mit der des Prädikates **compl** übereinstimmen soll, muß mindestens eine der beiden Aussagen **p** bzw. **not_p** ableitbar sein.

Wollte man andererseits das Einführen neuer Prädikatnamen, das heißt eine dynamische Spracherweiterung, vermeiden, hätte man den Unifikationsalgorithmus so zu "erweitern", daß er in der Lage ist, nicht-atomare Terme zu unifizieren. Dazu müßte er jedoch im allgemeinen logische Vereinfachungen durchführen können—ein Wechsel zu allgemeiner Klausellogik wird dann aber auch kein viel ineffizienteres Logik-Programmiersystem liefern.

Ein Ausweg aus dieser Problematik wäre natürlich die *korrekte und vollständige* Realisierbarkeit einer Form von Negation, die es—nach dem Vorbild der deMorganschen Regel—gestattet, die Disjunktion durch die restlichen Konnektive zu definieren. Wir werden jedoch im folgenden Kapitel sehen, daß beim Versuch der Realisierung eines Negationsoperators

- bei Fallenlassen der Closed World Assumption implementationstechnische und

- bei Beibehalten der Closed World Assumption theoretische

Probleme entstehen, die den Ansatz der *Negation as Failure* Regel disqualifizieren und statt dessen ein Vorgehen mit Techniken der intuitionistischen Logik nahelegen (vgl. etwa [43, 92, 112, 113, 114]). Damit ist dann aber insbesondere die Disjunktion als eigenständiger logischer Operator zu handhaben.

Zusammenfassend bleibt aber schon jetzt festzuhalten, daß PROLOG in fast jeder Hinsicht gleiche Eigenschaften wie PLANNER aufweist[32]:

- PROLOG teilt mit PLANNER die Zielorientierung.

- Alles, was in PROLOG ausdrückbar ist, läßt sich isomorph in PLANNER ausdrücken.

- Die Kontrollkonstrukte von PROLOG waren bereits in PLANNER vorhanden[33].

- Die der Abarbeitung zugrundeliegenden Annahmen sind die gleichen.

Bezüglich der Ausdrückbarkeit von *Kontrollinformation* ist PROLOG sogar ärmer, da es kein Analogon zu Antecedens-Theoremen kennt. Im Verlauf dieser Arbeit werden wir noch genauer untersuchen, wie weit und unter welchen Kosten ein vergleichbares Konzept in einer Logik-Programmiersprache realisierbar ist.

Es übertragen sich folglich alle guten und leider auch ein großer Teil der schlechten Merkmale von PLANNER auf PROLOG:

- Inadäquatheit des chronologischen Backtracking.

- Fragwürdige Behandlung der Negation.

- Ungeeignete Berücksichtigung der Open World Assumption.

- Unbeabsichtigte Wechselwirkungen zwischen deklarativen und prozeduralen Bestandteilen des Programms.

Diese Merkmale werden noch verschlimmert durch die in erster Linie aus dem *Programmiersprachenanspruch* von PROLOG resultierenden, zu Eingang dieses Abschnitts genannten Eigenschaften.

Wir beschließen unsere Ausführungen zu PROLOG mit einer Warnung von McDermott (siehe [124]), der wir uns hier schmunzelnd anschließen:

> "PROLOG may be seen as an effort to simplify a theorem prover
> down to a point where it is as efficient as a programming language.
> I approve to this, but I think its inventors may have gone a little
> bit too far. They concentrated on implementing one basic idea with
> more and more efficiency, and have turned their backs on other ideas
> that may in the long run pay off. In other words, PROLOG may
> become the FORTRAN of logic-based programming languages."

---

[32]und das obwohl Hewitt ein erklärter "Logik-Feind" war...

[33]Für diese Behauptung setzen wir eine korrekte PROLOG-Implementierung von *Negation as Failure* und Disjunktionen in Klauselrümpfen voraus.

4.3 FWD-Beweise

Wir wollen unsere Ausführungen über die Praxis der Logik-Programmierung nicht beschließen, ohne eine zur SLD-Resolution alternative, direkte Beweisstrategie für die Hornklausellogik auszuführen. Das zugehörige Begriffsrepertoire wird uns dann später für die Formulierung unseres eigenen Ansatzes wertvolle Dienste leisten.

4.3.1 FWD-Ableitungen

Die ausführliche Diskussion der SLD-Resolution und deren Konkretisierung in der Logik-Programmiersprache PROLOG verleitet möglicherweise zu dem Schluß, ein Logik-Programm könne nur *rückwärts*, das heißt ausgehend von zu beweisenden Zielen über eine *reductio ad absurdum* "abgearbeitet" werden. Daß dem jedoch nicht so ist, darauf weist bereits eine genauere Betrachtung unseres Vergleichs der modelltheoretischen mit der Fixpunkt-Semantik eines Logik-Programms hin (siehe Abschnitt 2.5).

Die dort definierte Abbildung $f_P : \mathcal{W}(P) \to \mathcal{W}(P)$ auf Herbrand-Interpretationen zu P legt einen direkten Ableitungsbegriff nahe. Zu dessen Formulierung präzisieren wir zunächst den bereits in Abschnitt 2.3.3 lediglich informell eingeführten Begriff der Hyperresolution:

Definition 4.8 *Sei K eine Hornklausel mit den negativen Literalen $N_1, \ldots, N_k$ und seien $\Gamma = \{A_1 \leftarrow, \ldots, A_k \leftarrow\}$ Einheitsklauseln, die keine gemeinsamen Variablen aufweisen. Die Klausel C heißt dann* Hyperresolvente der Elektronen aus Γ und des Nukleus K*, wenn es eine Substitution θ auf den Variablen von K gibt derart, daß:*

1. $A_i = N_i\theta$ *für* $(1 \leq i \leq k)$ *und*

2. $C = \{B\theta \mid B$ *ist positives Literal aus $K\}$.*

Hyperresolventen sind also immer positive (eventuell leere) Klauseln.

Eine Klausel C heiße nun *direkt abgeleitet aus einem Logik-Programm P*, wenn sie Hyperresolvente von Klauseln aus P ist. Wir bezeichnen dann

- C als eine von P *zugelassene* Klausel,

- das Paar (Γ, K) als eine *Rechtfertigung* für C und

- $P' = P \cup \{C\}$ als das *C-Resultat* von P.

Mit der Regel der Hyperresolution werden Klauseln der Form

$$q \leftarrow p$$

offensichtlich "vorwärts" (entlang dem Implikationspfeil) verarbeitet, also

$$\text{aus} \quad q \leftarrow p \quad \text{und} \quad p \leftarrow \quad \text{schließe} \quad q \leftarrow,$$

im Gegensatz zur SLD-Resolution, wo die Verarbeitung "rückwärts" gemäß ihrer kontraponiblen Form vonstatten geht:

$$\text{aus} \quad \neg p \leftarrow \neg q \quad \text{und} \quad \leftarrow q \quad \text{schließe} \quad \leftarrow p.$$

P und P' haben demzufolge auch die gleiche modell-theoretische Semantik, d.h. für alle $F \in B_P$ gilt:

$$M(P) \models F \quad \text{gdw.} \quad M(P') \models F$$

Sie können somit vom logischen Standpunkt als *äquivalent* betrachtet werden.

Die folgende Definition eines auf der Hyperresolutionsregel basierenden Ableitungsbegriffes—wir wollen ihn *FWD-Ableitbarkeit* nennen—liegt also nahe[34]:

Definition 4.9 *Sei P ein (beliebiges) Logik-Programm und C_n eine Klausel. Eine* FWD-*Ableitung für C_n aus P besteht aus je einer Folge der Länge n von*

- *Klauseln C_i und*

- *Logik-Programmen P_i*

derart, daß mit $(1 \leq i < n)$ gilt:

1. C_{i+1} ist direkt abgeleitet aus P_i und

2. $P = P_1$ sowie P_{i+1} ist C_{i+1}-Resultat von P_i,

und schreiben: $P \vdash_f C_n$.

Eine *FWD-Widerlegung von $P \cup \{G\}$* für ein Logik-Programm P und ein Ziel G ist dann eine FWD-Ableitung der leeren Klausel aus $P \cup \{G\}$ und wird von uns auch *FWD-Beweis von G relativ zu P* genannt:

$$P \cup \{G\} \vdash_f \square.$$

Aufgrund der Konstruktion des FWD-Ableitungsbegriffs hat nun jede FWD-Widerlegung von $P \cup \{G\}$ folgende Eigenschaften:

1. Die einzige in der Widerlegung verwendete negative Klausel ist G.

2. Die Zielklausel G tritt als Nukleus im letzten Ableitungsschritt auf.

Aus diesen Eigenschaften wird nun einerseits ersichtlich, daß die Technik der FWD-Ableitbarkeit nicht im geringsten zielorientiert ist: Ziele kommen ja erst dann ins Spiel, wenn ihre Verwirklichbarkeit sichergestellt ist.

Andererseits lassen sich diese Eigenschaften auch so interpretieren, daß alle Schritte (außer dem letzten) einer FWD-Ableitung zielunabhängig sind und demnach im Rahmen des Beweises anderer Ziele nicht wiederholt zu werden brauchen. Aus dem letzten (in der leeren Klausel resultierenden) Ableitungsschritt einer FWD-Widerlegung ist zudem direkt *die von der FWD-Widerlegung berechnete (korrekte!) Antwortsubstitution* ablesbar:

---

[34]Das Akronym FWD steht für *forward deducible*.

Sie ist gerade die Substitution, die der letzte Hyper-Resolutionsschritt
zur Herstellung der leeren Klausel benötigte.

Die Übereinstimmung der modell-theoretischen Semantik mit dem kleinsten Fixpunkt eines Logik-Programms P und die Art und Weise, in der die Abbildung f_P
und der Ableitungsbegriff $\vdash_f$ konstruiert wurden, zieht ersichtlich unmittelbar
die *Korrektheit und Vollständigkeit des FWD-Ableitungsbegriffes* nach sich[35]:

Theorem 4.5 *Sei P ein Logik-Programm. Dann gilt:*

$$M(P) = S_P = \{A \in B_P \mid P \vdash_f (A \leftarrow)\}.$$

Die FWD-Beweistechnik als direkte Beweistechnik unterscheidet sich von ihrer
Mächtigkeit her also überhaupt nicht von der zielorientierten Technik der SLD-
Resolution.

4.3.2   FWD-Graphen

Wichtige Unterschiede zwischen SLD-Resolution und FWD-Beweisen bestehen,
wenn man konkrete Realisierungen der beiden Techniken betrachtet. Dies wird
klar werden, sobald uns der Begriff des FWD-Graphen zur Verfügung steht:

Definition 4.10 *Sei P ein Logik-Programm. Der FWD-Graph zu P ist dann
der bipartite Graph (V, E), für den gilt:*

1. *Die Menge der Knoten V ist die disjunkte Vereinigung der Mengen V_1 und
   V_2 mit:*

   - *$V_1 := \{A \mid A$ ist mit Symbolen aus P konstruierbares Atom$\}$ und*
   - *$V_2 := \{K \mid K$ ist Klausel von $P\}$*

2. *Für $C \equiv (A \leftarrow)$, eine endliche Menge Γ von Einheitsklauseln $C' \equiv (A' \leftarrow)$
   und $K \in V_2$ gilt:*

$$(\Gamma, K) \text{ ist Rechtfertigung für } C$$
$$gdw.$$
$$(A', K) \in E \text{ für } C' \in \Gamma \text{ und } (K, A) \in E$$

Pfade im FWD-Graphen haben nun zwar keine direkte Entsprechung in FWD-
Ableitungen aus P, jedoch konstituieren wegen des vorab genannten Korrekt-
heits- und Vollständigkeitsergebnisses die Instanzen von Knoten des FWD-Graphen zu P gerade die Erfolgsmenge von P.

Genausowenig wie bei der SLD-Resolution können für die Konstruktion eines
FWD-Beweisers die FWD-Graphen als a priori gegeben betrachtet werden. Auch
der FWD-Graph zu einem Logik-Programm wird also inkrementell generiert werden und den wachsenden "Kenntnisstand" des Logik-Programms reflektieren.

Kritisch beim inkrementellen Vorgehen ist nun die der (vorwärts arbeitenden)
FWD-Beweistechnik fehlende Zielorientierung:

---

[35]Für den Spezialfall der Hornklausel-Logik haben wir somit die in Abschnitt 2.3.3 aufgestellte Behauptung der Vollständigkeit der Hyperresolution bewiesen.

Keine der eventuell vielen möglichen Erweiterungen des FWD-Graphen kann a priori vor einer anderen ausgezeichnet werden.

Eine konkrete FWD-Beweisprozedur muß demnach für ein gegebenes Logik-Programm P und Ziel G mit

$$G \equiv\; \leftarrow A_1, \ldots, A_n$$

blind immer weitere Teile des korrespondierenden FWD-Graphen generieren, um "Grundinstanzen von G" im FWD-Graphen zu finden. Dazu wird analog zum Verfahren in Abschnitt 2.4 folgendermaßen vorgegangen:

1. Sind $v_1, \ldots, v_k$ gerade die in $A_1, \ldots, A_n$ auftretenden Variablen, so wird ein ausgezeichnetes k-stelliges $ANSWER$-Prädikat eingeführt und das Logik-Programm P um die Klausel

$$ANSWER(v_1, \ldots, v_k) \leftarrow A_1, \ldots, A_n \tag{4.1}$$

   zum Logik-Programm P' erweitert.

2. Anschließend wird schrittweise der FWD-Graph zu P' generiert und für jede Instanziierung der $ANSWER$-Klausel die entsprechende Antwortsubstitution ausgegeben.

3. Dieser Prozeß wird solange fortgesetzt, bis man an keiner weiteren Antwortsubstitutionen mehr interessiert ist.

Die $ANSWER$-Klausel spielt in etwa die Rolle, die (anonyme) Zielklauseln in FWD-Widerlegungen hatten: Schließlich stimmen Ableitungen (von Instanzen) von (4.1) mit den FWD-Widerlegungen

$$P \cup \{\leftarrow A_1, \ldots, A_n\} \vdash_f \square$$

überein.

Analog dem Vorgehen bei der SLD-Resolution kann man auch bei der FWD-Ableitung wieder eine Klauselordnung spezifizieren, die angibt, mit welchen Klauseln zuerst eine Erweiterung des FWD-Graphen versucht werden soll. Damit wird dem geschilderten Verfahren allerdings nur ein geringer Teil seiner Indeterminiertheit genommen. Es bleibt der Eindruck, daß die FWD-Beweisprozedur ohne zusätzliche, den Suchprozeß unterstützende Maßnahmen für realistische Probleme impraktikabel sein wird.

Für die Entwicklung unseres eigenen Ansatzes ist es interessant, wie die FWD-Beweisprozedur (Zwischen-) Ergebnisse verwaltet. Anstatt nämlich für jede neue Beweisaufgabe den FWD-Graphen neu zu erzeugen, können Teile dieses Graphen aufgehoben werden, um

- für Erklärungen zu Beweisresultaten herangezogen oder

- zur Vermeidung wiederholter Ableitungen ausgewertet

zu werden.

4.3.3   SLD-Resolution versus FWD-Beweisen

Offenbar lassen sich SLD-Bäume wie FWD-Graphen um die Information der in jedem Ableitungsschritt verwendeten Programmklausel zu *erweiterten SLD-Bäumen* anreichern. Man muß dazu nur für jeden Knoten des SLD-Baumes die herausführenden Kanten mit der die jeweilige Sohn-Resolvente liefernden Klausel markieren.

Der (erweiterte) SLD-Baum B zu einem Logik-Programm P, Ziel G und der Berechnungsregel R läßt sich dann effektiv in ein äquivalentes Fragment (V, E) des FWD-Graphen zu P überführen, wenn er nur endlich viele Erfolgspfade aufweist[36]:

1. Konstruktion des initialen FWD-Graphen: $V := \emptyset$; $E := \emptyset$.

2. Gibt es einen erfolgreichen Pfad

$$G = G_0 \xrightarrow{K_1} G_1 \xrightarrow{K_2} \dots \xrightarrow{K_n} G_n \xrightarrow{K_{n+1}} G_{n+1} = \square,$$

   der noch nicht überführt wurde?

> ja: 2.1. Sei $\theta = \sigma_{n+1}$ die für $G_{n+1} = \square$ aktuelle Substitution; $i := n + 1$;
>
> 2.2. $i = 0$?
>
> > ja: weiter mit Schritt 2!
> >
> > nein: Sei K_i von der Form $(H \leftarrow B_1, \dots, B_k)$, G_{i-1} von der Gestalt
> > $$L_1, \dots, L_{m-1}, L_m, L_{m+1}, \dots, L_{m+l}$$
> > und gelte $R(G_{i-1}) = L_m$. Dann läßt sich G_i entsprechend der Formel
> > $$L_1, \dots, L_{m-1}, B_1', \dots, B_k', L_{m+1}, \dots, L_{m+l}$$
> > zerlegen:
> > $V := V \cup \{L_m\theta\} \cup \{B_j'\theta \mid 1 \le j \le k\};$
> > $E := E \cup \{(B_j'\theta, K_i) \mid 1 \le j \le k\} \cup \{(K_i, L_m\theta)\};$
> > $i := i - 1;$
> > weiter mit Schritt 2.2!
>
> nein: Fertig! (V, E) ist der gewünschte FWD-Graph.

Die umgekehrte Transformation—also von einem FWD-Graphen auf einen oder mehrere SLD-Bäume—ist ohne sehr viel zusätzliche Information nicht möglich. Schließlich gehören ja zu einem Logik-Programm viele SLD-Bäume (zu jedem— eventuell zusammengesetzten—Ziel einer), aber nur ein FWD-Graph. So könnten zwar die Einheitsklauseln $G_1, \dots, G_n$ entsprechenden Knoten eines endlichen FWD-Graphen in n erweiterten SLD-Bäumen der Form

---

[36]Für die Korrektheit des Algorithmus ist von entscheidender Bedeutung, daß Eingabeklauseln *standardisiert* in SLD-Beweise eingehen (vgl. Abschnitt 2.3.2).

$$(\leftarrow G_i) \xrightarrow{(G_i \leftarrow)} \square$$

dargestellt werden, aber auch in gerade einem erweiterten SLD-Baum der Form

$$(\leftarrow G_1, \ldots, G_n) \xrightarrow{(G_1 \leftarrow)} \ldots \xrightarrow{(G_{n-1} \leftarrow)} (\leftarrow G_n) \xrightarrow{(G_n \leftarrow)} \square,$$

wenn als Berechnungsregel die Vorschrift "reduziere das am weitesten links stehende Teilziel zuerst" genommen wird—oder in irgendeinem anderen erweiterten SLD-Baum, der vermöge des beschriebenen Transformationsalgorithmus auf den gegebenen FWD-Graphen abgebildet wird.

Andererseits haben viele der SLD-Bäume zu einem Logik-Programm gemeinsame Teilbäume—immer dann, wenn sie Ableitungen zu gemeinsamen Teilzielen enthalten. Wollte man folglich die Gemeinschaft der SLD-Bäume (aus den gleichen Gründen wie den FWD-Graphen) inkrementell entwickeln und memorieren, so müßten auch sie zu einem großen Graphen—dem *SLD-Graphen*—durch Identifikation von Knoten mit gleichen Zielen, das heißt Zielen, die höchstens Varianten voneinander sind, zusammengefaßt werden.

Der resultierende Graph wird aber

- im allgemeinen nicht eindeutig und

- während des inkrementellen Aufbaues ständig zu restrukturieren

sein, um redundanzfrei zu bleiben—jedenfalls dann, wenn man auch die Bäume zu zusammengesetzten Zielen festhält. So resultiert etwa bei festgehaltener Berechnungsregel R im allgemeinen jedes der aus dem Ziel

$$\leftarrow A_1, \ldots, A_n$$

durch Vertauschen der Reihenfolge der A_i erhältliche Ziel in einem anderen SLD-Baum.

Alle diese Kompaktierungsmaßnahmen ändern jedoch nichts an der Tatsache, daß weite Teile des SLD-Graphen zur Darstellung fehlgeschlagener Widerlegungen eingesetzt werden und nur durch aufwendige Maßnahmen von den Teilen des SLD-Graphen zu unterscheiden sind, die erfolgreichen Widerlegungen entsprechen.

Die vorausgehende Diskussion weist aber noch auf einen weiteren pragmatischen Unterschied zwischen dem SLD- und FWD-Ableitungsbegriff hin. Faßt man auch Logik-Programme allgemein als Sammlung von logischen Regeln (Implikationen) auf, so stellt sich doch immer noch die Frage nach der Interpretation dieser Regeln[37] (sogenannter logischer *Constraints*—vgl. [1, 176, 185, 207]): Handelt es sich bei ihnen um

- *Restriktionen*, die den Status bestimmter Aussagen implizit charakterisieren, oder um

---

[37]Schon hier wird übrigens die unterschiedliche Auffassung des klassischen und intuitionistischen Logikers von der Implikation deutlich—wir kommen auf diesen Punkt in Kapitel 5 zurück.

- *Vereinbarungen*, wonach bei Kenntnis des Status bestimmter Aussagen der Status davon abhängiger Aussagen zu explizieren[38] ist?

Logik-Programmierung läßt sich somit auch verstehen als Realisierung von Strategien zur Propagierung und Aufrechterhaltung von Constraints. Für diese Propagierung sind verschiedene Strategien möglich (vgl. [132]): Die Propagierung kann

- unmittelbar nach einer Änderung des Kenntnisstandes über den Status von Aussagen erfolgen oder

- solange verzögert werden, bis man sich für den Status einer von der Propagierung betroffenen Aussage interessiert.

Zusätzlich besteht natürlich die Möglichkeit, die Propagierung noch von anderen Kriterien abhängig zu machen (sog. *opportunistische Propagierung*). Unabhängig davon hat man außerdem die Wahl, ob der Status abhängiger Aussagen überhaupt berechnet werden soll oder ob deren Status nur bei Bedarf neu abzuleiten ist (sog. *verzögerte Propagierung*).

Zwischen den Alternativen bzgl. des Zeitpunktes der Propagierung und den Begriffen FWD- bzw. SLD-Ableitbarkeit besteht offensichtlich eine enge Beziehung. Letztere charakterisiert die Richtung, entlang der eine Kette von Schlußfolgerungen verfolgt wird: Unmittelbare Propagierung erzwingt Vorwärtsverkettung wie bei FWD-Ableitungen, während die (Neu-) Berechnung abgeleiteter Daten eine Form von Rückwärtsverkettung wie bei SLD-Ableitungen bedingt.

Diese eben getroffenen Unterscheidungen werden besonders bei unserem Versuch der Unterstützung von deduktiven Datenbanken durch Reason-Maintenance Systeme von Nutzen sein, da erstere vorwiegend auf der Grundlage von SLD-Beweisern, letztere aber auf der von FWD-Beweisern realisiert sind.

4.4   Berechenbarkeitsaspekte

Die vorausgehende Präsentation und Analyse verschiedener Beweisalgorithmen für Hornklausellogik hat vielleicht den Eindruck erweckt, als ob die doch recht starke Beschränkung auf Hornklauseln eines der Grundprobleme mit allgemeiner Resolution entschärft hätte—die lediglich partielle Entscheidbarkeit der Ableitbarkeitsrelation[39]. Das folgende Resultat macht jedoch eine gegenteilige Aussage:

Theorem 4.6 *Es gibt Logik-Programme P, deren kleinstes Herbrand-Modell $M(P)$ unentscheidbar ist.*

Wir werden den Beweis dieser Aussage durch Reduktion auf Halbgruppen mit unentscheidbarem Wortproblem führen. Zu diesem Zweck konstruieren wir für jede

---

[38]Ein Vorgang, der in der Literatur über Constraints meist *Propagierung* genannt wird.

[39]Für nicht-reine Logik-Programme—etwa solche, in denen Operatoren wie **ASSERT** und **RETRACT** zum Einsatz kommen—ist die "Ableitbarkeitsrelation" trivialerweise unentscheidbar.

Halbgruppe H einer bestimmten Klasse $\mathcal{K}$ von Halbgruppen ein Logik-Programm P_H, das das Wortproblem für H zu entscheiden versucht. Da $\mathcal{K}$ auch Halbgruppen mit unentscheidbarem Wortproblem enthält, haben die zugehörigen Logik-Programme ein unentscheidbares kleinstes Herbrand-Modell.

Zur Beschreibung der Klasse $\mathcal{K}$ erweitern wir zunächst unser Begriffsrepertoire:

Definition 4.11 *Die von den* Erzeugenden

$$\Sigma = \{a_1, \ldots, a_n\}$$

und den k "Relationen"

$$\{(w_i, w_i') \in \Sigma^+ \times \Sigma^+ \mid 1 \le i \le k\}$$

definierte Halbgruppe H ist der Quotient der freien Halbgruppe Σ^+ über dem Alphabet Σ nach der folgendermaßen definierten Kongruenz $\approx$:

$$g \sim h \ gdw. \quad \text{es existieren } u, v \in \Sigma^* \text{ und } 1 \le i \le k \text{ mit}$$
$$g = uw_i v \text{ und } h = uw_i' v$$
$$\approx \text{ ist reflexiver und transitiver Abschluß von } \sim.$$

Wir schreiben dies als $H = \Sigma^+ / \approx$.

Die Relation $\approx$ ist offensichtlich eine Äquivalenzrelation auf Σ, ja sogar Kongruenz, denn es gilt:

$$\text{wenn } g_i \approx h_i \text{ für } (i = 1, 2), \text{ dann } g_1 g_2 \approx h_1 h_2$$

Deswegen läßt sich auf der Menge $\{[g] \mid g \in \Sigma^+\}$ der Äquivalenzklassen von $\approx$ eine assoziative Operation $\circ$ definieren, mit:

$$[g] \circ [h] := [gh]$$

Das *Wortproblem* für die so definierte Halbgruppe $H = \Sigma^+ / \approx$ ist dann die Frage, ob es ein algorithmisches Verfahren gibt, das für zwei beliebig vorgelegte Wörter $v, w \in \Sigma^+$ entscheiden kann, ob gilt

$$[v] = [w],$$

ob also zwei Wörter in H das gleiche Halbgruppenelement beschreiben.

Wir schicken uns nun an, dieses Problem als Logik-Programm zu formulieren:

$$
\begin{array}{ll}
R((x_1 x_2)x_3, x_1(x_2 x_3)) & \text{(Assoziativität)} \\
R(x, x) & \text{(Reflexivität)} \\
R(x_2, x_1) \leftarrow R(x_1, x_2) & \text{(Symmetrie)} \\
R(x_1, x_3) \leftarrow R(x_1, x_2), R(x_2, x_3) & \text{(Transitivität)} \\
R(x_1 x_3, x_2 x_3) \leftarrow R(x_1, x_2) & \text{(Rechtskongruenz)} \\
R(x_3 x_1, x_3 x_2) \leftarrow R(x_1, x_2) & \text{(Linkskongruenz)}
\end{array}
$$

Damit haben wir also R zur Kongruenz bezüglich Konkatenation erklärt. Es
bleibt nur noch, die Erzeugenden und die Relationen zu kodieren:

$$\text{für jedes } (w_i, w_i') \text{ mit } (1 \leq i \leq k) \text{ sei } R(t_{w_i}, t_{w_i'}),$$

wobei für $g = a_{i_1} \ldots a_{i_m} \in \Sigma^+$ die Abkürzung

$$t_g := a_{i_1}(a_{i_2}(\ldots(a_{i_{m-1}} a_{i_m})))$$

vereinbart sei.

Lesen wir $\vdash$ wahlweise als SLD- oder FWD-Ableitbarkeit, so gilt aufgrund
der Konstruktion von R für $h, g \in \Sigma^+$

$$\text{falls } P_H \vdash R(t_h, t_g), \text{ dann } h \approx g$$

und die umgekehrte Aussage—wie man leicht sieht—wegen

$$\text{falls } h \sim g, \text{ dann } P_H \vdash R(t_h, t_g)$$

Wir haben demnach:

$$P_H \vdash R(t_h, t_g) \quad \text{gdw.} \quad h \approx g$$

Ist H also eine Halbgruppe mit unentscheidbarem Wortproblem, so ist das kleinste Herbrand-Modell $M(P_H)$ von P_H auch nicht entscheidbar[40].

Die Unentscheidbarkeitseigenschaft von Logik-Programmen gilt natürlich unabhängig davon, welche Suchstrategie eingesetzt wird. Neben der zuerst von
Tärnlund (in [188]) bewiesenen Aussage, wonach sich in Hornklausellogik genau die von Turing-Maschinen berechenbaren Funktionen formulieren lassen, ist
dies folglich ein weiterer Beleg dafür, daß die Rede von Logik-*Programmierung*
wirklich gerechtfertigt ist.

---

[40]Zusammen mit einigen trivialen Beobachtungen an Systemen 1. Ordnung lassen sich diese
Überlegungen übrigens auch zum Nachweis der allgemeinen Unentscheidbarkeit der logischen
Gültigkeit beliebiger prädikatenlogischer Formeln einsetzen (vgl. [183]).

Kapitel 5

Die Grenzen der Ausdruckskraft

Wir sind im vorausgegangenen Kapitel auf grundsätzliche Grenzen der Ausdruckskraft von Logik-Programmiersprachen wie etwa PROLOG gestoßen. Obgleich diese Grenzen auf den ersten Blick (vor allem im Hinblick auf die Eignung von PROLOG als Programmiersprache der 5. Generation) ernüchternd wirken, eröffnen sie doch auf den zweiten überraschende Perspektiven—sie weisen nämlich auf den an sich konstruktiven Charakter der Basiskonstrukte von PROLOG hin.

Geführt von dieser konstruktiven Idee werden wir deshalb in diesem Kapitel

- über Variationen von Sprache und Schlußregeln (konstruktiv und klassisch) von PROLOG die *Ausdruckskraft* dieser Logik-Programmiersprache genauer eingrenzen,

- auf konstruktivistisch nicht vertretbare PROLOG-Konstrukte hinweisen und

- den Zusammenhang zwischen dem *PROLOG-Negator* und der *Closed World Assumption* näher beleuchten.

Mit den so gewonnenen Erkenntnissen soll dann abschließend der Weg zu einer eigenen, RMS-unterstützten konzeptionellen Erweiterung von Logik-Programmiersprachen des PROLOG-Typs gebahnt werden.

5.1 Konstruktivistische Aspekte

Anfang des 20. Jahrhunderts führte das Auftreten logischer und semantischer Antinomien zu einer schweren Grundlagenkrise der Mathematik. Der in der gerade "wiederentdeckten" Begriffsschrift Freges (erneut abgedruckt etwa in [14] S. 82–111) unternommene Versuch einer logischen Begründung der Arithmetik war mit dem Auftauchen der Russellschen Antinomie schwer erschüttert worden. Allein der Glaube an das Prinzip des *tertium non datur* genügte bereits, vermöge des zweiten allgemein anerkannten Prinzips *ex contradictione quodlibet* jede die Mengenlehre umfassende Theorie wertlos zu machen. Das Fundament der klassischen Mengenlehre und damit das derzeit vorherrschende Verständnis von Logik war in Frage gestellt.

Bis heute wurden eigentlich keine restlos befriedigenden Antworten auf die durch das Auftauchen dieser Anomalien ausgelösten Fragen nach den Grundlagen von Logik und Mathematik gefunden. Trotzdem lassen sich in der Auseinandersetzung um diese Fragen (mit Kutschera in [105]) etwa drei Lösungsansätze erkennen, von denen wir zumindest die beiden ersten auch für den Bereich der Logik-Programmierung erproben werden:

1. Die Sprache der formalen Systeme wird so eingeschränkt, daß sich Antinomien nicht mehr formulieren lassen.

2. Das Prinzip des *tertium non datur* ($A \vee \neg A$) wird aufgegeben.

3. Das *Komprehensionsprinzip*, wonach jede Eigenschaft einen Umfang hat, wird fallengelassen.

Um die Zeit, in der Russell seine Ergebnisse veröffentlichte, enstand auch Hilberts Programm (vgl. [14] S. 395–396). Hilbert schlug darin als Ausweg aus der durch die Antinomien geschaffenen Situation eine Beschränkung formalen Schließens auf endliche Objekte vor. Deshalb war zum Beispiel Heyting der Ansicht, ein derart diszipliniertes Vorgehen würde die alte Kluft zwischen Formalisten (vertreten etwa durch Hilbert) und Intuitionisten (wie Brouwer) aufheben. Endliche Argumente führen schließlich immer zu konstruktiven Beweisen, bei denen die Objekte mit den ihnen zugeschriebenen Eigenschaften auch konstruiert werden! Extrem vereinfacht läßt sich Hilberts "Finitismus" also durch die folgende "Gleichung" umreißen:

Intuitionistische = inhaltlich finite = "eigentliche" Mathematik

Ein Axiomensystem (etwa die Peano-Arithmetik) durfte demzufolge erst dann unbesorgt verwendet werden, wenn seine *Konsistenz* endlich nachgewiesen war, wenn also *bewiesen* war, daß in dem fraglichen Axiomensystem prinzipiell kein Widerspruch bewiesen werden *kann*. Nachdem diese Konsistenzbeweise selbst mit ausschließlich endlichen Mitteln durchzuführen waren, konnten sie nur in seltenen Fällen *modelltheoretisch* (d.h. durch die Angabe von Interpretationen, die das betreffende Axiomensystem erfüllen) geführt werden. So ist diese Methode z.B. für die ganze reelle Analysis unanwendbar, da reelle Zahlen (als Dedekindsche Schnitte bzw. Cauchy-Folgen) inhärent unendliche Objekte sind. Aber auch für den Bereich der Logik ergaben sich Probleme, da dort modelltheoretische Beweise immer schon mit dem Prinzip des *tertium non datur* (in gewisser Weise ebenfalls die Behauptung der Existenz einer unendlichen Gesamtheit mit bestimmten Eigenschaften!) verknüpft waren.

Es blieb also nur der Weg, Konsistenz mit Hilfe finiter "Konstruktionen", finiten Beweisen über finiten Objekten (wie die Beweise selbst) zu führen—eine Voraussetzung, unter der Hilbert sogar bereit war (siehe [14] S. 294–295), *transfinite* Systeme zu akzeptieren—wenn nur finite Konsistenzbeweise für sie existierten[1]!

---

[1] Für eine Diskussion der sich hieraus ergebenden Problematik siehe [173] und [11].

Die Forderung nach finiter Konsistenz wird umso bedeutsamer, wenn wir—wie etwa im Bereich der Logik-Programmierung—Maschinen das Ziehen von Schlüssen übertragen wollen. Der Verzicht auf transfinite Elemente ist dann nicht nur *philosophisch ratsam*, sondern *technisch zwingend*. Erschwerend kommt hinzu, daß hier Theorien (in Form von Logik-Programmen) häufiger Änderungen ausgesetzt sind und damit eine (maschinendurchführbare und demnach inhärent finite) Konsistenzsicherung noch wichtiger ist, als bei so statischen Axiomensystemen wie dem der Peano-Arithmetik.

Der hohe Grad an Determiniertheit und die Einfachheit des SLD-Verfahrens, mit dem Logik-Programme verarbeitet werden, legen eigentlich schon die Vermutung nahe, daß dieses Verfahren von grundsätzlich konstruktivem Charakter ist. Diese Vermutung wird noch verstärkt durch die Beobachtung, daß ausgerechnet die klassische Negation und Disjunktion logischer Aussagen nicht in Logik-Programmen nachvollziehbar sind, die logischen Operatoren also in einem höheren Maße voneinander unabhängig sind, als man das von der klassischen Prädikatenlogik her gewöhnt ist. Andererseits weist die der Verarbeitung zugrundeliegende Technik der *reductio ad absurdum* in die gegensätzliche Richtung, da sie zwar vom klassischen Standpunkt aus akzeptabel, vom konstruktivistischen jedoch unannehmbar ist—schließlich liefert diese Technik ja nicht in jedem Falle einen Kandidaten, der als Entscheidungsgrundlage für die Frage nach der Gültigkeit einer vorgelegten logischen Aussage dienen könnte.

Wo exakt verlaufen also die Grenzen der Ausdruckskraft von Logik-Programmen? Blicken wir noch einmal auf unsere Ausführungen zur linearen Resolution—speziell die zugehörigen Korrektheits- und Vollständigkeitsergebnisse—zurück, so wird doch sofort klar:

- Alles, was sich in PROLOG ausdrücken läßt, ist klassisch-logisch ebenfalls ausdrückbar, und

- jeder Beweis, den ein PROLOG-Interpreter über einem Logik-Programm führen kann, ist klassisch-logisch nachvollziehbar,

und zwar jeweils eins-zu-eins! Interpretiert man demnach die in PROLOG verwendeten logischen Konnektive auf die gewohnte klassische Weise, so bewegt man sich mit der PROLOG-Beweisprozedur offensichtlich in klassisch-logischen Gefilden.

Verwirrung ensteht erst dann, wenn man analog versucht, die klassische Negation[2] mit einem entsprechenden *elementaren* Konnektiv zu behandeln. Die Sprache, die man so erhalten würde (also allgemeine Klausellogik), ist ja—wie wir bereits gesehen haben—nicht mehr mit dem für Logik-Programmiersprachen typischen, effizienten linearen Beweisverfahren behandelbar[3].

---

[2]und damit—aufgrund der funktionalen Vollständigkeit von klassischer Negation und Konjunktion—auch die klassische Disjunktion...

[3]Das heißt übrigens noch lange nicht, daß der klassische Negationsoperator nicht semantisch realisierbar ist—schließlich läßt sich in Hornklausellogik jede beliebige partiell-rekursive Funktion berechnen und somit auch ein korrekter und vollständiger Theorembeweiser für allgemeine Klausellogik *simulieren*!

Unsere Ausgangsfrage war folglich noch nicht präzise genug. Statt allgemein nach der Ausdruckskraft von PROLOG-artigen Sprachen zu fragen, sollte besser danach gefragt werden, wo die Grenzen des effizienten und deswegen angestrebten PROLOG-artigen *Verarbeitungsmodells* liegen. Wir wollen also eine Art Stetigkeitsuntersuchung durchführen:

> Wie weit kann man die Ausdruckskraft logischer Sprachen treiben, ohne allzuviel an dem Verarbeitungsmodell lineare Resolution zu ändern und ohne sich—wie bei den meisten nicht-prozeduralen Erweiterungen von PROLOG geschehen—"logisch die Hände schmutzig"zu machen?

Wir hatten bereits in Abschnitt 2.4 ausgeführt, daß die Verarbeitung eines Logik-Programms zwei Anforderungen zu genügen hat:

1. die Unverträglichkeit des Negats einer vorgelegten Aussage mit dem Logik-Programm nachzuweisen *(reductio ad absurdum)* und

2. im Erfolgsfall korrekte Variablensubstitutionen für die freien Variablen dieser Aussage zu liefern.

Beweise produzieren somit also immer Grundinstanzen, die als *Zeugen* für die Gültigkeit der Aussage relativ zur vorgelegten Theorie (dem Logik-Programm) aufgefaßt werden können. Diese Eigenschaft allein macht einen SLD-Beweiser natürlich noch nicht zu einem "konstruktiv"[4] vorgehenden Beweiser. Letzteres wird erst durch die Einschränkung der Sprache von allgemeiner Klausellogik auf Hornklausellogik erreicht. So dürfen

- Disjunktionen und

- existentiell quantifizierte Variablen

nur in Klauselrümpfen auftreten und sind somit konstruktiv vertretbar. Durch die Abarbeitung solcher Klauseln können schließlich nur wieder definite Sachverhalte (teilinstantiierte Literale und Konjunktionen solcher Literale) erschlossen werden, da

- Disjunktionen in Klauselrümpfen eliminierbar sind[5] und

- (klauselrumpf-) lokal existentiell gebundene Variablen erst instantiiert sein müssen, bevor ein Übergang zum Klauselkopf erlaubt ist.

Diese konstruktive Sicht definiter Klauseln läßt sich bei diszipliniertem Vorgehen auch auf Hornklauseln übertragen. Ein *diszipliniertes Vorgehen* ist dabei folgendermaßen charakterisiert:

---

[4]konstruktiv im Sinne der Intuitionisten...
[5]Ein entsprechendes "Verfahren" haben wir bereits in Abschnitt 4.2.3 angegeben.

- Die Verwendung nicht-logischer Operatoren (etwa des CUT-Operators) ist unzulässig[6].

- Negationen sind nur in Anfragen erlaubt. Sie haben lediglich rhetorischen Charakter und dienen ausschließlich der Aktivierung von Beweisversuchen.

Damit haben also negative Aussagen nicht denselben Status wie positive. Ihr Ausschluß aus Logik-Programmen gestattet eine aus dem Konstruktivismus bekannte Interpretation von *Wahrheit als Beweisbarkeit* (vgl. [19]).

Eine konstruktive Interpretation der Logik-Programmierung bedingt nicht schon eine klassische Interpretation der Konnektive *Negation* und *Disjunktion*. Ihr Vorhandensein in einer negativen Hornklausel $\neg Q$ der Form

$$\forall x, y, \ldots (\neg Q_1 \vee \ldots \vee \neg Q_n)$$

weist lediglich dem SLD-Beweiser von PROLOG den Weg der Widerlegung, d.h. wie die zugehörige Anfrage Q

$$\exists x, y, \ldots (Q_1 \wedge \ldots \wedge Q_n)$$

bewiesen werden kann, indem für jedes Teilziel der Anfrage eine eigene *reductio ad absurdum* angestoßen wird.

Die PROLOG zugrundeliegende Logik kann also konstruktiv als eine Klausellogik verstanden werden, bei der

- Negation und Disjunktion ausgeschlossen, jedoch

- der (klassische) Schlußmechanismus (Resolution) beibehalten

wurden.

Entscheidend für die Zulässigkeit dieser konstruktiven Interpretation ist dabei, daß während der Propagierung negativer Klauseln zu den Fakten[7] Variableninstanzen bestimmt werden. Das nach konstruktivem Verständnis in seiner Anwendung auf allgemeine Klausellogik abzulehnende Beweisverfahren der *reductio ad absurdum*, wonach aus

$$P \cup \{\neg \exists x\, P(x)\} \models \Box,$$

schon

$$P \models \exists x\, P(x)$$

folgt[8], bereitet jedoch nach der syntaktischen Einschränkung auf Hornklauseln— bei diszipliniertem Vorgehen des Beweisers—keine Probleme mehr[9]. Wir sehen

---

[6]Damit wird also insbesondere die PROLOG-Variante von *Negation as Failure* ausgeschlossen.

[7]oder äquivalent: begleitend zur Teilzielzerlegung bis auf das triviale Ziel...

[8]Lediglich der Umkehrsatz ist auch konstruktiv akzeptabel.

[9]Dies wird auch dadurch belegt, daß wir—wie in Abschnitt 4.3.3 vorgeführt—SLD-Beweise *effektiv* in konstruktiv vertretbare FWD-Beweise übersetzen konnten.

hier also den ersten der von Kutschera genannten Wege zur Vermeidung von Antinomien vor uns—ein Weg, der unserer Ansicht nach jedoch eher zufällig durch
den Wunsch nach einer effizienten Klauselverarbeitung eingeschlagen wurde.

Für PROLOG trifft demnach der Ausspruch von Niels Bohr

> "...man kann schmutzige Gläser mit schmutzigem Wasser und
> schmutzigen Tüchern säubern..."

zu. Dieses Resultat ist an sich gar nicht so verwunderlich, wenn man Heytings Axiomatisierung der konstruktiven[10] Logik (z.B. in [92]) betrachtet—auch
er macht sich ja *klassische* Schlußmechanismen zu Nutze, die mit *konstruktiv*
geeignet restringierten logischen Axiomen arbeiten.

Als Zwischenstand können wir also festhalten, daß (rein deklarativer!) Logik-
Programmierung eine von Natur aus konstruktive Logik definiter Klauseln zugrundeliegt, in der analytisch geschlossen wird, und zwar unter Berücksichtigung
der Klauselreihenfolge, und so, daß immer zuerst die Vorbedingungen einer Klausel untersucht werden, bevor eine andere Klausel zu Rate gezogen wird. Dabei
werden konkrete Objekte erzeugt, die als Zeugen für die behaupteten Aussagen
gelten können. Ob Logik-Programme hierfür vorwärts oder rückwärts abgearbeitet werden, ist offenbar unerheblich.

Für eine abschließende Würdigung der Logik-Programmierung bleibt noch
die Frage zu beantworten, welche Teilklasse der in konstruktiver Prädikatenlogik
formulier- und beweisbaren Aussagen von herkömmlichen Logik-Programmiersprachen erfaßt wird—schon allein deshalb, weil in Hornklausellogik bereits drei
der von Moore (in [130]) geforderten konstitutiven Eigenschaften von Repräsentationssystemen unerfüllbar sind:

- Die Disjunktion $P \vee Q$ zweier Aussagen P und Q kann nicht zugesichert
  werden, ohne daß *vorher* mindestens eine der Teilaussagen erhärtet wurde.

- Es ist weder das Negat $\neg P$ einer Aussage P zusicherbar, noch der Sachverhalt, daß P nicht zusicherbar ist.

- Existentiell quantifizierte Aussagen sind nicht zusicherbar ohne daß *vorher*
  ein Zeuge für die Aussage gefunden wurde.

Die Betrachtung eines vollständigen konstruktiven Logik-Kalküls—Lorenzens
Dialogische Logik—wird uns bei dieser Suche nach Zeugen dienlich sein.

5.2　Dialogische Logik und Logik-Programmierung

Die Motivation für die Entwicklung einer dialogischen Logik war wohl nicht so
sehr der Wunsch, lediglich eine neue Kalkül-Variante der Logik zu entwerfen.

---

[10]Wir verwenden vorläufig noch die Begriffe *Konstruktivismus* und *Intuitionismus* auf die
gleiche Weise.

Vielmehr wollte man eigentlich ein neuartiges Verfahren zur *Rechtfertigung* der Logik (intuitionistischen Logik[11]) angeben, das insbesondere den Anfechtungen durch die Antinomien standhalten sollte.

Die von Lorenzen aus seiner (etwa in [112] dargestellten) Operativen Logik entwickelte Semantik (vgl. Lorenzen in [114] S. 1–16 und vor allem [113]) orientierte sich an der Überzeugung der Intuitionisten, daß die platonische Vorstellung, wonach allen Sätzen ein Wahrheitswert an sich zukommt, überholt war. An die Stelle der alten Semantik der Wahrheitswerte sollte nun eine Beweis- oder *Begründungssemantik* treten[12]:

> Die Bedeutung eines Zeichens wird dadurch festgelegt, daß man angibt, was als Begründung für eine Aussage gelten soll, in der dieses Zeichen als logisches Hauptzeichen[13] auftritt.

Als (spieltheoretisches) Modell für diese begründungssemantische Methode boten sich die sogenannten *Dialogspiele* an:

> Die Bedeutung eines Zeichens wird festgelegt dadurch, daß man spezifiziert, wie ein von einem Dialogpartner behaupteter Satz, der das logische Zeichen als Hauptzeichen enthält, durch diesen Spieler zu verteidigen ist, nachdem die Behauptung durch den Dialogpartner angegriffen wurde.

Die die klassischen Logiken durchdringende Idee der (*a priorischen*) Wahrheitsdefinitheit von Aussagen wird also zugunsten einer (*jeweils herzustellenden!*) Dialogdefinitheit aufgegeben. Dieses Vorgehen liegt vor allem dann nahe, wenn man es—wie bei den meisten KI-Problemen—mit Situationen zu tun hat, die momentan nur *partiell* beschreibbar sind. In solchen Situationen will man ja gerade die Festlegung des Wahrheitsgehalts der fraglichen Aussagen bis zum Vorliegen neuer, ergänzender Information hinausschieben—ganz davon abgesehen, daß man schon bei der Festlegung des Wahrheitsbegriffes dem Umstand gerecht werden möchte, daß über den Wahrheitswert bestimmter Aussagen überhaupt keine Gewißheit erlangbar ist!

Zur Betonung der am Konzept des Dialoges ausgerichteten (insofern eigenständigen) Fundierung der intuitionistischen Logik spricht Lorenzen von *konstruktiver* statt von *intuitionistischer* Logik—ein Sprachgebrauch, dem wir uns hier ebenfalls anschließen.

5.2.1 Grundbegriffe der Dialogischen Logik

Zur Notation von Dialogen vereinbaren wir, daß die Konstanten P bzw. Q für die beiden Dialogpartner Proponent bzw. Opponent stehen, die Symbole X und Y Variablen für P und Q mit $X \neq Y$ darstellen und die Form

---

[11]Für eine ausführliche Behandlung intuitionistischer Logiken konsultiere man Curry in [43].

[12]Lorenzen beschritt damit also den zweiten der von Kutschera beschriebenen Wege zur Vermeidung von Antinomien.

[13]d.h. als ein logisches Konnektiv oder als Quantor...

$$X\mathcal{E}$$

abkürzend für den Sachverhalt

$$X \text{ äußert } \mathcal{E}$$

stehen soll. Die Angriffs- bzw. Verteidigungsregeln für die vier propositionalen Konnektive und die beiden Quantoren lassen sich dann wie folgt zusammenfassen:

log. Zeichen	Zusicherung	Angriff	Verteidigung	Kommentar
$\wedge$	$Xw_1 \wedge w_2$	$Y\wedge_i$	Xw_i	Y wählt $i \in \{1,2\}$
$\vee$	$Xw_1 \vee w_2$	$Y\vee$	Xw_i	X wählt $i \in \{1,2\}$
$\rightarrow$	$Xw_1 \rightarrow w_2$	Yw_1	Xw_2	
$\neg$	$X\neg w$	Yw	keine	
$\forall$	$X\forall xw$	$Yt!$	$Xw[t]$	Y wählt Term t
$\exists$	$X\exists xw$	$Y\exists?$	$Xw[t]$	X wählt Term t

Es läßt sich beobachten, daß die Dialogpartner nicht nur prädikatenlogische Ausdrücke *(Zusicherungen)*, sondern auch andere Formen *(symbolische Angriffe)* austauschen. Als Oberbegriff für beide Formen verwenden wir den Begriff *Ausdruck*, die Ausdrucksmenge selbst symbolisieren wir mit $\mathcal{A}$.

Der Proponent behauptet die logische Gültigkeit einer Aussage begründen zu können, sein Gegner, der Opponent, versucht das zu verhindern. Der zugehörige Dialog läuft nach strengen Regeln ab. Sein Verlauf wird im wesentlichen dadurch bestimmt, wann und wie die Kontrahenten auf Angriffe des Partners reagieren, ob sie mit Angriff oder Verteidigung auf Züge antworten und außerdem davon, welche Wahl sie beim Vorliegen mehrerer Reaktionsmöglichkeiten treffen:

Definition 5.1 *Ein* Dialog *hat zwei Bestandteile:*

1. *eine Folge* $\mathcal{D} : I\!N \longrightarrow \mathcal{A}$, *die* Dialogpositionen *Ausdrücke (Züge) zuordnet, und*

2. *eine* Kennzeichnungsfunktion[14] $\eta : I\!N - \{0\} \longrightarrow I\!N \times \{A, D\}$ *zu* $\mathcal{D}$, *mit*

$$\eta(n) = [m, V], \quad V \in \{A, D\} \quad \Longrightarrow \quad m < n,$$

zur näheren Erläuterung dieser Ausdrücke.

Die Angabe der Kennzeichnungsfunktion ist nötig, damit der Opponent bzw. Proponent seinem Dialogpartner signalisieren kann, auf welches der durch die Anfangsbehauptung des Proponenten ausgelösten Argumente er wie eingeht, d.h. auf welche *Dialogposition* (spezifiziert durch eine natürliche Zahl) sich sein Angriff oder seine Verteidigung bezieht.

Dialoge unterliegen den folgenden grundsätzlichen Bedingungen:

1. Der Proponent P beginnt den Dialog mit einer zusammengesetzten Zusicherung.

---

[14]A bzw. D stehen jeweils symbolisch für *attack* bzw. *defense*.

2. Die Dialogpartner wechseln sich in ihren Spielzügen gegenseitig ab.

3. Angriffe und Verteidigungen dürfen sich nur auf vorausgegangene Ausdrücke beziehen und haben sich an die oben genannten Argumentationsregeln zu halten.

Ergänzt werden diese Bestimmungen durch sogenannte *Rahmenregeln*, die festlegen, unter welchen Umständen und wie oft Angriffe oder Verteidigungen erfolgen dürfen:

4. Sind bei einer vorgegebenen Position noch mehrere vorausgegangene Angriffe des Dialogpartners offen, d.h. unbeantwortet, so hat man sich zuerst gegen den zuletzt erfolgten Angriff zu verteidigen.

5. Ein Angriff darf vom jeweiligen Dialogpartner höchstens einmal mit einer Verteidigung beantwortet werden.

6. Eine Zusicherung des Proponenten darf vom Opponenten höchstens einmal angegriffen werden.

7. Der Proponent darf eine atomare Formel erst dann äußern, wenn sie der Opponent bereits (für ihn) in den Dialog eingebracht hat.

So wird einerseits erreicht, daß die Dialogpartner nur solche Argumente austauschen, die für den Fortgang der Auseinandersetzung relevant sind (also insbesondere keine ungesicherten Argumente in die Diskussion einbringen), und andererseits ökonomisch argumentieren. Schließlich wird die zuletzt genannte Forderung erhoben, weil sich der Proponent mit seinem Gültigkeitsanspruch—abgesehen von einem prädiskursiven Konsens—auf keine inhaltlichen Kenntnisse stützen soll, dem Opponenten dagegen die Möglichkeit von materialem Wissen zugestanden wird.

Neben den zu den logischen Zeichen gehörenden Angriffs- und Verteidigungsregeln und den den Spielverlauf steuernden Rahmenregeln ist natürlich noch jene Bedingung zu präzisieren, die das Spielziel und damit Spielende charakterisiert, nämlich das Vorliegen einer *Gewinnstellung*:

Definition 5.2 *Ein Dialog gilt als vom Proponenten gewonnen, wenn er*

- *mit einem Zug des Proponenten endet und*

- *der Opponent ohne Verletzung der Regeln keinen weiteren Zug machen kann.*

Offensichtlich gilt dann:

- Der Dialog endet in einer atomaren Zusicherung des Proponenten.

- Jeder Angriff des Proponenten auf eine vom Opponenten aufgestellte Hypothese wurde vom Opponenten genau einmal beantwortet.

- Jede vom Proponenten erfolgte Zusicherung wurde vom Opponenten genau einmal angegriffen und erfolgreich verteidigt.

Von besonderem Interesse sind nun natürlich solche Aussagen, die dem Proponenten schon von vorneherein einen Gewinn garantieren:

Definition 5.3 *Der Proponent verfügt über eine* Gewinnstrategie *für eine Aussage, wenn er—unter Berücksichtigung aller Wahlmöglichkeiten des Opponenten—mit seinen eigenen Zügen sicherstellen kann, daß nur solche Dialoge um diese Aussage stattfinden, die für ihn gewonnene Dialoge sind.*

Solche Aussagen haben folglich den Status *logischer Gesetze*—sie sind Konsequenz der Vereinbarungen, die Proponent und Opponent getroffen haben.

Für eine ökonomische und vor allem übersichtlichere Darstellung von Strategien wird die Gesamtheit der um eine Aussage führbaren Dialoge nicht als Menge von Dialogen (also von Folgenpaaren im oben geschilderten Sinne), sondern als markierter *Dialogbaum* dargestellt, in dem Dialoge mit gleichen Anfangssegmenten gemeinsame Wurzelpfade besitzen. Der beweisbaren Aussage in herkömmlichen Logiken entspricht dann der gewinnbare Dialog um eine Ausssage oder (formal ausgedrückt) ein Dialogbaum, der eine Gewinnstrategie darstellt—bei dem folglich maximale (d.h. in einem Blatt endende) Wurzelpfade von P gewonnene Dialoge repräsentieren.

Das geschilderte Vorgehen legt eine *spieltheoretische Semantik* nahe (vgl. Lorenz in [114]), bei der der Begriff der *logischen Gültigkeit* einer Aussage auf die *Existenz einer Gewinnstrategie* für diese Aussage zurückgeführt wird. Tatsächlich gilt das folgende—etwa von Lorenzen in [113] ausgeführte—Theorem:

Theorem 5.1 (Lorenzen) *Jeder im (intuitionistischen) Sequenzenkalkül LJ von Gentzen durchführbare Beweis zu einer Formel F läßt sich effektiv in einen gewonnenen Dialog um F überführen und umgekehrt.*

Diese Aussage[15] bleibt darüber hinaus gültig, wenn man die Freiheit des Opponenten noch durch die folgende weitere Rahmenregel einschränkt (man vgl. hierzu die Ausführungen von Felscher in [68]):

8. Der Opponent darf nur auf unmittelbar vorausgehende Äußerungen des Proponenten reagieren.

5.2.2   Dialogische Logik versus SLD-Resolution

Wir wollen nun den Begriffsapparat der Dialogischen Logik einsetzen, um zu einem tieferen Verständnis PROLOG-artiger Verarbeitungsmechanismen zu gelangen. Als erstes Beispiel betrachten wir hierfür das folgende Logik-Programm T:

---

[15]Für eine ausführliche Darstellung von Gentzens Kalkül LJ vgl. [43].

$$\begin{aligned}&\text{i)}\quad r(a)\\&\text{ii)}\quad \forall x[p(x)\leftarrow q(x),r(x)]\\&\text{iii)}\quad q(a)\\&\text{iv)}\quad q(b)\end{aligned}$$

Eine SLD-Widerlegung zu $p(a)$ kann dann etwa wie folgt vor sich gehen:

$$(\leftarrow p(a))\xrightarrow{ii}(\leftarrow q(a),r(a))\xrightarrow{iii}(\leftarrow r(a))\xrightarrow{i}\square$$

Für ein Nachvollziehen dieses Vorgehens mit dialogischen Mitteln bieten sich nun die beiden folgenden prinzipiellen Möglichkeiten:

- Proponent und Opponent einigen sich vor Beginn ihrer Auseinandersetzung um die Formel $p(a)$ darauf, die durch das Logik-Programm gesetzten Grundannahmen zu akzeptieren, d.h. sie treffen den *prädiskursiven Konsens T*. Anschließend wird ein Dialog um die Formel $p(a)$ geführt.

- Der Proponent behauptet nicht die Formel $p(a)$, sondern $T \to p(a)$, wobei T jetzt als formale Konjunktion von i) bis iv) aufgefaßt wird:

$$r(a)\wedge\forall x[p(x)\leftarrow q(x),r(x)]\wedge q(a)\wedge q(b)$$

Bei einem Vorgehen nach dem zweiten Ansatz gibt es dann die folgende Dialog-ausprägung[16]:

	Q		**P**	
0.			$T \to p(a)$	
1.	T	[0,A]	$\wedge_{ii}$	[1,A]
2.	$\forall x[p(x)\leftarrow q(x),r(x)]$	[1,D]		

P steht jetzt vor der Aufgabe, eine Wahl für x zu treffen. Die konkrete Gestalt der Ausgangsformel $T \to p(a)$ legt einen Angriff mit $a!$ nahe:

	Q		**P**	
2.			$a!$	[2,A]
3.	$p(a)\leftarrow q(a),r(a)$	[2,D]	$\wedge_i$	[1,A]
4.	$r(a)$	[3,D]	$\wedge_{iii}$	[1,A]
5.	$q(a)$	[4,D]	$q(a)\wedge r(a)$	[3,A]
6.	$p(a)$	[5,D]	$p(a)$	[1,D]

Nachdem der Opponent Q bei diesem Dialog nach jedem Zug des Proponenten nur genau wie gezeigt reagieren kann, hat P eine Gewinnstrategie für die Formel $T \to p(a)$. P hat andererseits bei diesem Beispiel ein besonders leichtes Spiel, da er lediglich eine Grundklausel verteidigt. Etwas komplizierter werden die Verhältnisse, wenn er die allgemeinere Aussage $T \to \exists x p(x)$ vertreten soll—der zugehörige SLD-Baum verzweigt sich dann nach dem ersten Resolutionsschritt

---

[16]In Klauseln verwenden wir im folgenden—in Anlehnung an die übliche Notation—häufig das Komma anstelle des $\wedge$-Zeichens.

$$(\leftarrow p(x)) \xrightarrow{ii} (\leftarrow q(x), r(x))$$

in den erfolgreichen Ast

$$(\leftarrow q(a), r(a)) \xrightarrow{iii} (\leftarrow r(a)) \xrightarrow{i} \square$$

und die Sackgasse

$$(\leftarrow q(b), r(b)) \xrightarrow{iv} (\leftarrow r(b))$$

Ein entsprechender Dialogbaum beginnt somit wie folgt :

	Q		P	
0.			$T \rightarrow \exists x p(x)$	
1.	T	[0,A]	$\wedge_{ii}$	[1,A]
2.	$\forall x[p(x) \leftarrow q(x), r(x)]$	[1,D]		

Auch hier steht P vor der Aufgabe, eine Wahl für x zu treffen. Er muß sich wieder
für einen (beliebigen) Term aus dem Herbrand-Universum von T entscheiden,
also für $x = b$ oder $x = a$. Im ersten Fall kann er die Partie zwar hinauszögern,
hat jedoch keine Gewinnchance:

	Q		P	
2.			$b!$	[2,A]
3.	$p(b) \leftarrow q(b), r(b)$	[2,D]	$q(b) \wedge r(b)$	[3,A]
4.	$\wedge_1$	[3,A]	$\wedge_{iv}$	[1,A]
5.	$q(b)$	[4,D]	$q(b)$	[4,D]
6.	$\wedge_2$	[3,A]	—	

Im zweiten Fall entwickelt sich der Dialog im Prinzip so wie der um die Formel
$p(a)$:

	Q		P	
2.			$a!$	[2,A]
3.	$p(a) \leftarrow q(a), r(a)$	[2,D]	$\wedge_i$	[1,A]
4.	$r(a)$	[3,D]	$\wedge_{iii}$	[1,A]
5.	$q(a)$	[4,D]	$q(a) \wedge r(a)$	[3,A]
6.	$p(a)$	[5,D]	$\exists x p(x)$	[1,D]
7.	$\exists ?$	[6,A]	$p(a)$	[7,D]

Diese Schilderung ist natürlich etwas beschönigend—läßt sie doch völlig offen,
woher der Proponent weiß, mit welchen konkreten Objekten *allquantifizierte* Aussagen des Opponenten am besten anzugreifen sind. Hierfür hat er ja jeweils ein
"passendes" Objekt aus dem zum fraglichen Logik-Programm gehörenden (eventuell infiniten) Herbrand-Universum auszuwählen! Dazu benötigt er jedoch

- entweder eine *explizite* Kenntnis der Extension des Herbrand-Universums
  (um überhaupt erst einen Auswahlbereich zur Verfügung zu haben)

- oder ein Aufzählungsverfahren für das Herbrand-Universum, das dann jedoch mit großer Wahrscheinlichkeit einer effizienten Dialogführung im Wege steht.

Es liegt also nahe, das Dialogspiel um Regeln zu erweitern, die ein Nachvollziehen der aus der SLD-Resolution bekannten *Unifikation* erlauben. Hierzu ist zunächst die zum Allquantor gehörende Argumentationsregel abzuschwächen:

- Setzt X eine Aussage der Form $\forall xw$, so kann diese von Y mit dem Ausdruck $v!$ angegriffen werden. Dabei darf v nur entweder ein (variablenfreier) Term oder eine *neu* eingeführte Variable sein.

- Y kann sich gegen einen derartigen Angriff nur mit dem Ausdruck $w[v]$ verteidigen[17].

Der Angreifer Y einer All-Aussage darf nun bei der Wahl des Terms t nicht nur auf das zum Logik-Programm gehörende Herbrand-Universum zurückgreifen, sondern auch eine neue Variable ins Spiel bringen, von der er selbst versucht, sie in ein konkretes Objekt des Herbrand-Universums zu instantiieren, während sein Gegner X dies zu vereiteln trachtet. Y führt in der betreffenden Situation also lediglich einen "symbolischen" Angriff: Die Entscheidung, wie dieser schließlich konkret aussehen wird, wird auf später verschoben.

X muß in der oben beschriebenen Situation sehen, wie weit er seine Aussage auch ohne Angabe von Grundinstanzen verteidigen kann. Taktik von X wird hierbei natürlich sein, den Gegner Y durch geschickte Gegenangriffe zu immer spezielleren Aussagen über die neu eingeführte Variable zu zwingen. Damit er hierfür eine realistische Chance hat, ist außerdem die folgende Dialogregel zu vereinbaren:

- Setzt einer der Kontrahenten X eine *atomare* Form $w[x]$, die die *freie* Variable x enthält[18], so kann diese von Y durch den Ausdruck $\{x \rightarrow t\}!$ angegriffen werden, falls Y vorher nicht schon selbst $w[x]$ gesetzt hat. Y darf dabei nur solche Terme t wählen, für die X zuvor schon $w[t]$ zugesichert hat.

- Die Partner vereinbaren zusätzlich, *nach* einem solchen Angriff den bestehenden Dialogbaum $\mathcal{D}$ um eine Kopie $\mathcal{D}\rho$ von sich selbst zu erweitern, auf die die Substitution $\rho = \{x \rightarrow t\}$ angewendet wurde[19].

- X hat gegen einen derartigen Angriff keine Verteidigungsmöglichkeit.

---

[17]Ist v eine (neu eingeführte) Variable—also von allen anderen bis dahin erwähnten Variablen verschieden—so können durch die von X durchgeführte Substitution keine zusätzlichen, unerwünschten Bindungen entstanden sein!

[18]Diese Variable kann offensichtlich nur durch die eben genannte Argumentationsregel eingeführt worden sein.

[19]Hierfür genügt offensichtlich schon eine Kopie desjenigen Teilbaumes von $\mathcal{D}$, der durch das Einführen der Variablen x entstanden ist.

Die Kontrahenten stimmen also weiter darin überein, jeden (Teil-) Dialog als
legitim (nach ihren Regeln geführt) anzuerkennen, der aus dem bereits geführten
Dialog durch entsprechende Instantiierungen solcher Variablen hervorgeht.

Das obige Beispiel läßt sich nun ab dem Entscheidungspunkt etwa wie folgt
weiterführen[20]:

$$
\begin{array}{llll|ll}
 & \text{Q} & & & \text{P} & \\
2. & & & & y! & [2,\text{A}] \\
3. & p(y) \leftarrow q(y), r(y) & [2,\text{D}] & & q(y) \wedge r(y) & [3,\text{A}] \\
4. & \wedge_1 & [3,\text{A}] & & ? &
\end{array}
$$

P muß jetzt eine Wahl treffen: Er soll ja den *atomaren* Ausdruck $q(y)$ rechtfertigen, hat dazu aber ohne die folgende Liberalisierung der Rahmenregel 7 keine
Chance:

7'. Der Proponent darf eine atomare Formel F erst dann äußern, wenn

  – der Opponent F bereits in den Dialog eingebracht hat,

  – oder F durch eine Variablensubstitution ρ aus einer Formel F' erhält-
    lich ist, die schon vom Opponenten eingebracht wurde[21].

Im letztgenannten Fall wird dann der Dialogbaum mit einer Kopie von sich
selbst vereinigt, auf die zuvor ρ angewendet wurde.

Die Angemessenheit dieses Vorgehens ist nun folgendermaßen ersichtlich:

- Dadurch, daß sowohl die Argumentationsregeln als auch die Rahmenregel
  7 *liberalisiert* wurden, ist sichergestellt, daß jeder Dialog, der *vor* dieser
  Liberalisierung führbar war auch *danach* unverändert geführt werden kann.

- Die Liberalisierungen sind logisch unbedenklich, da Instanzen von Formeln
  den logischen Status ihrer Ursprungsformeln "erben".

- Der Proponent hat auch aufgrund der veränderten Rahmenregel keine erhöhten Gewinnchancen, da das Ergebnis einer Anwendung von 7' (wegen
  der damit verbundenen Erweiterung des Dialogbaumes) offensichtlich immer schon *ohne* den durch die Liberalisierungen geschaffenen, zusätzlichen
  Handlungsspielraum erreichbar ist.

Diese Beobachtung wird darüber hinaus von den auf Seite 127 beschriebenen
Eigenschaften gestützt, die eine Gewinnsituation beschreiben. Die Klasse der
Formeln, um die der Proponent von ihm gewinnbare Dialoge führen kann, wird
folglich durch die beschriebenen Liberalisierungen nicht verändert.

Doch beobachten wir nun, wie das Beispiel zu Ende geht:

---

[20]y möge eine neue, d.h. bis zu diesem Spielstand noch nicht verwendete Variable bezeichnen.
[21]Offenbar ist der erstgenannte Fall Spezialfall des zweiten. Der Übersichtlichkeit halber ist
er jedoch extra aufgeführt.

$$
\begin{array}{lll}
& \text{Q} & \qquad \text{P} \\
4. & \wedge_1 \quad [3,\text{A}] & \wedge_{iii} \quad [1,\text{A}] \\
5. & q(a) \quad [4,\text{D}] & \{y \to a\}! \quad [4,\text{D}]
\end{array}
$$

Nachdem der Opponent soeben $q(a)$ gesetzt hat, kann der Proponent den Angriff gegen seine in Schritt 3 gesetzte Aussage mit dem Verlangen nach der genannten Variablensubstitution abwehren. Der Dialogbaum wird dadurch um den folgenden Baum erweitert:

$$
\begin{array}{lll}
& \text{Q} & \qquad \text{P} \\
2a. & & a! \quad [2a,\text{A}] \\
3a. & p(a) \leftarrow q(a), r(a) \quad [2a,\text{D}] & q(a) \wedge r(a) \quad [3a,\text{A}] \\
4a. & \wedge_1 \quad [3a,\text{A}] & \wedge_{iii} \quad [1,\text{A}] \\
5a. & q(a) \quad [4a,\text{D}] &
\end{array}
$$

Um über diesen Teilbaum einen Gewinn herbeizuführen, braucht sich der Proponent dann nicht mehr anzustrengen:

$$
\begin{array}{lll}
& \text{Q} & \qquad \text{P} \\
5a. & & q(a) \quad [4a,\text{D}] \\
6a. & \wedge_2 \quad [5a,\text{D}] & \wedge_i \quad [1,\text{A}] \\
7a. & r(a) \quad [6a,\text{D}] & r(a) \quad [6a,\text{D}] \\
8a. & p(a) \quad [3a,\text{D}] & \exists x p(x) \quad [1,\text{D}] \\
9a. & \exists? \quad [8a,\text{A}] & p(a) \quad [9a,\text{D}]
\end{array}
$$

Eine genauere Betrachtung der Beispiele legt die folgenden Verallgemeinerungen zu Dialogen um Logik-Programme nahe[22]:

- Der Proponent führt (bis auf die erste Aussage) nur implikationsfreie Aussagen ins Spiel. Dadurch wird der Handlungsspielraum des Opponenten entscheidend eingeschränkt.

- Der Opponent kann den Dialogverlauf im Prinzip nicht beeinflussen. Seine einzige "Freiheit" besteht darin, die Reihenfolge seiner Angriffe auf $\wedge$-verknüpfte Aussagen des Proponenten festzulegen—dieser kann ihn quasi unter "Dauerschach" stellen.

Der Proponent braucht also im wesentlichen nur wie ein SLD-Beweiser vorzugehen—unsere Übertragung der Unifikationstechnik auf Dialogspiele setzt ihn dazu in die Lage. Der Opponent muß sich dann mit Ausnahme des ersten und letzten Zugs andauernd und ausschließlich gegen den jeweils letzten Zug des Proponenten verteidigen.

Liegt die fragliche Aussage also in der Erfolgsmenge des Logik-Programms, so liefert das Verfahren der SLD-Resolution gleichzeitig eine Gewinnstrategie für ein dialogisches Vorgehen, das *zielorientiert* ist (unbeantwortete Attacken von P entsprechen Zielen) und den Umgang mit variablenbehafteten Dialogen gestattet. Wir sind somit in der Lage, den folgenden Satz aufzustellen:

---

[22]Ohne Beschränkung der Allgemeinheit können die Argumentationsregeln für Disjunktion und Negation außer Acht gelassen werden; die entsprechenden Konnektive treten nicht in Logik-Programmen auf.

Theorem 5.2 *Ist P ein (reines) Logik-Programm und F eine Formel in der von P induzierten Sprache, so gilt:*

> *Ist F vermöge SLD-Resolution aus P ableitbar, dann kann der Proponent einen Dialog um die Formel $P \to F$ gewinnen.*

Die entsprechende SLD-Ableitung kann effektiv in einen Dialogbaum überführt werden, an dem sich die Gewinnstrategie und die zugehörige Antwortsubstitution (durch Vergleich der von P gesetzten Blätter des Dialogbaums mit der zur Diskussion stehenden Formel) ablesen lassen.

Sprachen des PROLOG-Typs sind folglich von einer Ausdruckskraft, die die der Dialogischen Logik nicht überschreitet. Aufgrund der Tatsache, daß die Übersetzung von SLD-Ableitungen in Dialogspiele dem Opponenten eine im wesentlichen passive Rolle zuschreibt—ihn nahezu überflüssig macht—, wollen wir solche Sprachen auch als *monologische* Varianten der Dialogischen Logik bezeichnen.

Bevor wir uns nun damit beschäftigen, wie PROLOG-artige Sprachen logisch vertretbar erweitert werden können, müssen wir noch einige Bemerkungen über das Verhältnis von Dialogischer Logik zu klassischer Logik einschieben. Erst diese werden uns in die Lage versetzen, der eigentlichen Ursache für die beobachteten Probleme bei den Erweiterungen um Negation und Disjunktion auf die Spur zu kommen.

5.2.3 Dialogische versus Klassische Logik

Wie Lorenzen (in [113]) nachgewiesen hat, kann die klassische Prädikaten-Logik aus der intuitionistischen auf zweierlei Art gewonnen werden: Entweder dadurch, daß man zum intuitionistischen Kalkül das *tertium non datur* (oder ein gleichwertiges Prinzip, z.B. die *Regel der doppelten Negation*) hinzufügt, oder dadurch, daß man die Rahmenregel der Dialogischen Logik folgendermaßen modifiziert:

> Der Opponent muß stets auf den unmittelbar vorangegangenen Zug des Proponenten reagieren. Der Proponent dagegen darf wahlweise auf den unmittelbar vorausgehenden Zug des Opponenten reagieren, eine beliebig weit zurückliegende Aussage des Opponenten angreifen oder eine seiner eigenen früheren Aussagen (also auch Verteidigungen) wiederholen.

Im intuitionistischen Kalkül sind demnach die Reaktionsmöglichkeiten des Proponenten auf Angriffe des Opponenten eingeschränkt (er darf frühere Reaktionen nicht wiederholen).

Je nachdem, ob die klassische Asymmetrie zwischen den Rechten von Opponent und Proponent beseitigt wird oder nicht, liefert also der Dialog-Kalkül (bei sonst gleichartigem Aufbau) eine Formalisierung entweder der intuitionistischen oder der klassischen Logik.

Lassen wir (zunächst) die Negation außer acht und beschränken wir uns auf
den aussagenlogischen Teil[23], so erlaubt uns Theorem 5.1 eine konsequenzlogische[24] Reformulierung des (positiven) Dialogik-Kalküls, der das folgende Axiomenschema

$$A \to (B \to A)$$
$$(A \to (B \to C)) \to ((A \to B) \to (A \to C))$$
$$(A \land B) \to A$$
$$(A \land B) \to B$$
$$A \to (B \to (A \land B))$$

zusammen mit der Schlußregel *modus ponens* zugrundeliegt. Für diesen Kalkül
$\mathcal{K}$ gelten (vgl. [67]) das *Deduktionslemma*

$$\mathcal{K} \vdash A \to B \quad \text{gdw.} \quad \mathcal{K}, \{A\} \vdash B$$

und darüber hinaus das *Konjunktionstheorem*

$$\mathcal{K} \vdash A \land B \quad \text{gdw.} \quad \mathcal{K} \vdash A \text{ und } \mathcal{K} \vdash B,$$

beide in ihrer syntaktischen *und* semantischen Form.

Dieser Kalkül $\mathcal{K}$ mag bescheiden aussehen. Er ist jedoch bereits ausdrucks-
stärker als (aussagenlogische) Monologiken à la PROLOG, da in der ihm zugrundeliegenden Sprache auch verschachtelte Implikationen formuliert werden dürfen.
Deshalb lassen sich in Hornklausellogiken *hypothetische Implikationen*[25]—diese
treten etwa im Bereich des Planens auf—nicht direkt handhaben. Unser Nachvollziehen der SLD-Resolution im Dialog-Kalkül hat ja gezeigt, daß dem Opponenten keine Chance gegeben wird, eigene Hypothesen in die Auseinandersetzung
mit dem Proponenten einzuflechten.

Der naheliegende Schritt—die Erweiterung der Sprache auf *beliebige* konsequenzlogische Ausdrücke—paßt jedoch nicht mehr zu unserer eingangs als Programm formulierten Stetigkeitsuntersuchung. Wie Gabbay in [66] zeigt—er
schlägt dort eine der positiven intuitionistischen Logik äquivalente PROLOG-
Erweiterung namens NPROLOG vor—zieht dieser Schritt einen Sprung bei der
Komplexität des Verarbeitungsmodells nach sich. Das benötigte Verarbeitungsmodell stellt sich als sehr ähnlich zu dem der Tableau-Kalküle heraus (vgl. [24]).
Selbst bei einer Unterstützung durch zusätzliche Maßnahmen (etwa die Verwaltung von Hypothesen durch ein Reason-Maintenance-System) ist dieses Modell wesentlich aufwendiger als das vergleichsweise simple Verfahren der SLD-

---

[23]Für das Studium der Konnektive Konjunktion, Disjunktion und Negation bedeutet dies
keine Beschränkung der Allgemeinheit—deren "Bedeutung" läßt sich ja schon *aussagenlogisch*
festlegen!

[24]*Konsequenzlogisch* nennen wir diese Formulierung mit Lorenzen (vgl. [112]) deshalb, weil
in ihr nur prädikatenlogische Formeln zugelassen sind, die mit Hilfe von Konjunktion und
Implikation gebildet werden können.

[25]Für eine vertiefte Betrachtung hypothetischen Schließens konsultiere man [154].

Resolution[26]. Zur Formalisierung der Hornklausellogik ist dagegen—entsprechend unseren Ausführungen zu FWD-Beweisen—lediglich die Syntax von (Horn-) Klauseln zu definieren und *modus ponens* (nebst *Generalisierung*) als Schlußregel einzusetzen—die syntaktische Armut erübrigt die Spezifikation weiterer Axiome oder komplexerer Schlußregeln.

Die Ausdruckskraft von $\mathcal{K}$ reicht jedoch immer noch nicht aus, um Disjunktion zu definieren, geschweige denn mit den Mitteln von $\mathcal{K}$ die "Bedeutung" der Disjunktion, nämlich

$$\mathcal{K} \vdash A \vee B \quad \text{gdw.} \quad \mathcal{K} \vdash A \text{ oder } \mathcal{K} \vdash B$$

nachzuweisen—selbst dann nicht, wenn zuvor die Sprache von $\mathcal{K}$ um eine Konstante $\perp$ für das *falsum* (zur vollen Dialogischen Logik) erweitert und die sogenannte *schwache Negation*[27] über das neue Axiomenschema

$$\perp \rightarrow A \qquad (\textit{ex falso quodlibet})$$

eingeführt wird[28] (vgl. Curry in [43]).

Erst nach Hinzunahme des *Gesetzes von Peirce*

$$((A \rightarrow B) \rightarrow A) \rightarrow A$$

wird dies möglich. Durch dieses weitere Prinzip gelangt man nämlich wieder zur klassischen Logik, in der (auch ohne Rückgriff auf Konjunktion und Negation!) Disjunktion vermöge

$$A \vee B := ((A \rightarrow B) \rightarrow B)$$

definierbar und als Disjunktion *nachweisbar* ist.

Daß dieses Gesetz von Peirce äquivalent zum *tertium non datur* ist, sieht man bereits in den positiven Logiken daran, daß es—ausgedrückt mit der Disjunktion—auch als

$$(A \rightarrow B) \vee A$$

geschrieben werden kann ("entweder folgt aus A was auch immer oder A gilt"). Mit der Abkürzung

$$\neg A := (A \rightarrow \perp)$$

und der trivial überprüfbaren Äquivalenz von $(A \vee \perp)$ und A gilt dann die *Regel der doppelten Negation*

---

[26]Für das von uns vorgeschlagene Beweissystem RISC haben wir uns deshalb auf die Verarbeitung *verallgemeinerter Hornklauseln*, d.h. solcher konsequenzlogischer Ausdrücke beschränkt, bei denen die Konsequenz p eines beliebigen Teilausdrucks $p_1, \ldots, p_n \rightarrow p$ *atomar* ist.

[27]Diese Form der Negation werden wir im nächsten Abschnitt genauer untersuchen.

[28]In der intuitionistischen Logik haben also—wegen des Konjunktionstheorems—die deMorganschen Sätze keine Gültigkeit!

$$\neg\neg A \quad \text{gdw.} \quad A$$

und das *tertium non datur* stellt sich—nach Substitution von $(A \rightarrow \perp)$ für B— als Spezialfall des Gesetzes von Peirce heraus. Obwohl also das tertium non datur im Kern *nicht-formal* ist, wird es in der klassischen Logik formale Konsequenz der logischen Axiome.

Es ist jetzt auch klar, weshalb wir im vorhergehenden Kapitel keine PROLOG-Repräsentation der Disjunktion und Negation formulieren konnten. Die vorausgehende Betrachtung zeigt ja, daß das nicht einmal in voller intuitionistischer Logik (etwa NPROLOG) möglich ist. Solange das Gesetz von Peirce nicht akzeptiert wird, besteht eben keine Abhängigkeit der Disjunktion bzw. Negation von Konjunktion und Implikation. Die intuitionistische Negation bildet—im Gegensatz zur klassischen Negation—mit keinem der anderen (zweistelligen) Konnektive ein *funktional vollständiges* Konnektivpaar. Akzeptiert man andererseits das Gesetz von Peirce, so verläßt man unweigerlich intuitionistisches Territorium.

Mit welchen—teilweise obskuren—Mitteln trotzdem versucht wurde und wird, zumindest negierte Klauselprämissen auszuwerten, damit soll sich der letzte Abschnitt dieses Kapitels beschäftigen.

5.3 Negation

Logik-Programme lassen sich als Erweiterung des relationalen Datenbankmodelles auffassen, bei der Regeln (notiert durch Hornklauseln) Deduktionen über Mengen von Einheitsklauseln ermöglichen und so für eine erhöhte Ausdruckskraft sorgen (vgl. etwa Reiter in [152]). So verwundert es nicht, daß die meisten Begriffe der Logik-Programmierung eine Entsprechung in der Datenbankwelt besitzen—wir haben das bereits im Abschnitt 4.2.2.3 angesprochen. Analoges gilt auch für die umgekehrte Aussage: Die Grundoperationen der Relationenalgebra lassen sich mit Logik-Programmen ausdrücken:

- Prozeduren aus Fakten entsprechen Relationen. Die Stelligkeit der Prozedur stimmt mit der der Relation überein.

- Mengentheoretische Vereinigung, Mengendifferenz, kartesisches Produkt, Projektion und Selektion definieren eine Relationenalgebra über diesen Relationen.

- Abgeleitete Operationen wie Join und Durchschnitt lassen sich direkt mit Hornklauseln darstellen, deren Prämissen Variablen gemeinsam haben.

Während die Übersetzung aller Operationen bis auf die Mengendifferenz kanonisch ist (siehe [178]), bereitet letztere aufgrund des Fehlens von Negation Kopfzerbrechen. Das Hauptproblem ist dabei, was—vorausgesetzt wir könnten das auch formalisieren—das Negieren eines Sachverhaltes bedeuten soll. Die in einer (wie auch immer gearteten) deduktiven Datenbank dargestellte Information ist ja notwendigerweise unvollständig, beschreibt einen Ausschnitt der Welt zu einem

bestimmten Zeitpunkt. Über die fehlende Information wird deshalb üblicherweise eine Annahme getroffen. Sind aber die die Beschreibung konstituierenden
Fakten untereinander in Bezug gesetzt, fangen die Probleme an: Neu in der
Datenbank antreffende Fakten können den durch die Beziehungen beschriebenen Sachverhalten widersprechen—womit zu klären bleibt, wie die resultierende
Situation zu bereinigen ist.

Zu den elementaren Beziehungen zwischen Fakten gehört die Negation. Sie ist
ja eine Unverträglichkeitseigenschaft. Haben wir einmal $\neg A$ gesetzt, so drücken
wir damit zumindest aus, daß wir nicht gleichzeitig A akzeptieren wollen (die
konstitutive Eigenschaft der *schwachen Negation*), und zwar ohne uns damit
schon (inhaltlich!) festzulegen, ob unsere Negation das *Absprechen einer Eigenschaft* oder das *Zusichern einer gegensätzlichen Eigenschaft* bedeuten soll.
Unvollständigkeit und Negation können also nicht unabhängig voneinander betrachtet werden.

5.3.1   Closed World Assumption

Wie läßt sich nun Negation in Logik-Programme inkorporieren? Wollen wir dazu
den im vorausgehenden Abschnitt angedeuteten Weg einer Spracherweiterung um
eine Konstante $\perp$ für das *falsum* beschreiten, so haben wir zumindest zu klären,
wie das SLD-Verfahren mit dieser Konstante umgehen soll.

Tritt die Konstante $\perp$ als eine Klauselprämisse auf

$$C \leftarrow A_1, \ldots, A_n, \perp, A_{n+1}, \ldots, A_{n+m}$$

so läßt sie die zugehörige Klausel recht fragwürdig erscheinen—drückt sie doch
aus, daß zur Ableitbarkeit von C zunächst die *Inkonsistenz* des Logik-Programms
nachzuweisen ist. Mit dieser Inkonsistenz wird dann aber *jede* Formel ableitbar
(*ex falso quodlibet*) und derartige "Theorien" lassen sich einfacher "formalisieren". Das falsum wird also nur als Klauselkopf auftreten

$$\perp \leftarrow A_1, \ldots, A_n.$$

Die durch die genannte Spracherweiterung neu ins Spiel kommenden Klauseln drücken folglich alle aus, daß das Zusammentreffen gewisser Bedingungen
$A_1, \ldots, A_n$ *unerwünscht* ist[29]. Sie können andererseits als *Lemmata* aufgefaßt
werden (vgl. Kowalski in [102]): Das SLD-Verfahren beruht ja darauf, die Unverträglichkeit einer negierten Anfrage mit der Theorie nachzuweisen. Hier haben
wir nun eine *gewollte* derartige Unverträglichkeit.

Das Problem ist nun, wie sich der SLD-Beweiser neuartige Zusicherungen
obiger Art zu Nutze machen soll. Hornklauseln liefern ja erst dann einen Beitrag
zum Beweisgeschehen, wenn ihre Köpfe in irgendeiner Form als Prämissen anderer Klauseln auftreten—nur dann ist ein Resolutionschritt durchführbar. Genau
das schließt jedoch unsere erste Überlegung aus. Wie auch immer also (selbst

---

[29]Solche Ausschlußforderungen werden uns später bei der Diskussion von Reason-Maintenance-Systemen als sog. NOGOODS wieder begegnen.

schwache) Negation in ein PROLOG-artiges System eingeführt wird—neben dem SLD-Verfahren selbst sind zusätzliche Mechanismen zur Verarbeitung der Klauseln anzugeben, die Negationen enthalten.

Eine Methode, dies zu tun, ist über die sogenannte *Closed World Assumption* (im folgenden mit *CWA* abgekürzt—vgl. Reiter in [151]). Dabei handelt es sich um die folgende zusätzliche Inferenzregel, die für ein beliebiges Logik-Programm P und beliebiges Literal F festlegt:

> Falls $P \not\models F$ gilt, dann wird P so betrachtet, als hätte man statt P die Theorie $P \cup \{\neg F\}$ beschrieben.

Die Closed World Assumption schließt also explizit jeden Sachverhalt aus, der nicht logische Konsequenz des fraglichen Logik-Programms ist. Mit der Abkürzung

$$Th(P) := \{A \in B_P \mid P \models A\}$$

legt die *CWA* also den Übergang

$$P \longmapsto CWA(P) = P \cup \neg(B_P - Th(P)) \qquad (5.1)$$

fest[30]. Gerechtfertigt wird diese Regel vereinzelt mit dem sogenannten *Erweiterungslemma* für die Prädikatenlogik:

> Läßt sich aus einer konsistenten Theorie P eine Formel F *nicht* ableiten, dann ist auch die Erweiterung $P \cup \{\neg F\}$ von P um $\neg F$ eine konsistente Theorie.

Die folgende Überlegung zeigt jedoch, daß dies mit großer Vorsicht zu geschehen hat: Angenommen, wir würden in einem entsprechend ausdruckstarken Kalkül $\mathcal{K}$[31]

$$\neg A \vee \neg B$$

ohne weitere Aussagen über A oder B als Fakt setzen, so gälte

$$\mathcal{K} \not\models \neg A \quad \text{und} \quad \mathcal{K} \not\models \neg B$$

und somit

$$\text{sowohl } CWA(\mathcal{K}) \vdash A \text{ als auch } CWA(\mathcal{K}) \vdash B.$$

Andererseits gilt jedoch wegen

$$\mathcal{K} \subset CWA(\mathcal{K})$$

die Beziehung

---

[30]Die Anwendung des Negationsoperators auf eine Formelmenge M stehe für die Menge der negierten Formeln aus M.
[31]Etwa klassischer Prädikaten-Logik...

$$CWA(\mathcal{K}) \vdash A \wedge B,$$

mit deMorgans Gesetz ein Widerspruch zur anfangs getroffenen Annahme.

Der gezeigte Widerspruch läßt sich damit erklären, daß—betrachtet man die Literatur über die *CWA*—vereinzelt zu viel in das Erweiterungslemma hineingelesen wird: Mit ihm wird lediglich die Erweiterung einer Theorie *um jeweils genau eine* Formel legitimiert. Iteriert man dieses Vorgehen, so kann man je nach Wahl der jeweils als nächster hinzugenommenen Formel zu verschiedenen—sich unter Umständen wechselseitig widersprechenden—konsistenten Erweiterungen der Ausgangstheorie kommen[32].

Im Gegensatz zum Erweiterungslemma werden mit der *CWA auf einmal alle* Negate von Formeln hinzugenommen, die nicht logische Konsequenz der Ausgangstheorie sind. Die von der *CWA* gelieferte Theorie ist somit zwar immer "vollständig" (sie macht über alle Formeln eine Aussage), wird aber andererseits in manchen Fällen (trotz konsistenter Ausgangstheorie) inkonsistent, d.h. nutzlos. Das praktische Prinzip "alles, was ich nicht rechtfertigen kann, darf nicht sein" artet damit zum Prinzip "weil ich ein bißchen zuviel nicht rechtfertigen kann, muß ich alles glauben" aus.

Will man also die *CWA* aufrechterhalten, so hat man notgedrungen die Ausdruckskraft der Sprache des Kalküls zu vermindern, in den sie als Schlußregel aufgenommen werden soll. Glücklicherweise liefert (wie z.B. Flannagan in [62] nachgewiesen hat) der Übergang von einem (zwangsläufig) konsistenten *Logik-Programm P* zur Theorie *CWA(P)* wieder eine konsistente Theorie—ein Ergebnis, das uns nach dem vorausgegangen Nachweis des intuitionistischen Charakters von Logik-Programmierung nicht zu verwundern braucht.

Trotz des obigen Ergebnisses bleiben für eine Anwendung der *CWA* in der Logik-Programmierung noch zwei Fragen zu klären:

1. Wie soll das Logik-Programmiersystem feststellen, daß eine vorgelegte Formel *nicht* logische Konsequenz des betrachteten Logik-Programms ist? Besonders die (Un-) Entscheidbarkeitsergebnisse aus Abschnitt 4.4 lassen hier ja nicht viel erwarten!

2. Nach welcher Maßgabe sind—entsprechend einer wie auch immer gearteten Berücksichtigung von Negation—Klauseln mit negativen Literalen zu verarbeiten?

Versuchen wir also im folgenden herauszufinden, was *eigentlich* mit dem Begriff *CWA* gemeint sein könnte. Zu diesem Zweck führen wir zunächst die entsprechenden Konzepte ein, um sie daran anschließend einer kritischen Betrachtung zu unterziehen.

---

[32]Wie diese Erweiterungen aussehen, damit beschäftigt sich ja gerade der Zweig der sogenannten *Default-Logiken* (vgl. etwa Reiter in [150])

5.3.2 Finite Failure und Negation as Failure

Bis jetzt haben wir die *CWA* lediglich metasprachlich formuliert. Zur Handhabung durch das Logik-Programmiersystem muß sie jedoch auf der Objektebene greifbar sein. Eine erste Voraussetzung hierfür ist es demnach, den Begriff der logischen Konsequenz durch den der Ableitbarkeit (zunächst in klassischer Prädikatenlogik) zu ersetzen: Mit der Abkürzung

$$Ded(P) := \{A \in B_P \mid P \vdash A\}$$

legt die *syntaktische* Version *CW* der *CWA* also den folgenden Übergang fest:

$$P \longmapsto CW(P) = P \cup \neg(B_P - Ded(P)) \tag{5.2}$$

Der Nachweis der Unableitbarkeit einer Formel läßt sich i.a. nicht algorithmisch durchführen—ist die fragliche Formel nicht logische Konsequenz, so kann der zugehörige Widerlegungsversuch unendlich lange dauern. Also bleibt als einziger Ausweg eine Abschwächung der Anwendbarkeitsbedingung der *CWA*. In der Praxis bedeutet dies eine Beschränkung der *CWA* auf solche Formeln F der Herbrand-Basis B_P eines Logik-Programms P, für die Beweisversuche mit SLD-Resolution schon nach endlich vielen Schritten als fehlgeschlagen erkannt werden können. Der folgende Begriff hilft bei einer Formalisierung:

Definition 5.4 *Sei P ein Logik-Programm und G ein Ziel. Erfüllt der SLD-Baum $T(P, G)$ für $P \cup \{G\}$ die beiden folgenden Bedingungen*

1. $T(P, G)$ enthält nur endliche Pfade und

2. keiner der Knoten von $T(P, G)$ ist die leere Klausel $\square$,

so nennen wir die SLD-Ableitung für $P \cup \{G\}$ endlich fehlgeschlagen und schreiben:

$$P \cup \{G\} \not\vdash_{SLD} \square$$

Die Fehlschlagsmenge (Finite Failure Set) F_P von P ist dann die folgende Menge von Zielen:

$$F_P := \{A \in B_P \mid P \cup \{\leftarrow A\} \not\vdash_{SLD} \square\}$$

Aufgrund der Vollständigkeit und Korrektheit von SLD-Resolution gilt damit natürlich für ein vorgegebenes Logik-Programm P und jede Formel $A \in B_P \cap F_P$:

1. $P \not\models A$ und

2. der SLD-Baum für $P \cup \{A\}$ enthält nur unendliche oder fehlgeschlagene Zweige.

Letzteres gilt sogar für alle SLD-Bäume zu $P \cup \{A\}$, also unabhängig von der
konkreten Berechnungsregel (siehe Lloyd in [110]). Die Untersuchung selbst, ob
nun eine vorgelegte Formel $A \in B_P$ logische Konsequenz von P ist, geschieht,
indem dem SLD-Beweiser $\leftarrow A$ als Ziel vorgelegt wird. Es lassen sich somit zwei
Fälle unterscheiden:

1. $A \in F_P$, dann läßt sich am SLD-Baum zu A ablesen, daß eine endlich
   fehlgeschlagene SLD-Ableitung vorliegt, "nein" als Antwort zurückgeben
   und vermöge der *CWA* auf die Formel $\neg A$ schließen, oder

2. jeder SLD-Baum enthält mindestens einen unendlichen Zweig (der dann
   hoffentlich nicht exhaustiv vom System durchsucht wird[33]).

Das geschilderte Vorgehen ist die weitläufig bekannte *Negation as Failure Regel*
(im folgenden *NAF* abgekürzt—vgl. Clark in [37]). Formal läßt sie sich folgendermaßen fassen:

Definition 5.5 *Sei P ein Logik-Programm und G ein Ziel, dann wird das Literal*
not(G) *als* impliziert *von P bezeichnet, falls gilt: $G \in F_P$.*

Die Begriffe Erfolg und Fehlschlag werden dadurch beinahe[34] dual. Sei nämlich
$A \in B_P$. Dann gilt:

> Führt $\leftarrow A$ zum Erfolg, so schlägt $\leftarrow \neg A$ fehl, und wenn $\leftarrow \neg A$
> *endlich* fehlschlägt, dann führt $\leftarrow A$ zum Erfolg.

Mit dem geschilderten Verfahren lassen sich jetzt nicht nur Logik-Programme,
wie sie in Abschnitt 2.1.2 eingeführt wurden, verarbeiten, sondern auch solche
(im folgenden—wie in der einschlägigen Literatur über Logik-Programmierung—
als *normal* bezeichneten) Logik-Programme, die als Klauselprämissen *negative*
Literale enthalten. Das Konzept der *Erfolgs-* und *Fehlschlagsmenge* sowie das
der *korrekten Antwort* (vgl. dazu unsere Ausführungen in Abschnitt 2.4) lassen sich außerdem kanonisch von einfacher SLD-Resolution auf das erweiterte
Verarbeitungsmodell—die sog. *SLDNF-Resolution*[35]—übertragen.

Wir haben mit den obigen Ausführungen eine (bescheidene) Form *Fin* der
CWA, die auch vom Beweissystem selbst verarbeitbar ist. Bezeichnet F_P die
Fehlsschlagsmenge von P vermöge SLDNF-Resolution[36], so läßt sie sich durch
den Übergang

$$P \longmapsto Fin(P) = P \cup \neg F_P \tag{5.3}$$

charakterisieren.

Unverständlicherweise beschreibt etwa Lloyd in [110] diese Form der "Implementation von *NAF* durch schlichtes Vertauschen der Begriffe Erfolg und Fehlschlag" als "einfach und effizient". Obwohl SLDNF-Resolution das am weitesten

---

[33]Die in PROLOG-Systemen übliche Berechnungsregel wird beispielsweise von jeder links-
rekursiven Klausel in eine Endlosschleife geschickt.

[34]Schließlich ist die Beziehung $B_P - S_P \supset F_P$ eine *strenge* Inklusionsbeziehung!

[35]SLD-Resolution mit *Negation as Failure*.

[36]und analog S_P die Erfolgsmenge von P vermöge SLDNF-Resolution...

verbreitete Verfahren zur "Integration" von Negation in Logik-Programme ist, trifft jedoch eher die gegenteilige Aussage zu—zumindest dann, wenn diese Implementation nicht nur effizient, sondern auch noch *korrekt* sein soll, d.h. *prozedurale* und *deklarative* Bedeutung von Logik-Programmen mit Negation zur Deckung zu bringen sind. Schließlich läßt sich zu Recht der Anspruch vertreten, daß eine Antwort (dann und) nur dann vermöge SLDNF-Resolution ableitbar sein soll, wenn sie auch logische Konsequenz des fraglichen (normalen) Programms, also korrekt ist!

Besonders schwierig ist die Korrektheit sicherzustellen, wenn Klauseln auftreten, in denen *variablenbehaftete* negierte Prämissen vorkommen[37]. Ist C eine Klausel, die ein Literal L (bzw. eine Konjunktion von Literalen) enthält, in der $y_1, \ldots, y_k$ diejenigen Variablen von L bezeichnen, die sonst nicht in C auftreten (sie werden als *lokale Variablen von L* bezeichnet und die restlichen Variablen von C als *global*), dann hat der Term not(L) die folgende informelle deklarative Bedeutung:

> Es ist nicht der Fall, daß für *irgendwelche* $y_1, \ldots, y_k$ der von L behauptete Sachverhalt zutrifft.

Bei der Abarbeitung von Klauselrümpfen, die negierte Literale enthalten, sind deshalb gewisse Restriktionen zu berücksichtigen:

1. Eine negierte Bedingung darf nur zum *Testen* von Werten globaler Variablen eingesetzt werden, *nicht* jedoch zur Generierung von Kandidatenwerten für globale Variablen.

2. Alle globalen Variablen von L müssen *vor* der Überprüfung von not(L) instantiiert sein (mit Hilfe positiver Bedingungen).

3. Der Nachweis von not(L) darf (als Nebenwirkung) keine der Variablen von L instantiieren.

Verstößt man gegen diese Restriktionen, so schlägt z.B. das folgende (Naish in [135] entnommene) Ziel

$$\leftarrow \text{not}(x = 1), x = 2$$

fälschlicherweise fehl, falls bei der Auswertung der negierten ersten Prämisse *zuerst* die Negation ausgewertet wird, ist aber erfolgreich, falls *zuerst* die Bindung von x durchgeführt wird. Die gewünschte Semantik von not($x = 1$) ist offensichtlich $\exists x (\neg x = 1)$. Statt dessen wird zunächst $\exists x (x = 1)$ berechnet und dann das Ergebnis negiert, also effektiv $\forall x (\neg x = 1)$ ermittelt!

Die Verletzung der Korrektheit wird also letztlich dadurch ermöglicht, daß es nur Lösungen für das negierte Literal gibt, die Variablenbindungen in der

---

[37]Dies ist übrigens bei der zu Eingang unserer Ausführung über Negation angedeuteten logischen Rekonstruktion der Relationenalgebra unproblematisch, da dort—außer bei Queries—nur *variablenfreie* negierte Literale auftreten.

Zielklausel bewirken. Da jedoch mit dem Verfahren der SLD-Resolution kein Beweis für ein Ziel gefunden werden kann, bei dem alle Variablen allquantifiziert sind, gibt es auch keine logische Rechtfertigung dafür, daß *kein* Fehlschlag stattfindet. Mit den genannten Restriktionen wird nun dieses inkorrekte Vorgehen ausgeschlossen.

Die zweite (Präzedenz-) Bedingung kann natürlich nur durch eine geeignete Kombination aus Berechnungsregel R und Reihenfolge der Teilziele von C erreicht werden kann. Diese Kombination garantiert leider kaum ein in der Praxis verwendeter SLD-Beweiser—von den bestehenden PROLOG-Implementierungen (die meist die starre Tiefe-Zuerst/Links-Rechts Berechnungsregel befolgen) unseres Wissens nach lediglich MU-PROLOG (siehe auch Naish in [134]).

Doch selbst wenn vorstehende Restriktionen befolgt werden, so bleibt immer noch zu kritisieren, daß mit ihrer Erfüllung die erfolgreiche Abarbeitung eines Logik-Programms noch stärker von der konkreten Berechnungsregel und der Reihenfolge, in der Teilziele verfolgt werden, abhängig gemacht wird! Die ursprüngliche Motivation für die Logik-Programmierung,

> Spezifikation von Programmeigenschaften anstatt Implementation von Algorithmen, die diese Eigenschaften (hoffentlich) aufweisen,

gerät so mehr und mehr ins Abseits.

Der Vollständigkeit halber sei noch erwähnt, daß das eben skizzierte Problem mit fälschlicherweise durch die Implementation allquantifizierten Klauselvariablen auch in negationsfreien Logik-Programmen auftauchen kann—und zwar in Form des schon wiederholt angesprochenen *All-Solutions Prädikats*, das manche Logik-Programmiersysteme zur Verfügung stellen. Dies wird in einer Klausel C üblicherweise in der Form

$$L \ \texttt{isall} \ (A : L)$$

notiert, wobei L wieder ein Literal oder eine Konjunktion von Literalen mit den lokalen Variablen $y_1, \ldots, y_k$ bezeichnet. Die informelle deklarative Bedeutung von $L \ \texttt{isall} \ (A : L)$ ist

> L ist die Liste all der A's derart, daß C gilt für irgendwelche $y_1, \ldots, y_k$.

Deshalb muß auch hier der Restriktion genügt werden, daß L *vor* der Überprüfung der All-Solutions Prämisse noch nicht instantiiert sein darf, da sich aufgrund des Zusammenhangs

$$\texttt{not}(L) \equiv L \ \texttt{isall} \ (A : L) \ \wedge \ \texttt{empty}(L)$$

das soeben diskutierte Problem der kritischen Reihenfolge von Teilzielauswertungen auch auf das All-Solutions Prädikat überträgt.

5.3.3 Vervollständigungen von Logik-Programmen

Wenn auch die Ausdruckskraft von Hornklausellogik schon erweitert wird, indem man negierte Klauselprämissen erlaubt, die dann mit Hilfe der *NAF*-Regel bearbeitet werden können, so läßt sich damit immer noch lediglich über ein *Fehlen von Information* schließen, nicht jedoch *negative Information* selbst erschließen. Der Grund dafür ist natürlich, daß Hornklauseln *keine Biimplikationen* sind—ein Umstand, dem ja gerade die schlichte Eleganz der SLD-Resolution zu verdanken ist.

Eine alternative Möglichkeit, die *CWA* formal zu fassen, wurde von Clark (in [37]) und Reiter (in [151]) vorgeschlagen:

> Die Verneinung von nicht durch das Logik-Programm P erschließbaren Sachverhalten soll dadurch gewährleistet werden, daß man P implizit zu einer Theorie $P' = Comp(P)$ *vervollständigt*, in der die—durch das Logik-Programm gegebenen—*notwendigen* Bedingungen für das Erfülltsein der angesprochenen Prädikate zu *hinreichenden* Bedingungen "umfunktioniert" wurden.

Formal wird dieser Übergang zu sog. *Completed Databases* prädikatweise vollzogen (vgl. Lloyd in [110]):

Sei p ein n-stelliges Prädikat des (normalen) Logik-Programms P. Dann sind zunächst n *neue* Variablen $x_1, \ldots, x_n$ einzuführen. Mit Hilfe dieser Variablen und einer (noch näher zu spezifizierenden) Gleichheitsrelation "=" wird anschließend jede zu diesem Prädikat gehörende Klausel

$$p(t_1, \ldots, t_n) \leftarrow L_1, \ldots, L_m$$

in eine (prädikatenlogisch äquivalente) Formel

$$p(x_1, \ldots, x_n) \leftarrow \exists y_1 \ldots \exists y_d((x_1 = t_1), \ldots, (x_n = t_n), L_1, \ldots, L_m)$$

transformiert, wobei $y_1, \ldots, y_d$ die Variablen der Ursprungsklausel bezeichnen mögen.

Sind auf diese Weise alle k Klauseln zum Prädikat p auf die Form

$$p(x_1, \ldots, x_n) \leftarrow E_l \qquad (1 \leq l \leq k)$$

mit Formeln E_l der Gestalt $\exists y_1 \ldots \exists y_d((x_1 = t_1), \ldots, (x_n = t_n), L_1, \ldots, L_m)$ gebracht worden, so sind diese Formeln jetzt durch die eine Biimplikation

$$\forall x_1 \ldots \forall x_n(p(x_1, \ldots, x_n) \leftrightarrow E_1 \vee \ldots \vee E_k)$$

zu ersetzen.

War andererseits p ein Prädikat, das zwar in P erwähnt, aber nicht weiter (durch eine Klausel) charakterisiert wird, so ist zusätzlich die Formel

$$\forall x_1 \ldots \forall x_n \neg p(x_1, \ldots, x_n)$$

in $Comp(P)$ aufzunehmen.

Sind alle Prädikate von P in der gezeigten Art behandelt, so ist damit im Prinzip der Übergang zur prädikatenlogischen Theorie $Comp(P)$ vollzogen.

Erinnern wir uns daran, daß sich klassische relationale Datenbanken—stark vereinfacht—als nur aus Einheitsklauseln bestehende Logik-Programme auffassen lassen. Der Datenbank P, in der lediglich zwei Relationen *Student* und *Prof* mit den Tupeln *Peter*, *Paul* und *Mary* bzw. *McCarthy* und *Knuth* vorkommen, entspricht demnach das folgende Logik-Programm:

$$Student(Peter). \quad Prof(McCarthy).$$
$$Student(Paul). \quad Prof(Knuth).$$
$$Student(Mary).$$

Die Vervollständigung zu $Comp(P)$ hat dann die Gestalt

$$\forall x(Student(x) \leftrightarrow (x = Peter) \vee (x = Paul) \vee (x = Mary))$$
$$\forall y(Prof(y) \leftrightarrow (y = McCarthy) \vee (y = Knuth))$$

Es sieht nun zwar so aus, als hätte man hiermit die Extension der Prädikate *Student* und *Prof vollständig* beschrieben und könnte nun mit beweistechnischen Mitteln von einer vorgelegten Konstante entscheiden, ob sie sich treffend mit *Student* bzw. *Prof* charakterisieren läßt. Dies ist allerdings erst möglich, wenn auch geklärt ist, wie das Relationssymbol "=" durch das Beweissystem verarbeitet werden kann.

Es genügt offensichtlich, "=" zur Identität auf dem Herbrand-Universum zu machen:

> Zwei Terme werden vom Beweissystem genau dann als gleich behandelt, wenn sie *syntaktisch* gleich sind.

Diese (in der Praxis fast ausschließlich verwendete) Form der Gleichheit ist (extrem) einfach effektiv entscheidbar, dafür aber unverhältnismäßig restriktiv. Für den speziellen Fall von Logik-Programmen, die durch Uminterpretation konventioneller relationaler Datenbanken enstanden sind—deren Herbrand-Universum enthält ausschließlich Konstanten, keine Terme mit Funktionssymbolen—, wird sie auch als *Unique Name Assumption* bezeichnet (siehe auch Reiter in [152] und Levesque in [108]). Schließlich macht sie jede Konstante zu einem Namen, der genau ein Objekt bezeichnen kann.

Das obige vervollständigte Logik-Programm $Comp(P)$ charakterisiert damit die Terme *Peter*, *Paul*, *Mary*, *Knuth* und *McCarthy* eindeutig bezüglich der in P auftretenden Prädikate *Student* und *Prof*. So ist etwa (*klassisch logisch*) nicht nur *Student(Knuth) unableitbar*, sondern sogar die Aussage $\neg Student(Knuth)$ *logische Konsequenz* der Vervollständigung!

Was ist nun mit dieser Vorstellung gewonnen? Die Vervollständigung $Comp(P)$ eines Logik-Programms P ist ja syntaktisch alles andere als ein Logik-Programm, so daß für ein Schließen über $Comp(P)$ auch der volle Apparat der Logik 1. Stufe benötigt wird. Der Punkt ist jedoch—folgt man den Überlegungen von Clark (etwa in [37])—daß diese Vervollständigung zur *logischen* Rechtfertigung der von Natur aus *operationalen Negation as Failure Regel* benutzt werden kann. Das folgende Theorem beschreibt, was dabei unter "Rechtfertigung" verstanden wird:

Theorem 5.3 (Korrektheit der SLDNF-Resolution) *Sei P ein (normales) Logik-Programm, Q eine beliebige zulässige Query[38] und stehe das Symbol $\vdash$ für Ableitbarkeit im (klassischen) Prädikatenkalkül, so gilt:*

1. *Wenn das SLDNF-System beim Beweisversuch von Q (endlich) scheitert, so läßt sich klassisch logisch das Negat von Q aus $Comp(P)$ deduzieren:*

$$Comp(P) \vdash \forall(\neg Q).$$

2. *Bringt das System andererseits einen Beweis mit der Antwort σ zustande, so ist diese Antwort bezüglich $Comp(P)$ korrekt, d.h.:*

$$Comp(P) \vdash \forall(Q\sigma).$$

Dies ist natürlich ein schönes Ergebnis, wenn man unterstellt, daß die Vervollständigung eines Logik-Programms wirklich das ist, was dessen Autor *eigentlich* gemeint hat. Letzteres kann man wohl ohne Bedenken für solche Logik-Programme, die nicht-deduktiven relationalen Datenbanken entsprechen, annehmen (vgl. Reiter in [151]).

Unsere allgemeinen Ausführungen zur *CWA* lassen vermuten, daß auch die eben angesprochene Form ihrer Realisierung schnell zu Inkonsistenzen führt. Das folgende normale Logik-Programm P (nach Flanagan [62]) zeigt eine solche Situation:

$$p(a,b).$$
$$p(x,y) \leftarrow \text{not}(p(y,x)).$$

Die Verwendung des Negationsoperators ist hier zulässig, da sie den auf Seite 143 genannten Restriktionen genügt, und auch P selbst ist eine konsistente Theorie— sie fordert ja im Prinzip nur die Antisymmetrie der Relation p. Trotzdem ist ihre Vervollständigung

$$a \neq b. \qquad \text{(Unique Name Asumption)}$$
$$\forall u,v(p(u,v) \leftrightarrow (u = a \wedge v = b) \vee \neg p(v,u)).$$

inkonsistent, weil für $u = v = a$ der Widerspruch

$$p(a,a) \leftrightarrow \neg p(a,a)$$

folgt. Da aber aus inkonsistenten vervollständigten Logik-Programmen *alles* ableitbar ist, ist es in Clarks Theorem 5.3 völlig unerheblich, wie das SLDNF-Beweissystem die Query Q beurteilt—in jedem Fall läßt sich trivialerweise das

---

[38]d.h. eine Konjunktion endlich vieler, möglicherweise negativer Literale, formuliert im von P induzierten Vokabular...

Behauptete ableiten. In einer solchen Situation das Theorem zur Rechtfertigung
der *NAF* heranziehen zu wollen, wäre also vermessen.

Glücklicherweise kann zwar—wie etwa Jaffar in [95] bewiesen hat—für definite Logik-Programme (also solche, die lediglich aus Hornklauseln bestehen)
davon ausgegangen werden, daß deren Vervollständigung ebenfalls konsistent
ist. Da solche Programme jedoch keine negierten Prämissen enthalten, gibt es
mit Clarks Theorem auch—abgesehen vielleicht von der *NAF* für eine negierte
Ausgangsquery—wenig zu rechtfertigen.

Das soeben vorgeführte Beispiel zeigt anschaulich, daß die Vervollständigung
eines (normalen) Logik-Programms keinesfalls das sein muß, was "eigentlich" mit
dem Programm ausgedrückt werden sollte. Hinzu kommt, daß die *Unique Name
Assumption* für Theorien, in denen neben Konstanten auch Funktionssymbole
erwähnt werden, völlig unangemessen erscheint. Daß zwei verschiedene Konstanten immer schon unterschiedliche Individuen *benennen*, ist ja noch hinnehmbar,
daß jedoch zwei beliebige, syntaktisch verschiedene Termgebilde notwendigerweise unterschiedliche Objekte *kennzeichnen* sollen, ist unseres Erachtens nicht
mehr nachvollziehbar.

Um der geschilderten unnatürlichen freien Interpretation der Terme[39] zu entgehen, bietet es sich an, auch die Gleichheitsaxiome benutzerspezifizierbar zu
machen—etwa im Stile unserer Ausführungen in Abschnitt 4.2.3. Allerdings
ist man dann mit den—ebenfalls in dem betreffenden Abschnitt geschilderten—
grundlegenden Schwierigkeiten

- hinsichtlich der Art der Spezifikation sowie

- in Bezug auf die mit der Verarbeitung verbundenen Entscheidbarkeitspro-
  bleme

konfrontiert und hat zu berücksichtigen, daß diese "Gleichheitsaxiome" ja mit
vervollständigt werden und folglich sorgfältigst auf eine primitive Äquivalenzrelation zurückzuführen sind.

Clarks Theorem ist übrigens nicht die einzige Möglichkeit einer "Rechtfertigung" der *Negation as Failure* Regel. Vielmehr läßt es sich zu folgender Aussage
verallgemeinern (Beweise zu den Teilaussagen finden sich je in [37, 62] und [166]):

Theorem 5.4 (Rechtfertigung der *NAF*) *Sei P ein (normales) Logik-Programm und Q eine beliebige zulässige Query. Sei weiter*

$$Cl \in \{Comp, CW, Fin\}$$

*und stehe das Symbol ⊢ für Ableitbarkeit im (klassischen) Prädikatenkalkül. Dann
gilt:*

*1. Wenn das SLDNF-System beim Beweisversuch von Q (endlich) scheitert,
so läßt sich klassisch logisch das Negat von Q aus Cl(P) deduzieren:*

---

[39]*frei* im Sinne der Theorie der *freien* Algebren...

$$Cl(P) \vdash \forall(\neg Q).$$

2. Bringt das System andererseits einen Beweis mit der Antwort σ zustande, so ist diese Antwort korrekt bezüglich $Cl(P)$, d.h.:

$$Cl(P) \vdash \forall(Q\sigma).$$

Da sowohl *CW* als auch *Fin* als Varianten der *CWA* und—analog zu *Comp*—als "Vervollständigung" eines Logik-Programms angesehen werden können, ist dies auch intuitiv einsichtig. Das Ergebnis zeigt außerdem, daß man für eine "Rechtfertigung" der *NAF* zumindest auf keine Vereinbarung von der Qualität der *Unique Name Assumption* zurückgreifen braucht.

Auch die Bedrohung durch Inkonsistenzen erscheint für die Vervollständigungsoperatoren *CW* und *Fin* in einem angenehmeren Licht. Für (normale) Logik-Programme P gilt (nach Flanagan und Jaffar in [62] bzw. [95]):

Theorem 5.5 *Konsistenz der Vervollständigungskomplemente:*

1. Ist P konsistent, so auch $\neg(B_P - Ded(P))$.

2. P ist konsistent gdw. $\neg F_P$ ist konsistent.

Clarks Vervollständigung $Comp(P)$ eines konsistenten (normalen!) Logik-Programms mußte demgegenüber—wie wir am Beispiel gesehen haben—genausowenig konsistent sein wie dessen Transformation *CW* durch die *Closed World Assumption*.

5.4 Resümee

Als Resultat unserer Stetigkeitsuntersuchung zur Ausdruckskraft läßt sich folgendes festhalten:

- Auf SLD-Resolution beruhende Beweissysteme sind von einem grundsätzlich konstruktiven Charakter.

- Die Ausdruckskraft solcher Beweissysteme ist schwächer als die positiver Dialogischer Logik.

- Der Versuch einer Erweiterung der Ausdruckskraft nach klassischem Vorbild bei gleichzeitiger Beibehaltung der einfachen SLD-Resolution ist nur mit Hilfe semantisch fragwürdiger außerlogischer Konstrukte möglich.

- Ursache hierfür ist die in intuitionistischen Logiken im Vergleich zu klassischen Logiken verringerte funktionale Abhängigkeit der Konnektive.

Das Behandeln "negativer Prämissen" im klassischen Sinne ist, wie wir gesehen haben, lediglich unter Bezug auf Metaannahmen möglich, die außerhalb der SLD-Beweisprozedur verarbeitet werden. Als Leitannahme wird hierfür üblicherweise die *Closed World Assumption* herangezogen. Diese ist jedoch sowohl in ihrer semantischen (*CWA*) als auch ihren syntaktischen Ausprägungen (etwa *Comp*, *Cl* oder *Fin*) von recht zweifelhaftem Wert, da sie

1. lediglich für definite Logik-Programme konsistente Vervollständigungen garantiert und

2. die Vervollständigungen i.a. zu viel in die Ausgangstheorie hineininterpretieren (im schlimmsten Fall sogar eine Inkonsistenz).

Deshalb kann die *CWA* unseres Erachtens auch nicht für eine "Rechtfertigung" der *Negation as Failure* Regel benutzt werden. Hinzu kommt, daß die *CWA* als Abschlußoperator den Umgang mit evolvierenden logischen Theorien nahezu ausschließt. Schlüsse, die mit der *NAF* Regel durchgeführt wurden, sind nach Änderungen an der Menge der momentan geglaubten Sachverhalte i.a. nicht mehr gültig. Man hat folglich nur zwei Alternativen:

- entweder man erlaubt keine Lemmata, bei deren Herleitung die *NAF* beteiligt war, und nimmt damit unnötige Neuberechnungen eventuell komplexer Zwischenergebnisse in Kauf, oder

- man sieht sich mit der unüberschaubaren Aufgabe konfrontiert, nach Änderungen diejenigen Sachverhalte aufzuspüren und ungültig zu machen, die nicht mehr gelten können.

Wesentlich einfacher lägen die Verhältnisse, wenn eine Form der Negation zur Verfügung stünde, die nicht schon automatisch die *Nicht-Monotonie* des mit ihr verbundenen Kalküls nach sich zieht.

Verbleiben wir im Bereich der intuitionistischen Logik, so steht uns mit Heytings (schwacher) Negation eine *monotone* Variante der Negation zur Verfügung. Heyting differenziert diese Form der Negation je nach dem Typ der Aussage, auf den sie verwendet wird, nämlich auf

- mathematische Aussagen im Gegensatz zu

- Aussagen über den momentanen Stand unseres Wissens,

noch weiter in *Negation de jure* bzw. *Negation de facto* (vgl. [92]):

> "...we must well distinguish the use of 'not' in mathematics from that in explanations which are not mathematical... In mathematical assertions no ambiguity can arise: 'not' has always the strict[40] meaning. 'The proposition p is not true', or 'the proposition p is false' means 'If we suppose the truth of p, we are led to a contradiction'..."

---

[40] Wie aus diesem Zitat ersichtlich ist, verwendet Heyting hier den Begriff "Strenge" in einem anderen Sinne—wir wollen deshalb in Zukunft statt von *schwacher Negation* mit Gabbay (vgl. [69]) von *Negation as Inconsisteny* reden.

Für mathematisch logische Aussagen, mit denen wir uns hier ja in erster Linie beschäftigen, bringt Heyting an gleicher Stelle auch auf den Punkt, worum es geht:

> "Every mathematical assertion can be expressed in the form: 'I have effected the construction A in my mind'. The mathematical negation of this assertion can be expressed as 'I have effected in my mind a construction B, which deduces a contradiction from the supposition that the construction A were brought to an end', which is again of the same form. On the contrary, the factual negation of the first assertion is: 'I have not effected the construction A in my mind'; this statement has not the form of a mathematical assertion."

Sachverhalte, die mit Hilfe der *Negation as Failure* Regel (als eine Form der *de facto* Negation) erschlossen wurden—Konstruktionen entsprechen dann also SLD-Beweise und "unausgeführten" Konstruktionen endlich fehlgeschlagene SLDNF-Beweise—, sind in diesem Sinne folglich nicht-mathematisch. Es verwundert im nachhinein also nicht, daß wir bei logischer Betrachtung dieser Sachverhalte recht schnell Alogisches beobachten konnten.

Für unseren eigenen Ansatz wird die *NAF*-Regel glücklicherweise nur noch eine untergeordnete Rolle spielen, nämlich als Instrument zur *Kontrolle* von Zustandsübergängen, d.h. zur Überprüfung, ob vom Benutzer gewünschte Modifikationen der momentan geglaubten Sachverhalte logisch zulässig sind—nicht mehr jedoch als Mittel zum *Erschließen* von Sachverhalten.

Kapitel 6

Reason-Maintenance-Systeme

Die Welt ist voller sich gegenseitig widersprechender oder in sich widersprüchlicher Information—man denke etwa an die Gesamtheit der in einem größeren Büro gegenwärtigen Informationsquellen mit den ihnen zugeordneten Handlungsschemata: Daten können fehlerhaft, Rahmenbedingungen für die Erledigung einer Aufgabe partiell widersprüchlich sein; die für die Lösung eines gestellten Problems relevanten Informationen sind eventuell so komplex, daß Teilaufgaben unnötigerweise mehrfach erledigt werden oder—noch schlimmer—eine Gesamtlösung aufgrund der nur unvollständigen Kenntnis von Zusammenhängen entweder unerreichbar ist oder zu guter Letzt nicht mehr nachvollzogen werden kann.

Der derzeit beobachtbare Trend zur Rechnerunterstützung von immer komplexeren Entscheidungsprozessen verlangt zur Evaluation dieser Entscheidungen nach Systemen zur Verwaltung inkonsistener und/oder unsicherer Information sowie der zwischen den Informationsquellen bestehenden Beziehungen (Quine in [148]):

> "...It can be useful to form the habit of filing in one's memory as it were, the sources of one's information. For it can happen that sources once trusted will lose their authority for us, and one would then like to know which beliefs might merit reassessment. We may come to mistrust a source on moral grounds, having found signs of private interests and corruption, and we may also come to mistrust a source on methodological grounds, having found signs of hasty thinking and poor access to data..."

In letzter Zeit wurden für die angesprochenen Aufgaben sogenannte *Reason-Maintenance-Systeme* (RMS) entwickelt, die demjenigen System zur Seite gestellt werden, das für die Koordination und den Einsatz aller für die Lösung eines Problems relevanten Informationen zuständig ist—dem *Problemlösungssystem* (PS).

6.1   Grundbegriffe des Reason-Maintenance

Das Problemlösungs- und das Reason-Maintenance-System tauschen zur gemeinsamen Lösung des gestellten Problems Informationen aus. Stark vereinfacht hält hierfür das PS das RMS über seine Schlüsse auf dem laufenden und erwartet als Gegenleistung vom RMS eine effiziente Verwaltung der Zusammenhänge zwischen den mitgeteilten Schlüssen und Sachverhalten, die für die Problemlösung interessant werden könnten:

> "...To maintain our beliefs properly even for home consumption we
> must attend closely to how things are supported. A healthy garden
> of beliefs requires wellnourished roots and tireless pruning. When
> we want to get a belief of ours to flourish in someone else's garden,
> the question of support is doubled: we have to consider first what
> support for it sufficed at home and then how much of the same is
> ready for it in the new setting..." (Quine in [148])

Zu diesem Zweck werden zunächst Daten des PS auf die Ebene des RMS abgebildet und dann dort—nach Maßgabe des PS—über sogenannte Rechtfertigungen in Beziehung gesetzt. Jedem Problemlöser-Datum entspricht auf der RMS-Seite ein *Knoten (node)*. Dieser enthält Informationen darüber, wann er gilt, und über die Ableitungen des Problemlösers, in denen er die Folgerung ist.

Eine spezielle Form eines Knotens in einem RMS ist die *Annahme (assumption)*. Sie entspricht einer nicht weiter begründeten Hypothese des Problemlösers, auf der Schlußfolgerungen aufbauen können, die aber selbst nicht gerechtfertigt werden[1]. Das gilt auch für die sog. *Fakten (facts)*—spezielle "Annahmen", die in jedem Kontext gelten, also logisch genau so wie das *verum* behandelt werden sollen.

Eine *Rechtfertigung (justification)* beschreibt, wie ein Knoten durch andere begründet wird. Die Formel

$$x_1, x_2, \ldots, x_n \Rightarrow y$$

bedeutet, daß der Knoten y durch die Knoten $x_1, x_2, \ldots, x_n$ gerechtfertigt wird. Dabei sind die x_i die *Voraussetzungen (antecedents)* und y ist die *Folgerung (consequent)*. Rechtfertigungen fassen also Schlüsse des PS zusammen. Rechtfertigungen für den ausgezeichneten Knoten $\perp$ (das *falsum*) beschreiben widersprüchliche Sachverhalte. Annahmen können nicht gerechtfertigt werden.

Das Reason-Maintenance-System zieht seinerseits Schlüsse, nämlich auf der Grundlage der ihm bekannten Annahmen und mit Hilfe der vom PS gelieferten Rechtfertigungen. Die zugehörige Ableitbarkeitsrelation läßt sich als der transitive Abschluß der $\Rightarrow$-Beziehung auffassen. Wir schreiben sie im folgenden mit dem Zeichen $\to$. $y \to z$ gilt also genau dann, wenn eine Folge von Knoten $x_1, x_2, \ldots, x_n$ mit den Eigenschaften

---

[1] Wir werden im folgenden Annahmen mit Großbuchstaben und Knoten mit Kleinbuchstaben bezeichnen.

1. $y = x_1$,

2. für alle $i \in \{1, 2, \ldots, n-1\}$ gilt: $x_i \Rightarrow x_{i+1}$ und

3. $x_n = z$

existiert. Eine solche Folge wollen wir im folgenden *ATMS-Ableitung* nennen. Wir sind jetzt in der Lage, die Begriffe Kontext bzw. Umgebung formal zu fassen:

> Eine *Umgebung (environment)* ist eine Konjunktion von Annahmen. Sie ist *inkonsistent* genau dann, wenn aus ihr mit Hilfe der gegebenen Rechtfertigungen $\perp$ hergeleitet werden kann. Inkonsistente Umgebungen werden auch **NOGOODS**[2] genannt.

Bezeichnet $\mathcal{A}$ die Menge aller Rechtfertigungen eines RMS, so bedeutet der Ausdruck

$$\mathcal{A} \vdash U \rightarrow k,$$

daß aus den Annahmen der Umgebung U der Knoten k abgeleitet werden kann.

> Ein *Kontext (context)* ist die Menge der Annahmen einer konsistenten Umgebung vereinigt mit allen Knoten, die aus diesen Annahmen ableitbar sind.

Die *charakterisierende Umgebung* eines Kontextes ist die Menge von Annahmen, aus denen jeder Knoten des Kontextes abgeleitet werden kann. Da Annahmen selbst nicht abgeleitet werden können, gehört zu jedem Kontext genau eine charakterisierende Umgebung—die Menge der Annahmen, die in ihm auftreten.

ATMS-Ableitbarkeit ist offensichtlich ein Speziallfall von (aussagenlogischer) FWD-Ableitbarkeit[3] (vgl. Abschnitt 4.3.1). Es liegt deshalb nahe, die in einem RMS enthaltene Information—in Entsprechung zum FWD-Graphen—als gerichteten, azyklischen, bipartiten Graph[4], auch *Abhängigkeitsnetz* genannt, darzustellen. Dies ermöglicht zudem den Einsatz graphentheoretischer Algorithmen zur Auswertung von zwischen Knoten bestehenden Beziehungen.

Um das Problemlösungssystem beim Umgang mit veränderlichen Grundannahmen zu unterstützen, offeriert ein RMS üblicherweise Operatoren zur Erledigung der folgenden Aufgaben:

- Konstruktion von "Erklärungen", indem schrittweise derjenige Teil des Abhängigkeitsgraphen zurückverfolgt wird, der zum zu erklärenden Knoten beiträgt.

- Feststellung der letztendlich für das Bestehen eines Datums verantwortlichen Annahmen zur Analyse von Inkonsistenzen.

---

[2] Diese Bezeichnung wurde von deKleer in [48] eingeführt.
[3] Rechtfertigungen sind per definitionem variablenfreie Hornklauseln!
[4] Für die Bilder von Problemlösedaten sowie für Rechtfertigungen wird je eine Knotensorte verwendet. Nur im ersten Fall wird jedoch von Knoten des RMS gesprochen.

- Unterstützung von hypothetischem Schließen. Dazu werden Konsequenzen des Treffens oder Zurücknehmens von Annahmen durch das RMS automatisch und vor allem effizient berechnet.

Gerade das hypothetische Schließen bereitete ja bei den im Kapitel 3 untersuchten KI-Sprachen die größten Schwierigkeiten (aufwendiges Verwalten und Neuberechnen von Kontexten, Problem der Folgebehandlung von ASSERTS/RETRACTS) und schloß ein Experimentieren des PS mit Annahmen nahezu aus.

Ermöglicht wird hypothetisches Schließen auf der Grundlage von Reason-Maintenance-Systemen dadurch, daß Knoten im Abhängigkeitsgraphen auf irgendeine Weise als momentan geglaubt (IN) bzw. nicht-geglaubt (OUT) gekennzeichnet werden. Diese Information wird—neben anderen—als *Label* des Knoten bezeichnet. Werden Hypothesen geändert, liegt es in der Verantwortung des RMS, diese Label neu zu berechnen, eine sogenannte *Label-Propagierung* durchzuführen. Dazu werden die Rechtfertigungen verwendet. Es müssen also nicht die Inferenzen selbst neu durchgeführt werden, sondern lediglich die Rechtfertigungen zur (inkrementellen) Nachführung der Label herangezogen werden.

Es ist jetzt klar, wie die Schnittstelle zwischen dem PS und dem RMS aussieht: Der Problemlöser teilt dem RMS mit

- neue Knoten, Rechtfertigungen und Fakten,

- welche Annahmen gerade getroffen sind und

- wann Kombinationen von Annahmen zu Widersprüchen führen sollen.

Das PS erwartet dafür vom RMS die Sicherung der Konsistenz des Abhängigkeitsnetzes und die Garantie permanent aktueller Label. Nur dann nämlich kann seinerseits das RMS dem PS—auf Anfrage—mitteilen, ob

- ein gewisser Knoten gerade IN ist,

- ob das Abhängigkeitsnetz (partiell) inkonsistent ist,

- welche Annahmen zu einem Knoten bzw. Widerspruch beitragen und

- warum ein Datum (in obigem Sinn) IN ist bzw. warum ein bestimmter Widerspruch besteht.

Nachdem die Rollen und Möglichkeiten der beiden am Problemlöseprozeß beteiligten Teilsysteme PS und RMS umrissen sind, soll nun genauer erörtert werden, wie ihr Zusammenspiel funktioniert. Dies ist vor allem nötig, um zu klären, wie Negation in Reason-Maintenance-Systemen behandelt werden kann.

6.2 Negation und Reason-Maintenance

Aufgabe der Label-Propagierung ist es, ausgehend von den momentan vom PS getroffenen Annahmen, den zugehörigen *momentanen Kontext* zu berechnen. Unabhängig davon, welche Strategie das RMS zur Propagierung verwendet (vgl. hierzu unsere Diskussion am Ende von Abschnitt 4.3.3), sollte hierfür am Ende des Propagierungsprozesses

1. jeder Knoten des Abhängigkeitsnetzes entweder IN oder OUT sein,

2. jeder Knoten IN markiert sein, der bzgl. der im RMS niedergelegten Rechtfertigungen Konsequenz der momentan getroffenen Annahmen ist, und

3. jeder andere Knoten das Label OUT tragen.

Wie kann nun aber ein Algorithmus über dem Abhängigkeitsnetz entscheiden, wann ein Datum mit IN zu markieren ist?

6.2.1 Label-Propagierung

Der Fall liegt einfach, wenn ein fragliches Datum explizit als grundsätzlich gültig (Faktum) oder momentan geglaubt (Annahme) erklärt wurde. Schwieriger werden die Verhältnisse, wenn der zugehörige Knoten kein Annahmeknoten ist, sondern im Abhängigkeitsnetz über einen Pfad von den Fakten und Annahmen über Rechtfertigungen erreichbar ist. Nur dann nämlich, falls schon alle Voraussetzungen einer Rechtfertigung IN sind, ist die Rechtfertigung ein sogenannter *support* für die Folgerung. Die Rechtfertigung selbst wird dann auch als IN oder *aktiv* bezeichnet und eine Label-Neuberechnung entlang einer solchen Rechtfertigung als IN-Propagierung. Knoten, die über einen derartigen (zyklenfreien!) Pfad von den Annahmen über (aktive) Rechtfertigungen erreichbar sind, haben einen sog. *well-founded support*. Dieser ist natürlich i.a. nicht eindeutig: Sobald eine IN-Propagierung an einem Knoten anlangt, der bereits als IN gilt, kann sie für das von diesem Knoten erreichbare Teilnetz als erfolgt betrachtet werden.

Ein Knoten ist OUT, wenn er momentan ohne well-founded support ist, wenn er also durch keine IN-Propagierung den Status IN erhalten konnte.

Führt man sich vor Augen, daß der Prozeß der Label-Propagierung im Abhängigkeitsnetz als FWD-Ableitung (im Sinne von Abschnitt 4.3.1) interpretiert werden kann (IN-Knoten werden dann als *wahr* bezüglich der momentan getroffenen Annahmen interpretiert), so wird unmittelbar klar, daß ein OUT-Knoten keinesfalls schon als *falsch* eingestuft werden darf. Er ist allein deshalb OUT, weil alle entsprechenden Unterstützungsversuche fehlgeschlagen sind. Nur ein Akzeptieren von *Negation as Failure* durch das Problemlösesystem ließe demnach eine Interpretation als falsch zu[5].

---

[5]Ordnet man OUT-Knoten analog zu IN-Knoten eigene (negative) Annahmen zu, so entsteht ein ganz neuer (nicht-monotoner) ATMS-Ableitbarkeitsbegriff (vgl. Dressler in [54] und für eine Kritik Euler in [60]).

So ohne weiteres können also negative Sachverhalte in einem RMS gar nicht ausgedrückt werden. Direkt möglich ist dies eigentlich nur bei Annahmen—sie wurden ja explizit zu IN erklärt: Ihr IN-Status kann einfach zurückgenommen werden, indem man sie zu OUT erklärt. Auch diese neue Information muß jedoch im Abhängigkeitsnetz weiterpropagiert werden—schließlich soll das RMS in Anbetracht einer veränderlichen Menge von Grundannahmen jederzeit ein *totales* Bild der Knotenzustände im Abhängigkeitsnetz liefern[6].

Der entsprechende Prozeß für negative Sachverhalte (eine sogenannte OUT-Propagierung) ist wesentlich komplizierter als der der IN-Propagierung: Eine Rechtfertigung, die aktiv war und bei der mindestens eine Voraussetzung OUT wird, ist zwar selbst kein support mehr für ihre Folgerung. Das erlaubt jedoch noch nicht ein Ändern des Folgerungslabels von IN nach OUT, da die Folgerung ja immer noch durch eine andere Rechtfertigung unterstützt sein kann. Der Algorithmus zur Label-Propagierung muß deswegen versuchen, einen anderen support für den fraglichen Knoten zu finden (ein Vorgang, der *unouting* genannt wird), im Prinzip also eine IN-Propagierung startend von dessen Grundannahmen durchführen. Analog zur IN-Propagierung kann die OUT-Propagierung für diejenigen Teile des Abhängigkeitsnetzes als erledigt betrachtet werden, in die die OUT-Propagierung über einen Knoten führt, der bereits OUT war.

6.2.2　Behandlung von NOGOODS

Eine besondere Rolle kommt bei der Propagierung dem ausgezeichneten Knoten $\perp$ zu; erlaubt seine Verwendung auf der rechten Seite von Rechtfertigungen (also in NOGOODS) doch die Formulierung von Verboten—vgl. unsere Erörterungen in Abschnitt 5.3.1. Die Rechtfertigung

$$x_1, \ldots, x_n \Rightarrow \perp$$

besagt demgemäß, daß die Sachverhalte, die durch die Knoten $x_1, \ldots, x_n$ vertreten werden, nicht gleichzeitig aufrechterhalten werden dürfen.

Sichergestellt wird diese Bedingung durch eine einfache Spezialbehandlung des $\perp$-Knotens: Solange dessen Status OUT ist, ist nichts zu tun. Kritisch wird die Situation erst, wenn der Knoten von einer IN-Propagierung erreicht wird. Danach müssen jene Annahmen lokalisiert werden, die diese Propagierung ausgelöst haben, und anschließend muß—nach Maßgabe des Problemlösungssystem—durch gezieltes Zurücknehmen mindestens einer dieser Annahmen der support für den Knoten $\perp$ abgebaut werden:

> "...the characteristic occasion for questioning beliefs is ... the situation where a new belief, up for adoption, conflicts somehow with the present body of beliefs as a body.

---

[6]Vom Entscheidbarkeitsstandpunkt her ist dies ein triviales Problem, da der Abhängigkeitsgraph ja endlich und endlich verzweigt ist und die einzelnen Knoten für Sachverhalte stehen, die sich variablenfrei formulieren lassen. Auf der anderen Seite ist das Problem als Graphensuchproblem bereits NP-vollständig!

> Now when a set of beliefs is inconsistent, at least one of the beliefs
> must be rejected as false; but a question may remain open as to which
> to reject. Evidence must then be assessed, with a view to rejecting
> the least firmly supported of the conflicting beliefs. But even that
> belief will have had some supporting evidence, however shakey; so in
> rejecting it we may have to reject also some tenous belief that helped
> to support it. Revision may thus progress downward as the evidence
> thins out..." (Quine in [148])

Interpretieren wir das Eintreten einer solchen widersprüchlichen Situation so,
als ob die—durch ein gezieltes Aufstellen und Zurücknehmen von Annahmen
gesteuerte—Suche des PS in einer Sackgasse anlangt, wird unmittelbar ersichtlich, warum ein RMS-unterstütztes PS einem auf blindem Backtracking beruhen-
den System überlegen ist. Das RMS verfügt ja über Mittel, um ausgehend vom
Widerspruchsknoten festzustellen, welche Annahmen letztendlich für den Widerspruch verantwortlich waren. Diese Information kann dann eingesetzt werden,
um die betroffenen Annahmenkombinationen für weitere Suchaktionen von vornherein auszuschließen.

Sinnvollerweise sollte die Information über die Ursache eines Widerspruchs
also aufgehoben werden, um nicht erneut berechnet werden zu müssen. Dabei
ist allerdings mit größter Vorsicht vorzugehen. So sind etwa logisch nicht nach-
vollziehbare, destruktive Änderungen am Abhängigkeitsnetz (etwa das Löschen
gewisser Rechtfertigungen) zu vermeiden.

Ein RMS bietet also die Möglichkeit, schwache Negation direkt auszudrücken:
Die schwache Negation Q von P (geschrieben $Q \equiv \neg P$) kann dann mit der Formel
$P, Q \Rightarrow \bot$ umschrieben werden. Die folgende Tabelle[7] gibt Aufschluß über den
Status des zu einem Knoten gehörenden Sachverhaltes P und seiner schwachen
Negation ¬P:

	IN(P)	OUT(P)
IN(¬P)	Widerspruch	P gilt momentan nicht
OUT(¬P)	P gilt momentan	P momentan unbestimmt

Die Tabelle zeigt übrigens erneut, daß OUT(P) in der Tat nicht als "P ist gerade
falsch" gelesen werden kann, da ja andernfalls die Aussage OUT(P) im Widerspruch zur Aussage OUT(¬P) stehen müßte.

6.2.3 Defaults und Trigger

Die Versuchung ist natürlich groß, durch spezielle Maßnahmen von vornherein
die Unbestimmtheitssituation

$$\text{OUT}(P) \wedge \text{OUT}(\neg P)$$

---

[7]IN(P) (OUT(P)) möge bedeuten, daß der Knoten zum Sachverhalt P gerade mit IN (OUT)
markiert ist.

auszuschließen, also IN(P) oder IN(¬P) als *Default* anzusetzen. Dazu muß allerdings die Sprache der Rechtfertigungen um *Metaprädikate* erweitert werden—am einfachsten so, wie wir das schon die ganze Zeit tun: durch die Metaprädikate IN und OUT. Damit lassen sich dann Vorränge formulieren, z.B. der Default IN(P) vermöge der Rechtfertigung

$$\texttt{OUT}(\neg P) \;\Rightarrow\; \texttt{IN}(P).$$

Unterstellen wir außerdem, daß der Algorithmus zur Label Propagierung *korrekt* ist, so können wir auf das Metaprädikat IN verzichten, da dann ja P logisch aus IN(P) folgt. Wir sind damit—abgesehen von unwesentlichen terminologischen Unterschieden—bei dem klassischen, nicht-monotonen Reason-Maintenance-System angekommen, wie es von Doyle (in [46] und [53]) nicht zuletzt zur Handhabung von Defaults begründet wurde. Zwei Punkte verdienen jedoch noch besondere Erwähnung:

1. Erst die selbstreferentiellen Möglichkeiten, die durch die Anreicherung um das Metaprädikat OUT geschaffen wurden, machen das RMS zu einem nicht-monotonen Schlußfolgerungssystem—schließlich liegt es in der Natur eines Defaults P, daß er als revidierbar angesehen wird, daß z.B. die späte Erkenntnis von ¬P ihn invalidieren kann.

2. Die beschriebene Handhabung des OUT-Prädikates bedeutet ein Akzeptieren der *Negation as Failure* Regel, da ein Knoten ja genau dann OUT ist, wenn jeder Versuch fehlschlägt, ihn über eine IN-Propagierung mit IN zu markieren.

Mit dem Wunsch nach automatischer Behandlung von Defaults sind zahlreiche derzeit noch ungelöste Probleme verbunden—erzwingt sie doch im Widerspruchsfalle eine nicht-monotone und damit *alogische* Revision des Abhängigkeitsnetzes: Defaults müßten im Hinblick auf ihre Verläßlichkeit gewichtet und Schemata zu ihrer Verknüpfung und Manipulation entworfen werden, im Prinzip also eine *Prozeduralisierung* der Abhängigkeitsinformation durchgeführt werden, mit der der logische Charakter der soweit beschriebenen Verarbeitungsmechanismen aufzugeben wäre. Nicht zuletzt aus diesem Grunde bieten wohl zahlreiche Reason-Maintenance-Systeme Konzepte ähnlich denen der *Datenbanktrigger*, mit deren Hilfe ein Teil der Widerspruchsbehandlung durch das RMS selbst abgewickelt werden soll—etwa nach Art der *Dämonen* in McAllesters *Reasoning Utility Package* (vgl. [120]).

   Wir wollen RMS-Trigger in unserem eigenen Ansatz gar nicht verwenden[8] und hier auch nicht beschreiben: Einmal weil wir damit erneut die schon abgeschlossene deklarativ/prozedural Diskussion von Kapitel 3 aufgreifen müßten, und zum anderen, weil selbst bei Verwendung dieser prozeduralen RMS-Konstrukte gewisse durch die Nicht-Monotonie erkaufte Probleme ungelöst bleiben—etwa die

---

[8]Obwohl wir auch einen Triggermechanismus einführen werden, der allerdings unter ausschließlicher Kontrolle des PS steht.

Handhabung von Zyklen im Abhängigkeitsnetz, die sowohl IN- als auch OUT-Prämissen zum gleichen Knoten enthalten. Der kürzeste derartige Zyklus wird durch eine einzige nicht-monotone Rechtfertigung—die Entsprechung zum klassischen "Lügner" (vgl. Barwise in [11])—beschrieben:

$$OUT(P) \Rightarrow P$$

Solche Zyklen machen die erste der zu Anfang dieses Abschnittes geschilderten Anforderungen an eine Kontextberechnung zunichte und sind deswegen—wie auch immer—vom RMS zu erkennen und zu eliminieren. Egal, wie der Algorithmus den zu P gehörigen Knoten markieren möchte—die Markierung bleibt bzgl. P immer inkonsistent. Bezeichnenderweise scheinen Abhängigkeitsnetzen, die mit derartigen Zyklen behaftet sind, solche inkonsistenten Logik-Programmen zu entsprechen, die durch Vervollständigung von normalen Logik-Programmen (*normal* entsprechend der Definition in Abschnitt 5.3.2) entstehen—vgl. unsere Ausführungen in Abschnitt 5.3.3.

Mit der Verwendung eines RMS wird also das Problem des Behandelns negativer Sachverhalte durch das PS keinesfalls gelöst, sondern bestenfalls auf die Seite des RMS, also in den Kalkül über variablenfreien Hornklauseln, verschoben[9].

6.3 Multiple Welten: DeKleers ATMS

Offensichtlich wird das kontinuierliche Aktualisieren der Label im Abhängigkeitsnetz recht teuer, wenn sich die Menge der momentan geglaubten Annahmen häufig ändert:

- Das Treffen einer neuen Annahme (markieren einer bestehenden Annahme als IN) löst jedesmal eine IN-Propagierung aus. Diese kann über einen grossen Bereich des Abhängigkeitsnetzes laufen.

- Das Zurücknehmen einer Annahme ist noch aufwendiger, da hierfür nach dem Umsetzen ihres Status auf OUT eine OUT-Propagierung durchzuführen ist, die wiederum IN-Propagierungen auslösen kann.

In beiden Fällen werden eventuell Teile der Propagierung mehrfach durchgeführt, etwa dann, wenn logisch voneinander abhängige Knoten ihren Status ändern. Darüber hinaus ist die OUT-Propagierung auch dadurch entschieden teurer als die IN-Propagierung, daß zunächst die Grundannahmen von bei der OUT-Propagierung angetroffenen Knoten, die ihren IN-Status verlieren könnten, bestimmt werden müssen!

Das beschriebene Verhalten wird inakzeptabel, wenn Kontextwechsel häufig sind (z.B. weil das PS mehrere Kontexte gleichzeitig—etwa für Vergleichszwecke—betrachten möchte). Für solche Fälle liegt es daher nahe, die Information, in welchen Kontexten ein Knoten gilt, möglichst im betreffenden Knoten selbst

---

[9]Denn um solche handelt es sich ja bei den Rechtfertigungen...

zu lokalisieren und nicht erst im Bedarfsfall durch eine aufwendige Graphensuche
zu ermitteln.

Je nach Art der Label-Neuberechnung und nach dem Umfang der Information, die in einem RMS-Knoten gespeichert wird, lassen sich zwei Haupttypen
von Reason-Maintenance-Systemen unterscheiden:

- *rechtfertigungsbasierte Systeme,* bei denen im Label lediglich vermerkt ist,
  ob der betreffende Knoten momentan IN oder OUT ist (diese Systeme wurden erstmals von Doyle etwa in [46] und [53] betrachtet und u.a. von McAllester mit [120] weitergeführt), und

- *annahmenbasierte Systeme* (eingeführt durch deKleer mit [47]), bei denen
  Label auf kompakte Art und Weise auf die Gesamtheit von Umgebungen
  verweisen, in denen ihr Knoten gilt.

Die Unterschiede und Gemeinsamkeiten beider Ansätze werden etwa in [153]
genauer untersucht.

Wir wollen für diese Arbeit in erster Linie deKleers annahmenbasierten Ansatz, das *Assumption Based Truth Maintenance System* (kurz ATMS) darstellen,
und auch das nur in dem Umfang, wie es für die späteren Ausführungen benötigt
wird. Für Details konsultiere man deKleers Arbeiten [48, 49, 50, 51, 52] sowie
Dressler [54] und Euler [60].

6.3.1 ATMS-Entwurfsprinzipien

Dem ATMS liegen im wesentlichen die folgenden Entwurfsprinzipien zugrunde:

1. Aufbau auf Annahmen: Der Suchraum des Problemlösers wird als ein von
   unabhängigen Annahmen aufgespannter Raum verstanden. Eine Lösung
   des Problems besteht genau aus der Menge von Annahmen, die gültig sind.
   Jede Menge von Annahmen beschreibt einen Teilraum des Suchraums, einen sogenannten Kontext; je kleiner die Menge ist, desto genereller ist der
   zugehörige Kontext. Durch die leere Annahmenmenge wird der gesamte
   Suchraum beschrieben.

2. Jedem Sachverhalt ist die Menge der Kontexte zugeordnet, in denen er gilt.
   Der Problemlöser teilt dazu jede relevante Schlußfolgerung, die er macht,
   dem ATMS mit. Das ATMS speichert diese Schlußfolgerungen ab und berechnet für jeden Sachverhalt, in welchen Kontexten er gilt (ein spezieller
   Sachverhalt ist dabei der Widerspruch). Durch diese Vorgehensweise kann
   der Problemlöser später effizient feststellen, ob ein bestimmter Sachverhalt
   in einem gegebenen Kontext gilt, wenn das schon einmal berechnet wurde.
   Beziehungen, die für mehrere Punkte des Suchraums gelten, brauchen folglich nur einmal hergeleitet zu werden und stehen trotzdem an jedem Punkt
   des Suchraums zur Verfügung.

3. Das ATMS unterstützt—im Gegensatz zu einem rechtfertigungsbasierten System (im folgenden auch mit JTMS abgekürzt)—ein paralleles Arbeiten an mehreren Kontexten, da die Knoten des Abhängigkeitsnetzes nicht nur ihren momentanen Status (IN bzw. OUT) vermerkt haben, sondern in kompakter Weise jene Kontexte, in denen sie gelten.

4. Minimierung der Arbeit des Problemlösers: Information über bereits erschlossene Sachverhalte wird grundsätzlich aufgehoben und nicht—etwa wie beim chronologischen Backtracking—verworfen, sobald eine Entscheidung getroffen wurde. Das ATMS stellt folglich sicher, daß keine Schlußfolgerung doppelt (das heißt unnötig) gemacht werden muß.

Das *Label eines Knotens* ist die kleinste Menge von konsistenten Umgebungen, aus denen das Problemlöserdatum des Knotens abgeleitet werden kann. Das *Label einer Annahme* enthält nur eine Umgebung, nämlich die, die aus genau dieser Annahme besteht. Es kann sich nur ändern, wenn die Annahme widersprüchlich wird, und ist dann leer. Das Label des Knotens $\perp$ ist immer leer, da alle Umgebungen, in denen er abgeleitet werden kann, widersprüchlich sind. Dürften inkonsistente Umgebungen in Labeln vorkommen, so würden sie zum Label von $\perp$ beitragen.

Die Kontextrepräsentation im ATMS ist gewissermaßen dual zum Kontextmechanismus in CONNIVER, wie wir ihn in Abschnitt 3.2 skizziert haben: Sachverhalte werden nun nicht mehr über einen bestimmten Kontext indiziert, sondern umgekehrt die minimalen Spezifikationen eines Kontexts über einen bestimmten Sachverhalt.

6.3.2 Eigenschaften von ATMS-Labeln

Im folgenden sind die charakteristischen Merkmale eines ATMS-Labels zusammengefaßt: Sei $\mathcal{A}$ die Menge aller Rechtfertigungen. Das Label L eines Knotens k genügt dann diesen Bedingungen:

Konsistenz: Alle Umgebungen U des Labels sind konsistent:

$$\forall U \in L : U \not\vdash \perp.$$

Korrektheit: Aus jeder Umgebung U des Labels kann der Knoten selbst abgeleitet werden:
$$\forall U \in L : \mathcal{A} \vdash U \to k.$$

Vollständigkeit: Für jede konsistente Umgebung, aus deren Annahmen k abgeleitet werden kann, existiert im Label von k eine Umgebung, die Teilmenge dieser Umgebung ist:

$$\forall U, (U \text{ konsistent}) \wedge (\mathcal{A} \vdash U \to k) : \exists U' \in L : U' \subseteq U.$$

Minimalität: Keine zwei verschiedenen Umgebungen eines Labels sind Teilmenge voneinander.

$$\forall U_1, U_2 \in L : (U_1 = U_2) \vee (U_1 \not\subseteq U_2).$$

Zum Vergleich: Für ein JTMS wird nur verlangt, daß der IN/OUT-Status des Knotens (der dort dem Label entspricht) mit der momentanen Menge von Grundannahmen verträglich ist. Da im JTMS lediglich *eine* (momentane) Umgebung U verwaltet wird, fallen dort die vier Label-Bedingungen zu den beiden Spezialfällen

Konsistenz: Die momentane Umgebung U ist konsistent: $U \not\rightarrow \perp$ und

Korrektheit: U ist verträglich mit den Rechtfertigungen: $\mathcal{A} \vdash U \rightarrow k$

zusammen.

In einem ATMS läßt sich aufgrund der geschilderten Label-Eigenschaften sehr einfach feststellen, ob ein Knoten in einem Kontext ist (der durch seine charakterisierende Umgebung gegeben ist) und ob ein Knoten aus einer Umgebung hergeleitet werden kann. Außerdem erfordet ein Kontextwechsel keinen Berechnungsaufwand, da von einem Knoten über sein Label gerade die Umgebungen gekennzeichnet werden, in denen er gilt. Ein ATMS-Knoten ist nämlich in einem vorgegebenen Kontext genau dann (IN), wenn in seinem Label eine Umgebung existiert, die Teilmenge der charakterisierenden Umgebung dieses Kontextes ist.

Sei k ein Knoten, L sein Label, *Kon* ein Kontext und *Char(Kon)* die charakterisierende Umgebung von *Kon*. Dann gilt:

$$k \text{ ist in } Kon \quad \text{gdw.} \quad \exists U \in L : U \subseteq Char(Kon).$$

Ein Knoten kann folglich aus einer Umgebung genau dann hergeleitet werden, wenn in seinem Label eine Umgebung existiert, die Teilmenge dieser Umgebung ist:

Sei k ein Knoten, L sein Label und U eine Umgebung. Dann gilt:

$$U \text{ leitet } k \text{ ab} \quad \text{gdw.} \quad \exists U' \in L : U' \subseteq U.$$

Außerdem ist ein Knoten genau dann *wahr* (d.h. er gilt in jedem Kontext), wenn sein Label die leere Umgebung enthält. Hat er dagegen ein leeres Label, so gilt er in keinem Kontext, der dem ATMS bisher bekannt ist. Dies kann sich nur durch Hinzufügen von Annahmen oder Rechtfertigungen ändern.

In Kauf genommen werden muß im ATMS (neben einem erhöhten Speicherbedarf für die Label) ein komplizierter Algorithmus zur Label-Propagierung—ausführliche Darstellungen finden sich in deKleer [48] und Euler [60]. An dieser Stelle soll nur skizziert werden, was dieser Algorithmus zu leisten hat:

Die Kontexte eines Knotens sind die Vereinigungsmenge der Kontexte, die durch die verschiedenen Rechtfertigungen, in denen der Knoten Folgerung ist, eingebracht werden. Die Kontexte, die eine Rechtfertigung einbringt, sind die Schnittmenge der Kontexte ihrer Voraussetzungen.

Auf Umgebungen bezogen heißt das: Man berechnet zuerst für jede Rechtfertigung, welche Umgebungen sie beiträgt—diese Menge wollen wir in Analogie zu Knoten als ihr *Label* bezeichnen. Seien nun l_i die Label zu den Knoten k_i; dann ist das Label l_A der Rechtfertigung A

$$k_1, k_2, \ldots, k_n \Rightarrow k$$

identisch mit

$$\left\{ U \mid U = \bigcup_{1 \leq i \leq n} U_i \text{ mit } U \text{ konsistent und } U_i \in l_i \right\}.$$

Es sind also alle Vereinigungsmengen U aus je einer Umgebung des Labels jeder Voraussetzung zu bilden[10]. Danach sollten noch—zur Minimierung des Labels der Rechtfertigung—die Umgebungen, die Obermenge einer anderen Umgebung der Menge sind, entfernt werden.

In einem zweiten Schritt müssen dann die Label aller Rechtfertigungen eines Knotens vereinigt und das Ergebnis erneut minimiert werden. Ist k also ein Knoten, der Folgerung in m Rechtfertigungen ist:

$$
\begin{aligned}
A_1 : \quad & k_{11}, \ldots, k_{1n_1} && \Rightarrow && k \\
A_2 : \quad & k_{21}, \ldots, k_{2n_2} && \Rightarrow && k \\
& \;\;\vdots && \vdots && \vdots \\
A_m : \quad & k_{m1}, \ldots, k_{mn_m} && \Rightarrow && k
\end{aligned}
$$

(l_j sei wieder das Label zur Rechtfertigung A_j), so berechnet sich das Label l von k nach der Formel

$$l := \bigcup_{1 \leq j \leq m} l_j$$

und braucht nur abschließend—wie schon die Label der Rechtfertigungen—minimiert zu werden.

Natürlich wird eine Implementierung dieses Verfahrens inkrementell arbeiten, d.h. beim Berechnen des Labels nicht alle Rechtfertigungen betrachten, sondern jeweils nur die Rechtfertigung, die neu dazugekommen ist oder die die Label-Propagierung ausgelöst hat. Dazu ist dann schlicht die Vereinigungsmenge der Umgebungen des alten Labels mit denen dieser Rechtfertigung zu bilden (und anschließend zu minimieren). Dieses Vorgehen reduziert folglich—bei gleichem Ergebnis—erheblich den Berechnungsaufwand.

---

[10]Dabei entspricht diese Vereinigung von Annahmenmengen dem Durchschnitt von Umgebungen, da Umgebungen ja Konjunktionen von Annahmen sind.

6.3.3   Grundfunktionen des ATMS

Das ATMS stellt dem übergeordneten Problemlöser folgende Grundfunktionen
zur Verfügung:

ASSUME: Erzeugen einer Annahme für ein Datum des Problemlösers.

NODE: Erzeugen eines Knotens für ein Datum des Problemlösers.

JUSTIFY: Hinzufügen einer Rechtfertigung zu einem Knoten. Hierbei wird das
           Label des Knotens und die Label aller anderen betroffenen Knoten neu
           berechnet.

LABEL: Ausgabe des Labels eines Knotens.

NOGOODS: Berechnung der Liste der **NOGOODS**.

HOLDS?: Abfrage, ob ein Knoten in einem bestimmten Kontext ist oder nicht.

Wir haben die Grundfunktion **FACT** bewußt nicht in diese Auflistung aufgenommen. Der von ihr bewirkte Effekt—das Treffen einer universellen, d.h. in allen
Umgebungen gültigen Annahme—läßt sich nämlich besser dadurch erreichen, daß
das PS universelle Annahmen explizit in all den Kontexten erwähnt, an deren
Knoten es interessiert ist.

6.3.4   Disjunktionen und Defaults

Das ATMS, soweit wir es bis jetzt dargestellt haben, gestattet nur die Formulierung von Rechtfertigungen der Form

$$x_1, x_2, \ldots, x_n \Rightarrow y,$$

also Horn-Klauseln. Um die volle Klauselform

$$x_1, x_2, \ldots, x_n \Rightarrow y_1, y_2, \ldots, y_m$$

verarbeiten zu können, schlägt deKleer in [49] die Einführung der *primitiven
Disjunktion* von Annahmen als neues Konzept vor. Dazu wird das ATMS um
eine Operation namens **CHOOSE** erweitert. Die Anwendung

$$choose\{A_1, A_2, \ldots\}$$

dieses Operators auf eine Menge von Annahmen soll bewirken, daß die logische
"Disjunktion" dieser Annahmen gilt. Die Bekanntgabe eines **CHOOSE** ist genauso
wie die eines **NOGOODS** oder einer Rechtfertigung nicht mehr rückgängig machbar.
CHOOSES werden von deKleer folgendermaßen semantisch charakterisiert:

- Jeder Kontext muß entweder selbst eine der Annahmen A_i enthalten oder
  einen umfassenden Kontext besitzen, der ein solches A_i enthält.

- Jeder maximal konsistente Kontext muß selbst mindestens eine der Annahmen A_i enthalten.

Nach unseren Ausführungen in Abschnitt 5.2.3 ist klar, daß diese Semantik nicht allein mit konsequenzlogischen Mitteln erzielt werden kann—andernfalls ließe sich ja die klassische Disjunktion schon in der Hornklausellogik formulieren und als solche nachweisen.

Die mit der Behandlung von CHOOSE-Operationen verbundenen notwendigen Änderungen an Labeln von Knoten können also mit dem bisherigen Algorithmus zur Label-Ausbreitung nicht berechnet werden. Sie führen vielmehr dazu, daß Konsistenz und Vollständigkeit von Labeln verlorengehen. So bleiben etwa NOGOODS, die sich mit Hilfe von CHOOSES verkleinern lassen, unentdeckt (und damit die Label, die solche unerkannten NOGOODS enthalten, inkonsistent); oder es werden Label unvollständig minimiert, da dem Ausbreitungsalgorithmus Mittel zur Vereinfachung von disjunktiven Normalformen aufgrund elementarer Disjunktionen fehlen.

Eine saubere prozedurale (und damit außerlogische) Behandlung von "Disjunktionen" erfordert also zusätzliche Inferenzregeln, um sicherstellen zu können, daß die notwendigen Änderungen im Abhängigkeitsnetz durchgeführt werden. DeKleer nennt in [49] zwei solche Regeln—ersichtlicherweise Hyperresolutionsregeln—, von denen er behauptet, daß sie Konsistenz und Vollständigkeit von Labeln garantieren. Beide betreffen das Zusammenwirken von Disjunktionen und NOGOODS.

Die erste der beiden Hyperresolutionsregeln sichert die Konsistenz von Labeln

$$\frac{choose\{A_1,\dots,A_n\} \qquad nogood[\alpha_i] \text{ mit } A_i \in \alpha_i \text{ und } A_{j \neq i} \notin \alpha_i \text{ für } 1 \le i \le n}{nogood\bigcup_i[\alpha_i - \{A_i\}],} \qquad (6.1).$$

und die zweite die Vollständigkeit:

$$\frac{choose\{A_1,\dots,A_n\} \qquad \lambda \text{ ist Label zu Knoten } k \qquad nogood[\{A_i\} \cup \alpha_i] \text{ mit } A_i \in \alpha_i \text{ und } A_{j \neq i} \notin \alpha_i \text{ für } 1 \le i \le n}{\{\bigcup \alpha_i\} \cup \lambda^* \text{ ist neues Label von } k,} \qquad (6.2)$$

wobei λ^* aus λ durch Entfernen aller Obermengen von $\bigcup \alpha_i$ ensteht.

Es liegt auf der Hand, daß ein konsequentes Anwenden dieser Regeln enorm ineffizient ist. Die Vorteile, die mit der Beschränkung auf die Sprache der Hornklausellogik gewonnen wurden, können demnach zu Recht infrage gestellt werden:

> Wenn eine derartige Behandlung der Disjunktion durch ein Reason-Maintenance-System nur mit einer Komplexität zu erzielen ist, die mit der eines Beweisers für die volle Klausellogik vergleichbar ist, warum verwendet man dann nicht gleich die Sprache beliebiger Klauseln?

Bei deKleer finden sich in [49, S. 170ff] zwei verschiedene Antworten auf diese Frage, die wir auch getrennt behandeln wollen:

1. Die Regeln (6.1) und (6.2) können durch effizient verarbeitbare Spezialfälle ersetzt werden. Die damit erkauften Inkonsistenzen und Unvollständigkeiten sind in den meisten Fällen irrelevant.

2. Die sachgemäße Behandlung primitiver Disjunktionen kann vom ATMS dann ohne (weitere) Steigerung der Komplexität gewährleistet werden, wenn sie im Rahmen einer—noch zu erläuternden—Default-Behandlung durchgeführt wird.

Zur Würdigung der ersten Antwort wollen wir klären, was vom "Konzept der klassischen Disjunktion" übrigbleibt, wenn man die Regeln (6.1) und (6.2) so wie deKleer spezialisiert. Hier sind die Spezialfälle: Der von Regel (6.1)

$$\frac{choose\{A\} \quad nogood[\{A\} \cup \alpha]}{nogood[\alpha]} \tag{6.3}$$

und der von Regel (6.2):

$$\frac{choose\{A\} \quad \{\{A\} \cup \alpha\} \cup \beta \text{ ist Label zu Knoten } k}{\{\alpha\} \cup \beta \text{ ist neues Label von } k.} \tag{6.4}$$

Beide Schlüsse sind vom konstruktivistischen Standpunkt aus unbedenklich, da ja aufgrund von *choose*$\{A\}$ die Annahme A zum Faktum gemacht wird, womit die Regeln trivialerweise auch intuitionistisch korrekt sind. Auch ist die zu Regel (6.3) duale Formel

$$\frac{nogood\{A\} \quad choose[\{A\} \cup \alpha]}{choose[\alpha],} \tag{6.5}$$

von der sich deKleer eine weitere Reduzierung von Inkonsistenzen erhofft, intuitionistisch vertretbar, da durch *nogood*$\{A\}$ die Annahme A zum Widerspruch gemacht wird, womit die Korrektheit der Regel unmittelbar folgt, wenn man— entsprechend den Ausführungen in Abschnitt 5.2.3—deKleers primitive Disjunktion intuitionistisch liest:

$$choose\{A, B\} \equiv (A \rightarrow B) \rightarrow B.$$

Mit den genannten Spezialfällen wird also offensichtlich *keine* Disjunktion im klassischen Sinne eingeführt, da zu ihrer Rechtfertigung nicht über konsequenzlogische Ausdrucksmittel hinausgegangen werden muß. Sie formalisieren lediglich eine Sonderbehandlung von Fakten (Annahmen äquivalent zum *Verum*) und singulären Widersprüchen (Annahmen äquivalent zum *falsum*), die sowieso besser das Problemlösungssystem durchführen sollte[11].

---

[11]Zumal ja—wie bereits erwähnt—weder CHOOSES noch NOGOODS zurückgenommen werden können.

Völlig anders liegen die Verhältnisse, wenn man weniger rigorose Spezialisierungen der allgemeinen Hyperresolutionsregeln betrachtet. Bereits die folgende Spezialform der Hyperresolutionsregel (6.1)

$$\frac{\begin{array}{l} choose\{A, B\} \\ nogood\{A, C\} \\ nogood\{B, D\} \end{array}}{nogood\{C, D\}} \qquad (6.6)$$

läßt sich rein konsequenzlogisch, d.h. ohne Ausnutzung des *tertium non datur* oder der *Regel der doppelten Negation*, nicht mehr nachvollziehen.

Auch das Hauptanliegen, mit dem deKleer die Einführung der Disjunktion begründet, eine Realisierung der klassischen Negation, kann mit den effizient verarbeitbaren Spezialfällen nicht verwirklicht werden. Klassische Negation läßt sich mit Hilfe der primitiven Disjunktion zwar implizit für einzelne Annahmenpaare A_1 und A_2 formulieren

$$A_1, A_2 \Rightarrow \perp$$
$$choose\{A_1, A_2\},$$

und suggestiv mit der Abkürzung $A_2 \equiv \neg A_1$ schreiben. Das ändert aber nichts daran, daß sie logisch gesehen nur dann vom ATMS wie eine klassische Negation behandelt wird, wenn auch die allgemeinen Hyperresolutionsregeln verwendet werden. Mit den Spezialfällen allein wird lediglich die schwache Negation realisiert, falls nicht zufällig A_1 oder A_2 zu einem späteren Zeitpunkt zu Fakten bzw. singulären Widersprüchen gemacht werden.

Wenden wir uns also der zweiten Antwort von deKleer zu: Für viele Anwendungen erscheint es sinnvoll, Schlüsse der Form "wenn es *konsistent* ist, x anzunehmen, dann nimm an, daß x gilt" anzuwenden. Sie werden als *default rules* oder kurz als *Defaults* bezeichnet.

Default-Regeln verletzen die in konventionellen Logiken gültige *Monotonie der Ableitbarkeit*: Ein Sachverhalt, der aus einer bestimmten Menge von Rechtfertigungen ableitbar ist, ist auch aus jeder ihrer Obermengen ableitbar. Läßt man Defaults zu, so kann durch neue Rechtfertigungen ein Sachverhalt, der bis dahin ableitbar war, plötzlich unableitbar werden. Das ATMS, soweit wir es geschildert haben, vollzieht—selbst bei Zugrundelegung der allgemeinen Hyperresolutionsregeln—monotone Schlüsse. Um nicht-monotone Effekte zu behandeln, sind größere Eingriffe in die Verarbeitungsmechanismen erforderlich.

Bei deKleer wird ein Default n durch einen Knoten dargestellt, der von genau einer Annahme N gerechtfertigt wird:

$$N \Rightarrow n.$$

Lösungen des Suchproblems sind dann nur jene Kontexte, die entweder die Annahme N enthalten, oder solche, in denen sie inkonsistent ist. Da Annahmen, die in Defaults auftreten, nicht von anderen Annahmen unterschieden werden können, müssen *alle* Annahmen so behandelt werden, als ob sie in einem Default vorkämen. Kein anderer (konsistenter) Kontext kann also Obermenge eines Lösungskontextes sein. Eine Lösung ist somit ein maximaler Kontext. Er wird als *Erweiterung (extension)* bezeichnet. Seine charakterisierende Umgebung heißt *Interpretation*.

Mit der Kodierung von Defaults durch Annahmen wird die Vollständigkeit von Labeln vielfach verletzt. Beispielsweise gilt jeder Default, dessen Annahme in keiner weiteren Rechtfertigung auftritt, in jedem maximalen Kontext. Das Label eines solchen Default bekommt durch den normalen Algorithmus zur Labelausbreitung eine nichtleere Umgebung, nämlich die, die nur aus der entsprechenden Annahme besteht, obgleich es eigentlich nur die leere Umgebung enthalten dürfte. Wie deKleer ausführt, ist dies jedoch in der Praxis irrelevant, da das Problem nur bei Kontexten auftritt, die keine Erweiterungen sind, und der Problemlöser nur an den Erweiterungen interessiert ist, wenn Defaults vorhanden sind.

Woher kommen nun die Erweiterungen? Nachdem das Problemlösungssystem dem ATMS alle Annahmen, Knoten und Rechtfertigungen bekanntgemacht hat, wird eine zusätzliche Operation durchgeführt, die *Interpretationskonstruktion*. Sie liefert die maximalen konsistenten Umgebungen und berücksichtigt dabei die Disjunktionen und **NOGOODS**—der verwendete Algorithmus ist in deKleer [49] und Euler [60] beschrieben. Er zeigt übrigens anschaulich, wie sehr das Endresultat einer schrittweisen konsistenten Erweiterung konsistenter Ausgangskontexte von der Reihenfolge abhängig ist, in der Annahmen in die Kontexte aufgenommen werden, und daß ein Aufnehmen aller Defaults *in einem Schritt* (wie das etwa bei der Definition der *Closed World Assumption* vorgeschlagen wird) nahezu zwangsläufig zu inkonsistenten Umgebungen führen würde[12].

Sobald man sich also auf einen nicht-monotonen Betrieb des ATMS eingelassen hat, wird in der Tat durch die Verwendung von **CHOOSES** keine Komplexitätssteigerung mehr bewirkt; im Gegenteil, der Prozeß der Interpretationskonstruktion bekommt zusätzliche Information an die Hand, mit der er die Generierung von Interpretationskandidaten beschränken kann. Andererseits ist die Interpretationskonstruktion selbst—verglichen mit der Label-Propagierung—schon ein derart ineffizienter Prozeß[13], daß mit ihr wohl kaum die Ineffizienz einer Realsierung der allgemeinen Hyperresolutionsregeln ausgeglichen werden kann.

Zusammenfassend lassen uns beide von deKleer angeführten Rechtfertigungen für die Art und Weise, wie Disjunktionen durch das ATMS behandelt werden, unbefriedigt:

- die eine, weil durch eine Beschränkung der Hyperresolution auf die genannten Spezialfälle gar keine echte Disjunktion eingeführt wird, und

- die andere, weil ein nicht-monotoner Betrieb des ATMS die Disjunktionsproblematik schlicht dadurch "löst" (d.h. die Hyperresolutionsregeln überflüssig macht), daß der Bereich des *logischen* Schließens verlassen wird.

In unserem eigenen Ansatz machen wir deshalb auch keinen Gebrauch von ihnen.

---

[12]Verursacht wird dies etwa durch solche Annahmenpaare, bei denen die eine Annahme die *starke* Negation der anderen ausdrückt.

[13]Der Algorithmus zur Interpretationskonstruktion ist offensichtlich schon NP-vollständig, da bei einer Annahmenmenge der Kardinalität n im schlimmsten Fall 2^n Teilmengen auf ihre Verträglichkeit mit der im ATMS vermerkten Information zu untersuchen sind.

Kapitel 7

Ein vereinheitlichender Ansatz: RISC

Nachdem in den vorausgehenden Kapiteln die theoretischen und begrifflichen Grundlagen geschaffen wurden, soll nun die Architektur eines Logik-Programmiersystems namens RISC[1] vorgestellt werden, das

- in der Funktionalität konventionelle SLD-Beweissysteme umfaßt,

- gleichzeitig jedoch ein weitgehend redundanzfreies Operieren über einer ausdrucksstärkeren Sprache ermöglicht,

- ohne deshalb auf alogische prozedurale Konstrukte zurückgreifen zu müssen, wie sie aus gängigen SLD-Beweissystemen bekannt sind.

Es wird sich zeigen, daß diese Architektur besonders im Kontext veränderlicher Theorien—vor allem durch das Unterstützen einer eingeschränkten Form von hypothetischem Schließen—Vorzüge gegenüber bestehenden Ansätzen aufweist.

Wir starten mit der Beschreibung der RISC-Architektur bei einem reinen SLD-Beweiser, den wir schrittweise um neue Sprachmittel anreichern wollen, wobei wir für jeden Schritt nachweisen werden, daß er logisch rekonstruierbar und im Sinne der Stetigkeitsbetrachtung aus Abschnitt 5.1 durchgeführt wird.

7.1 Unterstützung von SLD-Resolution

Wir betrachten zunächst reine Logik-Programme ohne prozedurale Operatoren wie **CUT/FAIL** oder **ASSERT/RETRACT**. Wie sich in Abschnitt 4.1.2 (S. 87ff) gezeigt hat, ist es sinnvoll, Teile bereits traversierter SLD-Bäume zur Wiederverwendung für spätere Berechnungen aufzuheben. Nach den Ausführungen von Kapitel 6 liegt es deshalb nahe, die Klauseldatenbank durch ein Reason-Maintenance-System verwalten zu lassen.

---

[1]RISC steht für *Reason-Maintenance based Inference System for Generalized Horn-Clause Logic*. Diese Abkürzung stimmt nicht zufällig mit der für *Reduced Instruction Set Computing* überein. Auch wir plädieren dafür, lieber einige wenige, dafür aber "saubere" Konstrukte zur (Logik-) Programmierung einzusetzen.

7.1.1   Kommunikation zwischen Beweissystem und RMS

Für die Zusammenarbeit des Beweissystems mit dem RMS sind zunächst die beiden folgenden Fragen zu klären:

1. Welches sind die Primitive, mit denen der SLD-Beweiser Information vom RMS beziehen kann?

2. Was teilt der SLD-Beweiser wann dem RMS mit?

Die erste Frage ist leicht zu beantworten: Am besten geht man so vor, als wäre gar kein RMS im Spiel, d.h. man stellt gerade jene Primitive bereit, mit denen Information von einer konventionellen Klauseldatenbank bezogen würde. Die Arbeit des RMS wird also vor dem Beweiser verborgen, indem sich das RMS dem Beweiser wie eine konventionelle Klauseldatenbank darstellt.

Diffiziler ist die zweite Frage: Zunächst muß das Logik-Programm in die vermeintliche Klauseldatenbank aufgenommen werden. Dazu wird für jede Klausel ein Knoten im Abhängigkeitsnetz des ATMS erzeugt, der mit der Klausel identifiziert wird[2]. Wir bezeichnen diesen Prozeß als *Aufnahme der Klausel in das ATMS*. Für einen vereinfachten Zugriff werden außerdem—wie in einer konventionellen Klauseldatenbank—alle Klauseln zum gleichen Prädikat gemeinsam und in einer bestimmten Ordnung gespeichert.

Um Klauseln nicht mehrfach im ATMS führen zu müssen, werden sie vor ihrer Aufnahme *normalisiert*: Sei $V := \{v_i \mid i \in I\!N\}$ eine (abzählbare) Menge von Variablensymbolen und K eine Klausel, die die Variablensymbole $\{v_1, \ldots, v_n\}$ enthält. Dann ist $\mathcal{N}(K)$, die *(RISC-) Normalform* von K, diejenige Variante von K, für die mit $1 \leq i \leq n$ gilt:

> Das erste Auftreten von v_i in K liegt vor dem ersten Auftreten von v_{i+1} in K. Dabei ist die Ordnung des Auftretens durch die Position in der textuellen Repräsentation der Klausel gegeben: je weiter links, desto "früher" ist ein Auftreten.

Trivialerweise gilt dann:

1. $\mathcal{N}$ ist eine Abbildung, d.h. $\mathcal{N}(K)$ ist eindeutig.

2. Die Klauseln K und $\mathcal{N}(K)$ sind logisch gleichwertig.

3. Für Grundklauseln G gilt außerdem: $\mathcal{N}(G) = G$.

Nach der Aufnahme in das RMS sind die entsprechenden Klauseln noch mit IN zu markieren. In einem annahmenbasierten System wie dem ATMS erreichen wir dies dadurch, daß wir zu jeder Klausel eine eigene ATMS-Annahme generieren, mit der sie anschließend gerechtfertigt wird—wir machen also alle das

---

[2]Wir werden Klauseln im folgenden immer dann sprachlich mit den zugehörigen Knoten identifizieren, wenn die Unterscheidung zwischen Klausel und repräsentierendem Knoten nicht relevant ist.

Logik-Programm konstituierenden Klauseln zu *Assumed Nodes* des Abhängigkeitsnetzes. Schließlich werden alle derart gewonnenen Annahmen in eine Menge aufgenommen, die den *momentanen Kontext* darstellt. Dieser Kontext bestimmt, welche Klauseln von RISC momentan zugegriffen werden können: Nur solche Klauseln, die im momentanen Kontext gelten (deren Label also eine Umgebung enthält, die Teilmenge des momentanen Kontextes ist), werden vom RMS für das Beweissystem sichtbar gemacht—alle anderen Klauseln gelten als nicht existent. An dem Beweisverfahren selbst (vgl. erneut Abschnitt 4.2.1) braucht also—trotz der geschilderten zusätzlichen Maßnahmen—nichts geändert zu werden.

Es wäre natürlich unsinnig und kontraproduktiv, die Klauseldatenbank von einem RMS verwalten zu lassen, wenn dort nur das Logik-Programm selbst hinterlegt würde. Im Kontext reinen SLD-Beweisens wollten wir ja zumindest verhindern, daß bereits bekannte logische Konsequenzen des Programms für andere Anfragen erneut abgeleitet werden müssen.

7.1.2 Generierung von Lemmata

Für eine wirkungsvolle Zusammenarbeit muß der Beweiser immer dann, wenn ein Beweis geglückt ist (wenn also der für eine Anfrage generierte SLD-Baum einen erfolgreichen Wurzelpfad enthält), das ATMS entsprechend unterrichten. Ein erfolgreicher Wurzelpfad sollte also in ein System von Rechtfertigungen (ein neues Teilnetz des Abhängigkeitsnetzes—im folgenden *Lemma* genannt) transformiert werden, das alle für den Beweis relevanten Informationen enthält.

Zur Gewinnung von Lemmata kann der Algorithmus eingesetzt werden, den wir in Abschnitt 4.3.3 entwickelt haben, um nachzuweisen, daß SLD-Beweise effektiv in FWD-Beweise überführbar sind. Er braucht nur wenig modifiziert werden, um die gewünschte Transformation zu liefern. Sei P ein Logik-Programm und G ein Ziel, zu dem im SLD-Baum zu P und G vermöge der Berechnungsregel R der folgende erfolgreiche Wurzelpfad gefunden wurde[3]:

$$G = G_0 \xrightarrow{K_1} G_1 \xrightarrow{K_2} \ldots \xrightarrow{K_n} G_n \xrightarrow{K_{n+1}} G_{n+1} = \square.$$

Der folgende Algorithmus transformiert diesen Pfad in ein Abhängigkeitsnetz mit der gleichen Information:

1. Sei $\theta = \sigma_{n+1}$ die für $G_{n+1} = \square$ aktuelle Substitution;
   $i := n + 1$;

2. $i = 0$?

   ja: Fertig!

   nein: Sei K_i von der Form $(H \leftarrow B_1, \ldots, B_k)$, G_{i-1} von der Gestalt

   $$L_1, \ldots, L_{m-1}, L_m, L_{m+1}, \ldots, L_{m+l}$$

   und gelte $R(G_{i-1}) = L_m$. Dann läßt sich G_i entsprechend der Formel

---

[3]Die G_i mögen Zielklauseln und die K_i Programmklauseln bezeichnen.

$$L_1, \ldots, L_{m-1}, B_1', \ldots, B_k', L_{m+1}, \ldots, L_{m+l}$$

zerlegen:

* Normalisiere die Klauseln $B_1'\theta, \ldots, B_k'\theta$ und $L_m\theta$,

* nimm sie—sofern sie dort noch nicht repräsentiert sind—als Knoten ins Abhängigkeitsnetz auf[4],

* ordne sie als jeweils *erste* Klausel in die ihnen entsprechenden Prädikate ein und

* teile dem RMS die Rechtfertigung

$$K_i, B_1'\theta, \ldots, B_k'\theta \Rightarrow L_m\theta$$

mit, falls K_i nicht lediglich Variante von $L_m\theta$ ist[5];

$i := i - 1;$
weiter mit Schritt 2!

Mit jeder von diesem Algorithmus dem RMS bekanntgemachten Rechtfertigung führt das ATMS eine inkrementelle Label-Propagierung durch. Am Ende der Lemmagenerierung hat—aufgrund der Gleichwertigkeit von SLD- und FWD-Beweisbarkeit (siehe wieder Abschnitt 4.3.3)—jeder Knoten des neuen Teilnetzes ein nicht-leeres Label, dessen Umgebungen nur solche Annahmen enthalten, die anläßlich der Aufnahme des ursprünglichen Logik-Programms in die Klauseldatenbank generiert wurden.

RISC selbst vermag nicht zwischen explizit geglaubten Klauseln (jenen im momentanen Kontext) und solchen Klauseln zu unterscheiden, die aufgrund einer Lemmagenerierung im ATMS als momentan geglaubt vermerkt wurden. Es behandelt deshalb—wie gewünscht—beide Arten von Klauseln gleich. Da die Menge der ableitbaren Formeln durch das Verfahren der Lemmagenerierung nicht verändert wird, bleibt außerdem die Korrektheit der so erweiterten SLD-Widerlegungsprozedur erhalten.

7.1.3   Vermeidung wiederholter Ableitungen

Die Frage liegt nahe, warum man eigentlich nicht anstelle des im vorausgehenden Abschnitts beschriebenen zweiphasigen Vorgehens *parallel* zum Beweisgeschehen ein Abhängigkeitsnetz aufbaut, d.h. sofort nach einem Resolutionsschritt

$$G_n \xrightarrow{K_{n+1}} G_{n+1}$$

die Klauseln G_n, G_{n+1} und K_{n+1} normalisiert ins Abhängigkeitsnetz aufnimmt und den Resolutionsschritt selbst durch die Rechtfertigung

---

[4]Falls θ derart ins ATMS aufgenommene Klauseln nicht vollständig variablenfrei macht, so gelten die verbleibenden freien Variablen als allquantifiziert—vgl. unsere Diskussion in Abschnitt 4.1.1 S. 84.

[5]K_i wäre dann insbesondere eine Einheitsklausel. Diese Ausschlußbedingung verhindert, daß überflüssige Rechtfertigungen der Form $K \Rightarrow K$ im Abhängigkeitsnetz niedergelegt werden.

$$G_{n+1}, K_{n+1} \Rightarrow G_n$$

reflektiert?

Wenn nicht nur der erfolgreiche Wurzelpfad verarbeitet wird, sondern der ganze bisher traversierte SLD-Baum (also auch alle fehlgeschlagenen Pfade!), so entsteht ein Graph mit einer Topologie entsprechend der des umgedrehten erweiterten SLD-Baums (definiert wie in Abschnitt 4.3.3): An die Stelle der markierten Kanten treten lediglich umgekehrt orientierte Rechtfertigungen, die neben dem Ausgangsknoten die Markierung als Voraussetzung haben[6]. Der so gewonnene Graph enthält offensichtlich mehr Information als der mit dem vorher beschriebenen Algorithmus zur Lemmagenerierung erzeugte Graph—nämlich die ganze Beweishistorie. Diese könnte sich ja für spätere Beweise als nützlich erweisen. Dennoch spricht nahezu alles gegen ein derartiges Vorgehen.

Der Hauptgrund für die Ablehnung des Verfahrens der vollständigen SLD-Baum-Transformation liegt darin, daß die meisten so generierten Rechtfertigungen (Spezialisierungen von Klauseln des Logik-Programms) für eine Begründung des ursprünglichen Ziels völlig irrelevant sind, aber dennoch in die Label-Propagierung des ATMS einbezogen werden—ein kontraproduktiver Effekt, der die durch die Unifikation gewonnenen Vorteile mit Sicherheit zunichte machen würde (vgl. die Erwägungen zu Anfang von Abschnitt 2.3.2). Erst nach einer vollständigen Kenntnis der Antwortsubstitution (falls das Ziel überhaupt beweisbar ist) ist eben klar, welche Rechtfertigungen benötigt werden, um das Ziel mit *minimalem Aufwand*[7] zu begründen! Weiterhin werden—im Gegensatz zur zweiphasigen Lemmagenerierung—während des Beweisprozesses zahlreiche, eventuell recht komplexe, zusammengesetzte Ziele als Knoten ins Abhängigkeitsnetz übernommen, die sich später als nicht erfolgreich herausstellen können und in der gleichen Form wohl nur mit kleiner Wahrscheinlichkeit im Kontext eines anderen Beweises benötigt werden. Auch übersteigt der Aufwand zum Testen, ob ein aktuelles zusammengesetztes Ziel bereits als Lemma im ATMS vermerkt ist, ab einer gewissen Komplexität den für einen erneuten Beweis dieses Ziels.

7.1.4 Relevante Prädikate

Die im letzten Abschnitt angestellten Überlegungen legen den Schluß nahe, daß der zweiphasige Ansatz zur Lemmagenerierung der richtige ist. Ohne zusätzliche Vorkehrungen ist dies aber nicht zutreffend: Sowohl der zweiphasige Ansatz— soweit wir ihn bis jetzt entwickelt haben—als auch (in noch verstärktem Maße) das parallele Generieren von Rechtfertigungen leisten nämlich nur einen geringen Beitrag zur Vermeidung wiederholter Teilzielberechnungen.

Anhand eines Beispiels—der Fibonacci-Folge als Logik-Programm—soll die Ursache des eben erwähnten Defizits erläutert und ein Verfahren angegeben werden, das den Algorithmus zur Lemmagenerierung in dieser Hinsicht korrigiert.

---

[6]Viele Knoten werden allerdings ein leeres Label tragen.

[7]minimal bezogen auf einen konkreten Beweis—ein anderer Beweis könnte eine kürzere Begründung liefern...

Die Fibonaccizahlen sind wie folgt definiert:

$$f(1) = 1, \quad f(2) = 1, \quad f(n+2) = f(n+1) + f(n). \tag{7.1}$$

Als Logik-Programm läßt sich diese Funktion folgendermaßen formulieren[8]:

$Fib(1,1)$.
$Fib(2,1)$.
$Fib(n,f) \leftarrow Fib(n-1,f_1), Fib(n-2,f_2), Equal(f, f_1 + f_2)$.

Welcher Aufwand ist zur Berechnung dieser Folge nötig, wenn wir die Rekursionsgleichung (7.1) ohne Ausnutzung von Zwischenergebnissen auswerten? In diesem Fall stimmt ja die Anzahl der Additionen von je zwei Fibonaccizahlen mit der Anzahl der rekursiven Aufrufe von f (bzw. der Resolutionsschritte mit Klauseln von Fib) überein. Da ohne die Berücksichtigung des Wertverlaufes von f jeder der beiden Summanden der Rekursionsgleichung letztendlich auf eine Summe von $f(1)$ und $f(2)$, also von 1-en, zurückgeführt wird, läßt sich der Aufwand zur Berechnung von $f(n)$ mit $f(n)$ selbst angeben. Die folgende Gleichung ist mit $\phi = 1/2(1 + \sqrt{5})$ und $\overline{\phi} = 1/2(1 - \sqrt{5})$ eine geschlossene Formel für die Fibonacci Folge:

$$f(n) = 1/\sqrt{5}(\phi^{n+1} - \overline{\phi}^{n+1})$$

Der Subtrahend $\overline{\phi}^{n+1}$ wird mit wachsendem n sehr schnell sehr klein, so daß f mit $f(n) = 1/\sqrt{5}\phi^{n+1}$ (gerundet auf die nächste ganze Zahl) angegeben werden kann. Die geschilderte Berechnungsmethode erweist sich also als von *exponentiellem* Aufwand. Werden andererseits die Folgenglieder unter Ausnutzung des Wertverlaufes von f berechnet, d.h. für die Ermittlung von $f(n)$ bei $f(1)$ angefangen und von da mit Hilfe der Rekursionsgleichung (7.1) und der Zwischenergebnisse der Reihe nach $f(1), f(2), \ldots, f(n)$ bestimmt, so ist hiermit ein lediglich *linearer* Aufwand verbunden. Es werden dann gerade n Additionen (rekursive Aufrufe, Resolutionsschritte) durchgeführt.

Betrachten wir nun, wie sich unsere beiden konkurrierenden Algorithmen verhalten: Da im Rahmen der Auswertung von $Fib(n,?)$ *jedes* Teilziel gelingt, besteht der SLD-Baum aus genau einem erfolgreichen Wurzelpfad, der die Berechnung von $f(n)$ widerspiegelt. Die Länge dieses Wurzelpfads ist von der Größenordnung $f(n)$, da der SLD-Beweiser nicht nach dem Prinzip *divide et impera* vorgeht[9], sondern lediglich iterierte *Teilformelersetzungen* auf dem Ausgangsziel durchführt—in unserem Fall so lange, bis er überall die elementaren Teilziele $Fib(1,1)$ und $Fib(2,1)$ erzeugt und zur leeren Klausel resolviert hat. Auch die dabei bearbeiteten Teilziele selbst streuen von ihrer Komplexität her—je nach der konkreten Ausprägung der die Teilformelersetzung steuernden Auswahlfunktion—zwischen 1 und $f(n)$.

---

[8]Der Einfachheit halber sei angenommen, daß das Logik-Programmiersystem zur direkten Evaluierung elementarer arithmetischer Funktionen wie der Addition in der Lage ist.

[9]Dies ist ja eine notwendige Voraussetzung dafür, daß überhaupt Zwischenergebnisse berücksichtigt werden können!

Vor allem die letzte Beobachtung—ganz abgesehen von den im vorhergehenden Abschnitt vermerkten Eigenschaften—spricht für die Untauglichkeit des parallelen Ansatzes:

- Es werden unnötig viele Rechtfertigungen für unnötig komplizierte Teilziele generiert,

- die überhaupt nicht zur Beschleunigung des Beweisgeschehens ausgenutzt werden können.

Wie steht es aber nun um den zweiphasigen Ansatz zur Lemmagenerierung? Momentan nicht viel besser:

> Da Zwischenergebnisse erst *nach* der Vollendung des Beweises des Ausgangsziels im ATMS vermerkt werden, also *erst dann* dem Beweiser zur Verfügung stehen, kann der momentane Beweis nicht von den in seinem Verlauf bewiesenen Teilzielen profitieren.

Nachdem die Lemmagenerierung erst am Ende des Beweises erfolgt, setzt sie auf dem vollständigen Wurzelpfad auf, und vermerkt deshalb mehrfach bewiesene Zwischenergebnisse nur einmal im ATMS. Für unser Fibonacci-Beispiel bedeutet dies, daß

- zwar $Fib(n, f(n))$ sehr aufwendig berechnet wird,

- danach aber im ATMS der Werteverlauf $Fib(1, 1), \ldots, Fib(n, f(n))$ (mit den zugehörigen Rechtfertigungen) für zukünftige Auswertungen von *Fib* zur Verfügung steht.

Die zweite der beiden erwähnten Eigenschaften würde für sich allein bereits unsere Forderungen nach redundanzfreier Ausführung erfüllen. Eine Formulierung des Fibonacci-Prädikates in PROLOG—unter Ausnutzung extra-logischer Prädikate—gibt Aufschluß darüber, was zu tun ist, um auch eine effiziente *erstmalige* Berechnung des *Fib*-Prädikates zu gewährleisten[10]:

```
fib(1,1).
fib(2,1).
fib(N,F) :-  fib(N-2,F₁), !, ASSERT(fib(N-2,F₁)),
             fib(N-1,F₂), !, ASSERT(fib(N-1,F₂)),
             equal(F,F₁+F₂).
```

Dieses "Logik-Programm" berechnet offensichtlich die Fibonacci-Folge mit linearem Aufwand. Dies wurde im wesentlichen durch die drei folgenden "Tricks" erreicht:

1. In der komplexen letzten Klausel wird zuerst die kleinere Fibonaccizahl berechnet, so daß deren Ergebnis für die Berechnung der nächst größeren zur Verfügung steht.

---

[10]Die CUTs sind hier offensichtlich überflüssig, wurden aber dennoch aufgenommen, um die Rechtseindeutigkeit des Prädikates fib zu betonen.

2. Sobald eine Fibonaccizahl berechnet ist, wird das Ergebnis mit einem CUT gegen Backtracking gesichert.

3. Unmittelbar nach der Berechnung einer Fibonaccizahl wird das Ergebnis mit Hilfe des ASSERT-Operators in der Klauseldatenbank festgehalten.

Die obigen Maßnahmen bewirken den gewünschten Effekt, weil sich der Anwender darauf verlassen kann, daß die in PROLOG-Systemen eingesetzte Auswahlfunktion den SLD-Baum in Links-Rechts und Tiefe-Zuerst Reihenfolge traversiert. Dies bewirkt, daß der PROLOG-Beweiser nach dem Prinzip *divide et impera* vorgeht: Die Anwendung einer Klausel kann als *Teilzielzerlegung* verstanden werden, bei der die Teilziele

- in der gleichen Reihenfolge, in der sie hingeschrieben wurden, ausgeführt und

- zu Ende bearbeitet werden, bevor das nächste Ziel betrachtet wird.

Ohne diese Garantie wüßte man nicht, an welche Stellen des PROLOG-Programms man CUTS bzw. ASSERTS zu plazieren hat, weil in einem Fall die Backtracking-Reihenfolge nicht mehr vorhersagbar ist und im anderen die Zusicherungen vermutlich zum falschen Zeitpunkt durchgeführt würden. Weder CUTS noch ASSERTS können also in einer derartigen Situation eingesetzt werden, um eine verbesserte Abarbeitung des Logik-Programms sicherzustellen.

Am schlimmsten sind die Verhältnisse bei Verwendung einer Auswahlfunktion, die den SLD-Baum Links-Rechts und Breite-Zuerst traversiert:

In diesem Fall sind ja alle Teilprobleme im Prinzip gleichzeitig fertiggestellt oder anders ausgedrückt: Das erste Zwischenergebnis ist erst bekannt, wenn auch das Hauptergebnis ermittelt ist!

Die PROLOG-Formulierung `fib` der Fibonacci-Folge wird dann mit dem gleichen Aufwand wie die ursprüngliche Spezifikation als reines Logik-Programm bei zweiphasiger Lemmagenerierung ausgewertet. Als einziger Unterschied kann festgehalten werden, daß vom PROLOG-Interpreter Zwischenergebnisse ohne sie ins Verhältnis setzende Rechtfertigungen in der Klauseldatenbank abgelegt werden[11].

Da wir für unser eigenes Logik-Programmiersystem sicherstellen wollen, daß sich Logik-Programme *unabhängig* von einer speziellen Auswahlfunktion formulieren lassen—der Benutzer kann dann die Auswahlfunktion selbst vorgeben[12] und muß nach Änderungen an der Auswahlfunktion nicht auch seine Logik-Programme modifizieren—können wir uns nicht auf eine bestimmte Reihenfolge der

---

[11]Dieser Unterschied ist wesentlich, weil das Backtracking Nebenwirkungen von ASSERTS nicht anulliert. Zwischenergebnisse fehlgeschlagener Beweisversuche können demzufolge im wahrsten Sinne des Wortes *ungerechtfertigt* in der Klauseldatenbank verbleiben.

[12]Da die Vollständigkeit des Widerlegungsverfahrens im wesentlichen von der Wahl der Auswahlfunktion abhängt, übernimmt ein Benutzer mit dieser Freiheit auch die Verantwortung für die Vollständigkeit—vgl. unsere diesbezüglichen Ausführungen in Abschnitt 4.2.1.

Prämissenauswertung stützen. Einen Ausweg aus diesem Dilemma liefert das Konzept des *relevanten Prädikates*:

> Möchte der Benutzer erreichen, daß jede Änderung des Kenntnisstandes bezüglich eines bestimmten Prädikats unmittelbar vom Logik-Programmiersystem verwertet wird, so erklärt er dieses Prädikat als *relevant*.

Ein relevantes Prädikat wird von RISC folgendermaßen berücksichtigt:

> Wenn die Selektionsfunktion ein relevantes Prädikat für den nächsten Resolutionsschritt auswählt, so wird der Beweis des Ausgangsziels vorläufig zurückgestellt und das relevante Teilziel so behandelt, als wäre es unmittelbar durch eine Benutzeranfrage generiert worden.
>
> Ist ein Beweis dieses Teilziels möglich, so wird es aus dem suspendierten Ziel entfernt, die vom Beweis gelieferte Antwortsubstitution auf das noch fertigzustellende Ziel angewendet und dessen Beweis fortgesetzt.
>
> Bei Nicht-Beweisbarkeit wird wie beim regulären SLD-Beweisen Backtracking ausgelöst.

Es bleibt noch zu klären, wie ein *relevantes* Prädikat beim Backtracking behandelt werden muß, d.h. wie sichergestellt werden kann, daß ein weiteres Lemma geliefert wird (sofern ein alternativer Beweis des relevanten Teilziels möglich ist), falls das zuletzt berechnete Lemma keinen erfolgreichen Beweis des Ausgangsziels erlaubte.

In PROLOG-Systemen wird zur Steuerung des Backtracking im Prinzip jedem Verzweigungspunkt im SLD-Baum ein Zeiger zugeordnet, der auf die letzte untersuchte Klausel des zugehörigen Prädikats verweist und bei jedem Backtracking (in Klauselreihenfolge) weiter positioniert wird, bis für dieses Prädikat keine Klauseln mehr zur Auswahl verbleiben[13]. Dieses Konzept muß für relevante Verzweigungsstellen (Verzweigungstellen, an denen die SLD-Funktion ein relevantes Teilziel auswählt) modifiziert werden:

> An relevanten Verzweigungsstellen wird neben einem Verweis auf die Klausel zum zuletzt generierten Lemma der (erfolgreiche) SLD-Wurzelpfad vom Beweis des zugehörigen relevanten Teilziels vermerkt.

Die Behandlung relevanter Teilziele ist dann wie folgt zu präzisieren:

> Erreicht eine Fehlschlagspropagierung einen relevanten Verzweigungspunkt, so wird eine neue Instanz des Beweisers mit dem dort gespeicherten Wurzelpfad aktiviert und zum Backtracking aufgefordert.

---

[13]Interessant sind demnach nur die Zeiger an den Verzweigungspunkten des momentan betrachteten Wurzelpfades.

>   Meldet diese Instanz einen Erfolg, so wird am Verzweigungspunkt der alte durch den neuen Wurzelpfad ersetzt und der Beweis des Ausgangsziels wie nach dem ersten Beweisversuch fortgesetzt.
>
>   Andernfalls wird an das Teilziel, das dem relevanten Teilziel vorausgeht, ein Fehlschlag gemeldet.

Für den Spezialfall, daß das relevante Teilziel keine uninstantiierten Variablen enthält, braucht der erfolgreiche Wurzelpfad natürlich nicht abgespeichert zu werden: Ein Fehlschlag, der bei einem solchen Ziel ankommt, kann unmittelbar an das vorausgehende Ziel weitergereicht werden. Da der Algorithmus zur Lemmagenerierung (siehe Seite 173) Lemmata als jeweils *erste* Klausel der zugehörigen Prädikate in das Logik-Programm aufnimmt, ist außerdem sichergestellt, daß diese Lemmata an anderen Stellen des SLD-Baums nicht neu berechnet werden. Die beschriebene Sonderbehandlung relevanter Prädikate bewirkt zweierlei:

1. Der Beweisprozeß wird auf relevante Prädikate fokussiert.

2. Für relevante (Teil-) Ziele werden automatisch Lemmata generiert[14].

Da die SLD-Widerlegungsprozedur unabhängig von der konkreten Wahl der Berechnungsregel *korrekt* ist—vgl. Abschnitt 4.1.1 Theorem 4.4—bleibt auch die Korrektheit der um die Sonderbehandlung relevanter Prädikate erweiterten SLD-Widerlegungsprozedur erhalten.

Der Anwender bekommt also mit dem relevanten Prädikat ein vom logischen Standpunkt aus vertretbares Mittel zur Kontrolle des Deduktionsprozesses in die Hand. Er braucht nicht mehr in Eigenverantwortung—unter Einsatz der extra-logischen Operatoren ASSERT und CUT—Zwischenergebnisse zu verwalten. Dies erledigt statt dessen automatisch—unter Ausnutzung der Relevanzdeklarationen—das System. Auf unser Beispiel bezogen heißt dies, daß für eine—unabhängig von der konkreten Auswahlfunktion—optimale Auswertung der Fibonacci-Folge genügt, die eingangs geschilderte, von extra-logischen Prädikaten freie Spezifikation anzugeben und das Prädikat *Fib* als relevant zu erklären.

Die Methode der zweiphasigen Lemmagenerierung über relevante Prädikate bringt angewendet auf reine Logik-Programme zwei Vorteile:

- Wiederholte Berechnungen von Zwischenergebnissen zu ausgewählten Prädikaten lassen sich logisch sauber ausschließen.

- Als Nebenprodukt erfolgreicher Deduktionen werden minimale Begründungen für die Deduktionsergebnisse im RMS vermerkt.

Natürlich läßt sich die RMS-Unterstützung—soweit wir sie bis jetzt entwickelt haben—auch mit einem rechtfertigungsbasierten RMS anstelle des ATMS realisieren.

---

[14]Relevante Ziele werden ja genau wie Benutzeranfagen behandelt, wodurch im Anschluß an einen erfolgreichen Beweis ein entsprechendes Abhängigkeitsnetz im ATMS aufgebaut wird.

In einem rechtfertigungsbasierten RMS wird nach der Aufnahme einer Klausel ins Abhängigkeitsnetz keine rechtfertigende Annahme generiert und in den momentanen Kontext aufgenommen, sondern nur der zur Klausel gehörende Knoten mit IN markiert. Dieses Vorgehen wäre sogar effizienter, da zur Feststellung des momentanen Status einer Klausel kein Vergleich mit dem momentanen Kontext durchgeführt werden muß—ihr Status läßt sich dann ja direkt an der Knotenmarkierung ablesen.

Andererseits ist bei einem rechtfertigungsbasierten RMS der Kontext explizit durch die Gesamtheit der Knotenmarkierungen gegeben, während er bei einem annahmenbasierten System durch eine i.a. wesentlich kleinere Menge von Grundannahmen beschrieben wird. Vor allem beim Versuch, einen Algorithmus zur Auswertung von Deduktionsergebnissen[15] zu konstruieren—auf einen solchen Algorithmus muß wohl jede Erklärung einer berechneten Antwort rekurrieren—, werden die Konsequenzen dieses Unterschiedes deutlich:

- Beim rechtfertigungsbasierten Ansatz hat man im Prinzip nur die Option, dem Benutzer die Beweishistorie Schritt für Schritt und in umgekehrter chronologischer Abfolge zu präsentieren (durch ein Rückwärtsverfolgen der zur fraglichen Formel beitragenden Rechtfertigungen), während

- der annahmenbasierte Ansatz neben obiger Möglichkeit die direkte Erklärung einer jeden Formel des Lemmas durch die Angabe der in ihrem Label vermerkten Grundannahmen gestattet.

Ausschlaggebend für unsere Wahl des annahmenbasierten Ansatzes war jedoch der Wunsch, Theorietransformationen zu unterstützen.

7.2 Veränderliche Theorien

Will der Benutzer einer Logik-Programmiersprache Experimente mit seinem Programm durchführen, d.h. dessen Verhaltensänderung nach Aufnahme oder Wegnahme bestimmter Klauseln auswerten, oder muß ein laufendes Logik-Programm nur kurzfristig gültige Zwischenergebnisse verwalten, so werden dazu üblicherweise Operatoren nach Art der PROLOG-Operatoren ASSERT und RETRACT eingesetzt. Eine typische Kombination dieser Operatoren haben wir auf Seite 102 mit dem **findall**-Prädikat exemplifiziert—und auch erläutert, wie unüberschaubar das Verhalten derartiger "unreiner" PROLOG-Programme werden kann.

In diesem Abschnitt soll ein Vorschlag gemacht werden, wie ein Logik-Programmiersystem—logisch nachvollziehbar—Anweisungen zur Transformation eines Logik-Programms auswerten kann. Soll nämlich die Verwaltung von Zwischenergebnissen überhaupt sinnvoll sein, so muß die Frage, welche Deduktionsergebnisse der Ausgangstheorie wie in die neue Theorie übernommen werden können, mit minimalem Aufwand beantwortbar sein. Ein annahmenbasiertes

---

[15]Hierzu zählen in RISC auch die Lemmata selbst!

RMS wie das ATMS erweist sich hier—wie wir gleich sehen werden—als geradezu ideale Grundlage.

Welchen Kriterien soll eine Theorietransformation genügen?

1. Sie soll konsistenzerhaltend sein, neu aufgenommene Zusicherungen dürfen also keine logischen Widersprüche erzeugen.

2. Wird eine Zusicherung zurückgenommen, so sind auch alle von ihr logisch abhängigen Zusicherungen zurückzunehmen.

Die erste Bedingung ist—momentan noch—einfach zu erfüllen: Da wir bis jetzt nur negationsfreie, reine Logik-Programme betrachten, kann eine Erweiterung der Theorie—mangels Ausdruckskraft—keine formale Inkonsistenz nach sich ziehen.

Schwieriger ist die zweite Bedingung. Es wird sich zeigen, daß trotzdem beide Bedingungen auf recht ähnliche Weise zu realisieren sind.

7.2.1 Das Frame-Problem

Das Problem, wie der zweiten Forderung im vorausgehenden Abschnitt effizient nachgekommen werden kann, wird oft auch als *Frame-Problem* bezeichnet (vgl. Kowalski in [103] und für die Auswirkung dieses Problems auf die KI auch [146]). Offensichtlich muß zur Lösung dieses Problems die im RMS gespeicherte Abhängigkeitsinformation ausgenutzt werden.

Nehmen wir der Einfachheit halber zuerst an, die Klausel, die zurückgenommen werden soll, ist nicht logische Konsequenz des restlichen Logik-Programms. Dann ist sie insbesondere nicht im Zuge einer Lemmagenerierung in die Klauseldatenbank geraten, sondern entweder bei der Bekanntgabe des Logik-Programms oder—damit gleichwertig—durch eine frühere explizite Forderung des Benutzers. Wir bezeichnen derartige Klauseln als *explizit bekannt* im Gegensatz zu *implizit bekannten* Klauseln, die zwar auch logische Konsequenz des Programms sind, für die aber anläßlich eines geglückten Beweises Lemmata generiert wurden.

Explizit bekannte Klauseln sind im ATMS durch *Assumed Nodes* vertreten. Ein simples Entfernen der zu einer solchen Klausel K gehörenden Grundannahme A_K aus dem momentanen Kontext bewirkt dann das Gewünschte:

> Die Klausel K selbst und jede weitere Klausel K', in deren Rechtfertigung K wesentlich eingeht[16], ist danach nicht mehr vom Beweiser sichtbar.

Wie ist jedoch zu reagieren, wenn eine Klausel zurückgenommen werden soll, die logische Konsequenz der Ausgangstheorie und damit auch der Zieltheorie ist? Hat der Benutzer einmal sein Logik-Programm akzeptiert, so muß er doch auch dessen logische Konsequenzen akzeptieren!

Es bestehen zwei Möglichkeiten:

---

[16]Jede Umgebung im Label einer solchen Klausel K' enthält dann die Annahme A_K.

- Entweder der Zurücknahmewunsch wird schlicht ignoriert, oder

- das Programm wird vorher (durch den Benutzer und unter Berücksichtigung des Labels der fraglichen Klausel) so modifiziert, daß die problematische Klausel nicht mehr länger Konsequenz ist.

Beide Alternativen setzen aber voraus, daß RISC bereits Kenntnis davon hat, daß die zurückzunehmende Klausel logische Konsequenz des restlichen Logik-Programms ist. Erst wenn die Klausel bekannt ist, kann der Benutzer auf seinen widersprüchlichen Wunsch aufmerksam gemacht und vom RMS bei einer Korrektur der Theorie unterstützt werden.

Da die zurückzunehmende Klausel möglicherweise logische Konsequenz des restlichen Programms ist, obwohl dies dem Beweissystem (noch) nicht bekannt ist, ist es—vorausgesetzt sie ist variablenfrei—sinnvoll, zunächst einen Beweisversuch für die zurückzuziehende Klausel zu starten[17].

Zusammenfassend läßt sich die Zurücknahme einer Klausel K so bewerkstelligen:

1. Sei *ctxt* der momentane Kontext;
   Ist K eine variablenfreie Klausel?

   ja: Versuche relativ zu *ctxt* einen Beweis zu K;
   Beweis geglückt?

       ja: Ist der K repräsentierende Knoten ein *Assumed Node*?

          ja: weiter mit Schritt 2!

          nein: Informiere den Benutzer darüber, daß und warum die Rücknahme nicht möglich ist;

       nein: Fertig! Es ist nichts zu tun.

   nein: Ist K explizit bekannt?

       ja: weiter mit Schritt 2!

       nein: Informiere den Benutzer, daß die Rücknahme einer nicht explizit bekannten Klausel mit Variablen unzulässig ist[18];

2. Sei A_K die den Knoten zu K rechtfertigende Annahme:

$$ctxt := ctxt - \{A_K\}$$

Betrachten wir jetzt, wie die Neuaufnahme einer Klausel in ein Logik-Programm vonstatten gehen kann. Da—wie wir bereits erläutert haben—durch eine weitere Klausel kein Widerspruch entstehen kann, genügt es vom logischen Standpunkt aus eigentlich, für die fragliche Klausel im RMS nach der Normalisierung einen

---

[17]Enthält die Klausel Variablen, so kann sie allein mit SLD-Resolution nicht überprüft werden.

[18]Die internen Mechanismen von RISC sind so ausgelegt, daß dieser Fall nur eintreten kann, wenn der Benutzer *explizit* die Rücknahme der Klausel verlangt, nie aber aufgrund einer Systementscheidung.

repräsentierenden Knoten sowie eine neue Annahme zu generieren und letztere in den momentanen Kontext aufzunehmen.

Vom Standpunkt des RMS ist dies jedoch keine optimale Lösung. Wie schon bei der Zurücknahme von Klauseln wird die Situation nämlich dadurch verkompliziert, daß die betreffende Klausel möglicherweise schon logische Konsequenz des Ausgangsprogramms ist:

> In diesem Fall würde eine von den restlichen Annahmen des momentanen Kontexts *abhängige* Annahme generiert.

Logisch gesehen ist eine zusätzliche Annahmengenerierung zwar unbedenklich, es geht aber die Minimalität der ATMS-Label verloren—mit einer unnötigen Verteuerung der Labelpropagierung als Folge: Wird nämlich zu einem späteren Zeitpunkt erkannt, daß die fragliche Klausel K schon aufgrund anderer Annahmen $\{A_1, \ldots, A_n\}$ gilt, so enthält das Label von K sowohl die Umgebung $\{A_1, \ldots, A_n\}$ als auch die redundante Umgebung $\{A_K\}$. Da das ATMS annimmt, daß Annahmen voneinander unabhängig sind, kann es dieses Label nicht vereinfachen.

Bei der Neuaufnahme einer Klausel sollte wie bei der Rücknahme einer Klausel zur Erhaltung der Minimalität der ATMS-Label geprüft werden, ob die Klausel bereits Konsequenz des Programms ist. Auch hier ist das nur sinnvoll, wenn die betreffende Klausel variablenfrei ist:

1. Sei *ctxt* der momentane Kontext;
   Ist K eine variablenfreie Klausel?

   > ja: Versuche relativ zu *ctxt* einen Beweis zu K;
   > Beweis geglückt?
   >
   > > ja: Fertig! Das ATMS enthält jetzt zu K ein Lemma.
   > > nein: weiter mit Schritt 2!
   >
   > nein: weiter mit Schritt 2!

2. Normalisiere K und generiere einen K repräsentierenden Knoten;
   rechtfertige diesen Knoten mit einer neuen Annahme A_K;
   nimm A_K in den momentanen Kontext auf

$$ctxt := ctxt + \{A_K\};$$

ordne die neue Klausel in das zugehörige Prädikat ein.

Der Algorithmus läßt noch offen, wo eine Klausel, zu der kein Lemma generiert werden konnte, im entsprechenden Prädikat eingeordnet werden soll—die Reihenfolge der Klauseln zu einem Prädikat bestimmt, in welcher Reihenfolge die Klauseln vom Beweiser für Beweisversuche herangezogen werden.

Da Einheitsklauseln den Charakter von Terminierungsbedingungen für die Teilzielzerlegung aufweisen, ist es sinnvoll, diese den anderen Klauseln zum gleichen Prädikat voranzustellen. Außerdem kann wohl davon ausgegangen werden,

daß der Benutzer ein besonderes Interesse an neu bekanntgegebenen Klauseln hat
und diese deshalb vorrangig zu Tests herangezogen werden sollten. Aus diesem
Grunde werden vom System beim Fehlen gegensätzlicher Angaben

- Einheitsklauseln als jeweils erste und

- alle anderen Klauseln als jeweils erste Nicht-Einheitsklausel

in ihr Prädikat eingefügt.

Natürlich erfordern die beschriebenen Operatoren zur Theorietransformation
eine aufwendigere Verarbeitung als ihre Gegenstücke **ASSERT** und **RETRACT** in
PROLOG-Systemen. Darüber hinaus ist ihre Verwendung nur durch den Benutzer selbst, also insbesondere *nicht* in den Prämissen von Klauseln gestattet.
Diese Nachteile werden aber mehr als wettgemacht durch

- ihre saubere Semantik und—wie wir noch sehen werden

- eine Verallgemeinerung, die RISC zu einer eingeschränkten Form des hypothetischen Schließens befähigt, die die Verwendung von **ASSERTS** bzw.
  RETRACTS in Klauseln in vielen Fällen erübrigt.

Nach der angesprochenen Verallgemeinerung können die soeben ·geschilderten
Algorithmen zur Theorietransformation unverändert für die Neuaufnahme bzw.
Aufgabe von variablenfreien Klauseln eingesetzt werden, die eine komplexere
Struktur als Einheitsklauseln aufweisen. Allein mit Hilfe des Lemmata generie-
renden SLD-Beweisers läßt sich nämlich nicht entscheiden, ob eine variablenfreie
Nicht-Einheitsklausel Konsequenz eines vorgegebenen Logik-Programms ist.

7.2.2 Relevante Fehlschläge

Die Ausführungen im vorausgehenden Abschnitt deckten nur den Fall der erfolgreichen Generierung eines Wurzelpfads zu Benutzeranfragen ab. Was soll aber
getan werden, wenn kein erfolgreicher Wurzelpfad gefunden werden kann, also
im Fehlschlagsfall? Nachdem jetzt über neuaufgenommene Klauseln Kontextwechsel stattfinden können, wäre es doch sinnvoll, Teile fehlgeschlagener Beweise
aufzuheben. Hierfür ist zunächst zu klären, welche Teile des bereits traversier-
ten SLD-Baumes in dieser Situation aufgehoben werden sollen. Dabei ist zu
berücksichtigen, daß ein Beweiser, der prinzipiell nach der Methode der SLD-
Resolution arbeitet, einen endgültigen Fehlschlag erst dann erkennt, wenn ein
lokaler Fehlschlag auf die oberste Ebene des SLD-Baumes propagiert wurde. Vorher ist überhaupt nicht klar, welche Bedeutung der Fehlschlag eines Teilziels für
das Gelingen des Gesamtbeweises hat—schließlich könnte ein alternativer Beweis
des Teilziels mit einer günstigeren Antwortsubstitution trotzdem den Erfolg des
Gesamtziels ermöglichen. Es ist also nicht nur zu aufwendig, sondern auch von
der Sache her ungerechtfertigt, Informationen über *jedes* fehlgeschlagene Teilziel
aufzuheben—etwa indem man parallel zur Traversierung des SLD-Baums eine
isomorphe Kopie im ATMS aufbaut.

Verwaltet ein Beweiser für einen sparsamen Umgang mit Systemressourcen nur den momentan betrachteten SLD-Wurzelpfad[19], so ist dieser Pfad im Moment des Erkennens des endgültigen Fehlschlags bereits zu einem einzigen Knoten zusammengeschrumpft. Die einzige Aussage, die man dann noch treffen kann, ist die, daß der Beweis fehlgeschlagen ist. Es muß also trotz knapper Ressourcen parallel zum Beweisgeschehen Fehlschlagsinformation aufgehoben werden. Hierfür weisen wieder die *relevanten Prädikate* den Weg:

> Nachdem relevante Prädikate fokussiert behandelt werden, stellen die zugehörigen Verzweigungspunkte Orte dar, an denen eventuell schon *vor* einem Fehlschlag des Ausgangsziels Fehlschlagsinformation vorliegt, nämlich über den endgültigen Fehlschlag des zugehörigen relevanten Teilziels.
>
> Ist irgendwann später genug Information vorhanden, um einen erfolgreichen Beweis dieses relevanten Teilziels zu gewährleisten, so bietet sich der Verzweigungspunkt als Aufsetzpunkt für eine Fortsetzung des übergeordneten Beweises an.

Zur Vereinfachung der nachfolgenden Diskussion unterscheiden wir zwei Formen der Neuaufnahme einer Klausel:

1. die *explizite Neuaufnahme* einer vom restlichen Programm *unabhängigen* Klausel durch eine Benutzeranforderung[20] und

2. die *implizite Neuaufnahme* einer vom Restprogramm *abhängigen* Klausel anläßlich einer Lemmagenerierung.

Ferner unterscheiden wir zwei verschiedene Modi, in denen sich das Beweissystem befinden kann. RISC ist im

- *Anfragemodus*, wenn der momentane Beweis durch eine Benutzeranfrage ausgelöst wurde, und im

- *Triggermodus*, wenn der Beweis durch die Neuaufnahme einer Klausel ausgelöst wurde und Fortsetzung eines zuvor fehlgeschlagenen Beweises ist.

Unabhängig vom Beweismodus hat der Beweiser immer dann, wenn

- W der momentane Wurzelpfad

$$G_0 \xrightarrow{K_1} G_1 \xrightarrow{K_2} \ldots \xrightarrow{K_n} G_n \xrightarrow{K_{n+1}} G_{n+1}$$

---

[19]Auch RISC verwaltet nur den aktuellen Wurzelpfad des SLD-Baums. Dieser verweist allerdings an relevanten Verzweigungspunkten auf Wurzelpfade zu bereits geglückten relevanten Teilzielen, ist also eigentlich ein Hyper-Wurzelpfad (in Anlehnung an den in der mathematischen Literatur verbreiteten Begriff Hypergraph).

[20]Diese Klausel ist dann ein *Assumed Node*.

zu einem Beweisversuch zu G_0[21],

- R die Auswahlfunktion des SLD-Beweisers und

- $R(G_{n+1})$ ein endgültig fehlgeschlagenes relevantes Teilziel ist,

den Pfad W zusammen mit dem Namen p des relevanten Teilziels aufzuheben und den Fehlschlag wie gewöhnlich an G_n weiter zu propagieren. Wir bezeichnen einen Wurzelpfad W mit den genannten Eigenschaften als *relevanten Fehlschlag zu* (G_0, p).

Die relevanten Fehlschläge werden in einer zweidimensionalen globalen Tabelle namens *Fail* gehalten, die über zwei Schlüssel indiziert wird,

- ein Ziel und

- den Namen eines relevanten Prädikats.

Für ein Ziel G und ein relevantes Prädikat p gilt dann:

$$Fail(G, p) = \{W \mid W \text{ war relevanter Fehlschlag zu } (G, p)\}$$

Tatsächlich werden relevante Fehlschläge nie direkt in die Fehlschlagstabelle *Fail* aufgenommen, sondern in eine gleichartige Schattentabelle namens *Shadow*, über deren Verwendung erst am Ende des Beweises entschieden wird:

> War kein Beweis der Benutzeranfrage möglich, so sind die Einträge der Schattentabelle in die Fehlschlagstabelle zu übernehmen, d.h. für alle Paare (G, p) die Zuweisungen
>
> $Fail(G, p) := Fail(G, p) \cup Shadow(G, p);$
> $Shadow(G, p) := \emptyset;$
>
> durchzuführen.
>
> Andernfalls muß die Schattentabelle durch Zuweisung von $\emptyset$ an all ihre Elemente *reinitialisiert* werden.

In der Fehlschlagstabelle wird nachgeschlagen, sobald eine neue Klausel K zu einem *relevanten* Prädikat *explizit* aufgenommen wird. Die vorgefundenen Wurzelpfade werden zum Wiederaufsetzen fehlgeschlagener Beweise verwendet. Wir nennen dieses Ereignis *Triggern der relevanten Fehlschläge zur Klausel K*. Der folgende Algorithmus beschreibt, was im einzelnen geschieht:

1. $modus := trigger$;
   Sei p der Name des relevanten Prädikats zu K;
   $\Gamma := \{Fail(G, p) \mid G \text{ ein fehlgeschlagenes Ziel}\}$;

2.1 Gilt $\Gamma = \emptyset$?

---

[21]G_0 muß nicht mit einer Benutzeranfrage übereinstimmen; es kann auch ein relevantes Teilziel einer solchen Anfrage gewesen sein.

ja: Übernimm die Einträge aus der Schattentabelle in die Fehlschlagstabelle;
modus := anfrage; Fertig!

nein: weiter mit Schritt 2.2!

2.2 Wähle eine Menge M relevanter Fehlschläge aus Γ, das heißt alle relevanten Fehlschläge zu einem bestimmten Ziel G;
$\Gamma := \Gamma - \{M\}$;

3. Wähle einen relevanten Fehlschlag W aus M:

$$G_0 \xrightarrow{K_1} G_1 \xrightarrow{K_2} \ldots \xrightarrow{K_n} G_n \xrightarrow{K_{n+1}} G_{n+1}$$

$M := M - \{W\}$;

4. Hätte der durch W beschriebene (Teil-) Beweis auch im momentanen Kontext geführt werden können?

ja: weiter mit Schritt 5!

nein: weiter mit Schritt 6!

5. Setze den Beweis mit dem Wurzelpfad W fort!
Ist der Beweis jetzt erfolgreich?

ja: Reinitialisiere alle Elemente der Schatten- und Fehlschlagstabelle, die zum Ziel G gehörten;
weiter mit Schritt 2.1!

nein: *Shadow* enthält jetzt weitere relevante Fehlschläge zu G;
weiter mit Schritt 6!

6. Gilt $M = \emptyset$?

ja: weiter mit Schritt 2.1!

nein: weiter mit Schritt 3!

Der Algorithmus läßt noch offen, wie festgestellt werden kann, ob ein relevanter Fehlschlag im momentanen Kontext fortgesetzt werden darf:

$$G_0 \xrightarrow{K_1} G_1 \xrightarrow{K_2} \ldots \xrightarrow{K_n} G_n \xrightarrow{K_{n+1}} G_{n+1}$$

Dazu muß dieser Wurzelpfad eine Beweishistorie widerspiegeln, die auch im momentanen Kontext durch einen erneuten Beweisversuch zu G_0 erreichbar ist. Dieser Test, ohne den die Korrektheit des um die Sonderbehandlung relevanter Fehlschläge erweiterten Beweissystems nicht sichergestellt wäre, kann glücklicherweise effizient vom ATMS durchgeführt werden: Es hat nur für jede der Klauseln $K_1, \ldots, K_{n+1}$ zu prüfen, ob sie im momentanen Kontext gilt! Auch die Modifikationen am Algorithmus zur Neuaufnahme einer Klausel (Seite 184) sind minimal—sie betreffen nur Schritt 2:

  2.1 Normalisiere K und generiere einen K repräsentierenden Knoten;
rechtfertige diesen Knoten mit einer neuen Annahme A_K;
nimm diese in den momentanen Kontext auf:

$$ctxt := ctxt + \{A_K\};$$

ordne die neue Klausel in das zugehörige Prädikat ein.

  2.2 K wurde explizit ins Programm aufgenommen!
Ist K Klausel eines relevanten Prädikats?

    ja: Triggern der relevanten Fehlschläge zu K!

nein: Fertig!

Die einzige weitere vom Triggermechanismus betroffene Komponente von RISC
ist der Algorithmus zur Lemmagenerierung. Er verwendet nämlich den augen-
blicklichen Beweismodus zur Entscheidung darüber, ob implizit aufgenommene
Klauseln (insbesondere Zwischenergebnisse) relevante Fehlschläge triggern sollen
oder nicht:

> Im Anfragemodus lösen implizite Neuaufnahmen *kein* Triggern re-
> levanter Fehlschläge aus, da Neuaufnahmen anläßlich einer Lemma-
> generierung bereits logische Konsequenz des Programms sind und
> insofern keine *neue* Information darstellen.

Wäre die in einem Lemma festgehaltene Information schon vor der Lemmagenerierung an einer anderen Stelle im SLD-Baum benötigt worden, so wäre das
entsprechende Lemma bereits zu diesem früheren Zeitpunkt erzeugt worden. Die
Information wurde demnach noch nicht benötigt. Ihr Fehlen konnte also auch
für keinen der vorausgegangenen Fehlschläge im gleichen Kontext verantwortlich
sein.

Im Gegensatz zum Anfragemodus wird im Triggermodus untersucht, welche
Konsequenzen der eben vorgenommene Kontextwechsel in Bezug auf relevante
Fehlschläge hat. Deshalb werden im Triggermodus implizite Neuaufnahmen genauso wie explizite Neuaufnahmen behandelt, d.h. Neuaufnahmen von Klauseln
im Zuge einer Lemmagenerierung führen dann ebenfalls zum Triggern relevanter
Fehlschläge. Die folgende Tabelle faßt zusammen, wann relevante Fehlschläge zu
triggern sind:

triggern?	Anfragemodus	Triggermodus
explizite Aufnahme	ja	ja
implizite Aufnahme	nein	ja

Alles in allem stellt der beschriebene Triggermechanismus also sicher, daß die
richtigen fehlgeschlagenen Beweise beim Eintreffen relevanter Information an den
geeigneten Stellen fortgesetzt werden.

7.2.3 *NAI* statt *NAF*

Mit der Spezialbehandlung relevanter Fehlschläge haben wir schon eine erste
Form der Verarbeitung "negativer Information" kennengelernt. In diesem Abschnitt wollen wir die Diskussion von Abschnitt 5.3.1 aufgreifen und eine eingeschränkte Form der schwachen Negation vorstellen, die dann im folgenden
Abschnitt über hypothetisches Schließen zur vollen schwachen Negation verallgemeinert wird.

Wir führen zunächst ein spezielles null-stelliges Prädikat $\perp$ stellvertretend für
das *falsum* ein und erlauben die Formulierung von Klauseln, die das *falsum* als
Klauselkopf erwähnen

$$\perp \leftarrow A_1, \ldots, A_n$$

und die wir auch suggestiver als

$$\text{not}(A_1, \ldots, A_n)$$

notieren. Eine derartige Klausel soll ausdrücken, daß das Zusammentreffen
der Bedingungen $A_1, \ldots, A_n$ *unerwünscht* ist. Die Gesamtheit solcher *negativer*
Klauseln, die in einem Programm P vertreten sind, bezeichnen wir als N_P, die
restlichen Klauseln fassen wir unter dem Namen P_P zusammen. Die entstehende
Theorie $P = (P_P \cup N_P)$ wollen wir weiter ein *Logik-Programm* nennen.

Die negativen Klauseln gestatten eine nicht-triviale Definition der Konsistenz
eines Logik-Programmes: Ein Logik-Programm P wird als *inkonsistent* betrachtet, wenn gilt:

$$P_P \cup N_P \vdash \perp$$

Wir nennen deshalb diese syntaktische Form der Negation mit Gabbay (siehe
Gabbay [69]) *Negation as Inconsistency*.

Negative Klauseln werden vom SLD-Beweiser prinzipiell genauso verarbeitet
wie positive Klauseln: Sobald $\perp$ zum Beweis ansteht, werden die mit den negativen Klauseln möglichen Teilzielzerlegungen untersucht—in der Hoffnung, mit
ihrer Hilfe schließlich die leere Klausel $\square$ herleiten zu können.

Da jedoch eine Verwendung des *falsum* als Vorbedingung einer Klausel nicht
sinnvoll ist (vgl. unsere Diskussion in Abschnitt 5.3.1), muß der Auslöser für einen
$\perp$-Beweisversuch von außen kommen. Der SLD-Beweiser betrachtet während des
normalen Beweisgeschehens nur die positiven Klauseln. Die momentan einzige
Situation, in der negative Klauseln wertvoll sein können, ist dann gegeben, wenn
das Logik-Programm verändert wird:

> Mit den negativen Klauseln verfügt RISC über ein Kriterium, anhand
> dessen es überprüfen kann, ob eine vom Benutzer verlangte Transfor-
> mation des Programms eine *konsistenzerhaltende* Modifikation des
> Logik-Programms darstellt.

Da *Negation as Inconsistency* als konstruktive Negationsvariante die Monotonie der Beweisbarkeitsrelation erhält—sie beruht ja nicht auf der *Unfähigkeit*, eine gegebene Aussage zu beweisen, sondern auf der *Fähigkeit*, mit ihr einen Widerspruch herzuleiten—braucht der Algorithmus zur Zurücknahme einer Klausel nicht modifiziert werden. Die Neuaufnahme einer Klausel muß wie folgt abgeändert werden:

1. Sei *ctxt* der momentane Kontext;
   $old\_ctxt := ctxt$;
   Ist K eine variablenfreie Klausel?

      ja: Versuche relativ zu *ctxt* einen Beweis zu K;
      Beweis geglückt?

         ja: Fertig! Das ATMS enthält jetzt zu K ein Lemma.
      nein: weiter mit Schritt 2.1!

    nein: weiter mit Schritt 2.1!

2.1 Normalisiere K und generiere einen K repräsentierenden Knoten;
   rechtfertige diesen Knoten mit einer neuen Annahme A_K;
   nimm diese in den momentanen Kontext auf:

$$ctxt := ctxt + \{A_K\};$$

   ordne die neue Klausel an erster Stelle in das zugehörige Prädikat ein.

2.2 K wurde explizit ins Programm aufgenommen!
   Ist K Klausel eines relevanten Prädikats?

      ja: Triggern der relevanten Fehlschläge zu K!
    nein: Fertig!

3. Versuche relativ zu *ctxt* einen Beweis zu $\perp$;
   Beweis geglückt?

      ja: Informiere den Benutzer, daß die Aufnahme der neuen Klausel zu einer Konsistenzverletzung führen würde, und restauriere den Originalkontext:

$$ctxt := old\_ctxt;$$

    nein: Fertig!

Die Änderungen am ursprünglichen Algorithmus sind minimal. Sie beschränken sich im wesentlichen auf den neu hinzugekommenen dritten Schritt.

Wird bereits das Originalprogramm durch eine Folge kontrollierter Neuaufnahmen in die Klauseldatenbank eingebracht, so kann davon ausgegangen werden, daß es anfangs konsistent ist und auch über Theorietransformationen hinweg

konsistent bleibt. Die Korrektheit des Vorgehens folgt aufgrund Theorem 5.5 von
Abschnitt 5.3.3.

Für Einheitsklauseln K, die vom Algorithmus zur Neuaufnahme abgelehnt
werden, gilt

$$P_P \cup N_P \cup \{K\} \vdash \bot$$

und somit

$$P_P \cup N_P \vdash (\bot \leftarrow K),$$

also mit der Abkürzung $\mathrm{not}(K)$ für $(\bot \leftarrow K)$

$$P_P \cup N_P \vdash \mathrm{not}(K),$$

wobei freie Variablen in $\mathrm{not}(K)$ als existentiell quantifiziert betrachtet werden.
Die entsprechenden Beweise gelangen als *negative Lemmata*, d.h. Lemmata zum
ausgezeichneten Prädikat $\bot$ ins ATMS.

Es liegt natürlich nahe, den NOGOOD-Mechanismus des ATMS zur Verwaltung
negativer Lemmata heranzuziehen. Dazu braucht nur der Knoten zur Einheitsklausel $\bot$ mit dem NOGOOD-Knoten des ATMS identifiziert und $\bot$ zum relevanten Prädikat ernannt zu werden. Jede—anläßlich einer Lemmagenerierung—neu
in das Label von $\bot$ aufgenommene Umgebung U' wird dann automatisch zum
NOGOOD des ATMS gemacht. Dies ist aus zwei Gründen vorteilhaft:

1. Aus jedem Label (mit Ausnahme dessen zu $\bot$) wird jede Umgebung U
   gestrichen, für die gilt: $U \supseteq U'$. Damit können viele Label verkleinert
   werden.

2. Aufgrund der vom ATMS optimiert durchgeführten NOGOOD-Verarbeitung
   kann ein Kontext i.a. schneller als inkonsistent erkannt werden als durch
   einen Vergleich mit dem Label von $\bot$[22].

Wie schon beim Verfahren zur Zurücknahme von Klauseln ist hier übrigens von
entscheidender Bedeutung, daß der Algorithmus zur Lemmagenerierung nicht die
Klauseln selbst mit Rechtfertigungen im Abhängigkeitsnetz identifiziert[23], da die
Bekanntgabe von Rechtfertigungen an das ATMS genauso wie die von NOGOODS
einen *irreversiblen* Vorgang darstellt. Die Entfernung auch nur einer Rechtfer-
tigung oder eines NOGOODS würde andernfalls die Neuberechnung aller Label des
Abhängigkeitsnetzes erforderlich machen—und damit dem annahmenbasierten
Ansatz seine Vorteile gegenüber dem rechtfertigungsbasierten Ansatz nehmen.

---

[22]Dieser Vorteil macht sich vorerst nur bei den Tests anläßlich der Neuaufnahme von Klauseln
in das Logik-Programm bemerkbar. Nach der Verallgemeinerung der Negationsverarbeitung
wird er jedoch zunehmend wichtiger.

[23]Er setzt sie statt dessen als Vorbedingungen von Rechtfertigungen ein.

7.3 Hypothetisches Schließen

Das Einführen einer neuen Klauselsorte—der negativen Klauseln—gestattet, wie
der vorausgehende Abschnitt gezeigt hat, die Formulierung von *globalen Integritätsbedingungen*, an denen sich Theorietransformationen auszurichten haben.
Mit diesen Bedingungen unverträgliche Klauseln werden automatisch vom System zurückgewiesen. Die entsprechenden Konsistenzüberprüfungen werden allerdings nur dann durchgeführt, wenn der Benutzer RISC explizit zu Änderungen
an seinem Logik-Programm auffordert. Noch fehlen die sprachlichen Mittel, um
auch im Rahmen eines Beweises—mit Hilfe von Metaprädikaten—Klauseln auf
ihre Verträglichkeit mit dem Logik-Programm untersuchen zu lassen.

Von dem beschriebenen Algorithmus zur Neuaufnahme von Klauseln ist es
nur ein kleiner Schritt zu einem Metaprädikat *Incons*, das dann beweisbar sein
soll, wenn die logische Konjunktion seiner Argumente und des Logik-Programms
eine Konsistenzverletzung bedeuten würde. Aufgrund der Beziehung

$$Incons(p_1,\ldots p_n) \quad gdw. \quad (\bot \leftarrow p_1,\ldots,p_n)$$

sind dann auch *negierte Klauselprämissen* verarbeitbar.

Wir führen nun eine weitere Klasse von Zielen ein: Neben solchen, die eine
Konjunktion *atomarer* Ziele darstellen, gestatten wir jetzt auch *bedingte Ziele*:

$$q \leftarrow r_1,\ldots,r_l.$$

Die deklarative Semantik dieser Ziele soll die vom intuitionistischen Konsequenzkalkül nahegelegte sein (dort gilt ja das Deduktionslemma—vgl. Abschnitt 5.2.3).
Ist demnach P ein Logik-Programm, so hat RISC sicherzustellen, daß für ein solches bedingtes Ziel

$$P \vdash (q \leftarrow r_1,\ldots,r_l) \quad gdw. \quad P \cup \{r_1,\ldots,r_l\} \vdash q \tag{7.2}$$

gilt.

7.3.1 Variablenfreie Schlüsse

Aus didaktischen Gründen untersuchen wir zunächst nur solche hypothetischen
Schlüsse, in denen keine freien Variablen vorkommen, bzw. solche, deren freie
Variablen zum Zeitpunkt der Auswertung bereits alle voll instantiiert sind.

Was hat die Beweisprozedur zu tun, wenn die Selektionsfunktion ein bedingtes
Ziel auswählt? Oder anders ausgedrückt: Wie sieht die prozedurale Semantik
für ein bedingtes Ziel aus? Die Beziehung (7.2) gibt die Antwort:

- Zunächst sind die Bedingungen $r_1,\ldots,r_l$ des Zieles für die Dauer der Auswertung des bedingten Ziels als *Hypothesen* ins Logik-Programm aufzunehmen.

- Mit diesen Hypothesen wird dann ein Beweis der Konsequenz q des bedingten Ziels versucht. Der Erfolg von q entscheidet über den Erfolg des
  bedingten Ziels.

- Abschließend sind die Hypothesen wieder aus dem Logik-Programm zu entfernen.

Um nicht mehrere Kontexte nebeneinander verwalten zu müssen, wird ein bedingtes Ziel *fokussiert* behandelt, d.h. wie ein relevantes Teilziel. Das Verfahren hat—aus ersichtlichen Gründen—viel mit den Prozeduren zur Theorietransformation gemeinsam:

1. Sei *ctxt* der momentane Kontext;
   $old\_ctxt := ctxt$;

2. Versuche der Reihe nach jedes der Ziele $r_1, \ldots, r_l$ als relevantes Ziel zu beweisen und generiere für die Erfolgsfälle Lemmata;
   Nimm jedes fehlgeschlagene Ziel r_i als Klausel ins Abhängigkeitsnetz auf und generiere entsprechende neue Annahmen A_i;
   $\Omega := \{A_i \mid r_i \text{ ist fehlgeschlagen}\}$;

3.1 $ctxt := old\_ctxt \cup \Omega$;
   Ist *ctxt* ein **NOGOOD**?

   ja: weiter mit Schritt 3.2!

   nein: Versuche relativ zu *ctxt* einen Beweis zu $\bot$;
   Beweis geglückt?

   ja: weiter mit Schritt 3.2!
   nein: weiter mit Schritt 4.1!

3.2 $anlass := \bot$;   (ex falso quodlibet)
   da $\bot$ relevant ist, wurde anläßlich des Beweises ein Lemma generiert;
   weiter mit Schritt 5!

4.1 $anlass := q$;
   Gilt $q = \bot$?

   ja: Fehlschlag von $\bot$ ist bereits erwiesen;
   weiter mit Schritt 4.2!

   nein: Versuche relativ zu *ctxt* einen Beweis zu q;
   Beweis geglückt?

   ja: generiere ein Lemma zum Beweis von q;
   weiter mit Schritt 5!
   nein: weiter mit Schritt 4.2!

4.2 $status := fehlgeschlagen$;
   weiter mit Schritt 6!

5. $status := bewiesen$;
   konstruiere unter Verwendung des Lemmas zu *anlass* und des Wertes von Ω ein Lemma zum bedingten Ziel $(q \leftarrow r_1, \ldots, r_l)$!

    6. *ctxt* := *old_ctxt*;
       Fertig! Liefere *status* und *anlass* zurück.

Der zweite Schritt wurde—analog dem Vorgehen bei der Neuaufnahme von Klauseln—durchgeführt, um eine Generierung redundanter Annahmen zu vermeiden. Alternativ könnte für jedes r_i unabhängig von seinem Status eine neue Annahme generiert und in Ω aufgenommen werden.

Die Algorithmen zur expliziten Neuaufnahme bzw. Zurücknahme von Klauseln stellen bereits sicher, daß das Logik-Programm selbst nicht inkonsistent werden kann. Schritt 3 sorgt darüber hinaus dafür, daß auch nicht durch das vorübergehende Aufstellen von Hypothesen Beweise relativ zu einer inkonsistenten Theorie stattfinden. Er kann verstanden werden als prozedurale Variante der Metaregel

$$\text{für eine beliebige Formel } A \text{ gilt:} \quad \bot \to A,$$

also des Prinzips *ex falso quodlibet*. Ohne diesen Schritt müßte man zu jedem Prädikat p eine Regel $p \leftarrow \bot$ definieren, die—solange die Theorie konsistent ist, also fast immer—Beweise zu p behindert[24].

Der Algorithmus läßt noch offen, was genau in Schritt 5 zu geschehen hat. Es ist zwar klar, wie ein Lemma von q in dem um die Hypothesen angereicherten Kontext aussieht, nicht jedoch, wie dieses Lemma in den übergeordneten Beweis (mit einem anderen Kontext) einzuordnen ist. Die Hypothesen eines bedingten Ziels sind ja nicht Bestandteil seiner Rechtfertigungen. Dieser Umstand muß von der Label-Propagierung berücksichtigt werden. Wir führen deshalb ein neues ATMS-Konzept, das *Label-Filter* ein. Dabei handelt es sich um einen besonderen Typ von Rechtfertigung. Ein Label-Filter verarbeitet neben einem[25] Knoten x auch noch eine Menge Ω von Annahmen. Wir notieren ein solches Ω-*Filter* mit der Voraussetzung x und Folgerung y als

$$x \Rightarrow_\Omega y.$$

Der Algorithmus zur Label-Propagierung verfährt dann mit diesem Ω-Filter wie folgt:

    Sei $lb(x) = \{U_1, \dots, U_n\}$ das Label zu x. Die Menge von Umgebungen, die das Ω-Filter zum Label von y beiträgt—zu y kann es ja noch weitere Rechtfertigungen geben—ist dann

$$\{U' \mid U' = U - \Omega, U \in lb(x)\}.$$

---

[24]Daß diese Regeln dann benötigt werden, zeigt beispielsweise das nur aus der Klausel $(\bot \leftarrow a)$ bestehende Programm, an das die Anfrage $(b \leftarrow a)$ gerichtet wird: Obwohl die Theorie $P \cup \{a\}$ inkonsistent ist, kann mit ihr b ohne die zusätzliche Kenntnis von $(b \leftarrow \bot)$ nicht abgeleitet werden.

[25]Offensichtlich könnten Label-Filter—wie die anderen Rechtfertigungen—auch mehrere Knoten zur Voraussetzung haben. Solche verallgemeinerten Filter lassen sich als Kombination des hier definierten Filters mit einer regulären Rechtfertigung realisieren.

Damit ist klar, wie Schritt 5 zu präzisieren ist:

5.1 Repräsentiere die Klausel $(q \leftarrow r_1, \ldots, r_l)$ im ATMS und erweitere das Abhängigkeitsnetz um das Ω-Filter

$$anlass \Rightarrow_\Omega (q \leftarrow r_1, \ldots, r_l).$$

5.2 Falls es ein übergeordnetes Ziel gibt, so vermerke in dessen SLD-Baum am Verzweigungspunkt zu dem soeben bewiesenen bedingten Teilziel—genau wie bei einem relevanten Ziel—die neue Klausel als zuletzt untersuchte Alternative.

Schließlich bleibt nur noch zu klären, was zu tun ist, falls an ein bedingtes Ziel ein Fehlschlag gemeldet wird. Die Antwort ist einfach, da wir bis jetzt keine Variablen in bedingten Zielen erlauben und somit ein alternativer Beweis keine neue Information bringen wird. Ein bedingtes Ziel wird deshalb einen Fehlschlag unmittelbar an seinen Vorgänger weiterreichen.

Wir können jetzt den Begriff der Klausel weiter fassen als bisher und ineinander geschachtelte Implikationen zulassen:

1. Ist A ein positives Atom, so ist $(A \leftarrow)$ eine Klausel.

2. Sind $C_1, \ldots, C_n$ bereits Klauseln und ist A ein positives Literal, dann ist

$$A \leftarrow C_1, \ldots, C_n$$

  ebenfalls eine Klausel.

3. $\perp$ ist ein positives Atom.

Wir wollen solche Klauseln als *verallgemeinerte Hornklauseln*, entsprechende Zielklauseln als *verallgemeinerte Ziele* und die zugehörigen Programme als *verallgemeinerte Logik-Programme* bezeichnen[26].

Das beschriebene Verfahren zur Verarbeitung bedingter Ziele erlaubt dann die Ausführung verallgemeinerter Logik-Programme für verallgemeinerte Ziele— mit der zu Anfang dieses Abschnitts erwähnten Einschränkung, daß bedingte Ziele zum Ausführungszeitpunkt keine uninstantiierten Variablen mehr enthalten dürfen.

Das Verfahren zur Verarbeitung bedingter Ziele löst offensichtlich auch das Problem, wie Klauseln mit negierten Prämissen zu verarbeiten sind: In konstruktivistischer Leseweise sind negierte Ziele schlicht bedingte Ziele, deren Konsequenz das *falsum* ist. Das Verfahren läßt sich für solche Ziele sogar noch optimieren. Gelten nämlich die Vorbedingungen einer negierten Prämisse schon

---

[26]In den meisten Fällen ist jedoch aus dem Auftretenskontext ersichtlich, ob von einem verallgemeinerten oder einem regulären Logik-Programm die Rede ist. Wir bezeichnen daher häufig auch verallgemeinerte Logik-Programme als Logik-Programme.

ohnehin[27], so läßt sich mit ihnen sicher kein Widerspruch herleiten, da die flankierenden Maßnahmen von Abschnitt 7.2.1 sicherstellen, daß das Logik-Programm zu jedem Zeitpunkt konsistent ist. Es ist demnach empfehlenswert, Schritt 2 wie folgt zu verfeinern:

2.1 Versuche der Reihe nach jedes der Ziele $r_1, \ldots, r_l$ als relevantes Ziel zu beweisen und generiere für die Erfolgsfälle Lemmata;
Nimm jedes fehlgeschlagene Ziel r_i als Klausel ins Abhängigkeitsnetz auf und generiere entsprechende neue Annahmen A_i;
$\Omega := \{A_i \mid r_i \text{ ist fehlgeschlagen}\}$;

2.2 Gilt $(q = \bot) \wedge (\Omega = \emptyset)$?

ja: *status* := *fehlgeschlagen*;
weiter mit Schritt 6!

nein: weiter mit Schritt 3.1!

Das `if_then_else`-Beispiel von Seite 98 läßt sich jetzt auch ohne die Verwendung extra-logischer Prädikate wie `CUT` und `FAIL` formulieren[28]:

$$\texttt{if\_then\_else(p,q,r)} \; \texttt{:- p, q.} \qquad (1)$$
$$\texttt{if\_then\_else(p,q,r)} \; \texttt{:- not(p), r.} \qquad (2)$$

Ist p ein relevantes Prädikat, so läßt sich diese Spezifikation—unabhängig von der Reihenfolge, in der RISC die Klauseln probiert—vergleichbar effizient berechnen:

Nehmen wir an, der Beweiser versucht zuerst Klausel (1) zu beweisen: Sind dann sowohl p als auch q ableitbar, so ist der Beweis schnell gelungen. Ist zwar p ableitbar, aber nicht q, so würde Backtracking ausgelöst und die Klausel (2) probiert. Da p aber relevant war und aufgrund des Versuchs mit Klausel (1) bekannt ist, schlägt `not(p)` und damit das ganze Prädikat sofort fehl. War andererseits p nicht ableitbar, so wird die Ableitung von q gar nicht erst versucht und statt dessen gleich Klausel (2) probiert. Je nachdem, ob sich dann mit Hilfe von p ein Widerspruch herleiten läßt[29] oder nicht, wird r getestet und damit über den Fehlschlag des ganzen Prädikates entschieden.

Nehmen wir andererseits an, RISC versucht zuerst Klausel (2): Läßt sich in dieser Situation p selber ableiten, so wird Backtracking ausgelöst und Klausel (1) probiert. Da p jetzt bereits bekannt ist, muß für eine Entscheidung zum Prädikat `if_then_else` nur noch q ausgewertet werden. Läßt sich dagegen mit Hilfe von p ein Widerspruch ableiten, d.h. `not(p)` beweisen, und scheitert gleichzeitig r, so wird mit Klausel (1) p betrachtet und sofort ein Fehlschlag konstatiert, da p ja als widersprüchlich bekannt ist.

---

[27]Zur Erinnerung: Negierte Prämissen werden als bedingte Ziel mit der Folgerung $\bot$ aufgefaßt.

[28]Zur Erinnerung: Die *NAF*-Regel ließ sich mit Hilfe der Operatoren `CUT` und `FAIL` definieren und das `if_then_else`-Prädikat unter Kenntnis dieser Definition und der Probierreihenfolge des Beweisers zu einer sehr effizienten Version "vereinfachen"!

[29]Anläßlich dieser Überprüfung wird eventuell ein zweiter Beweisversuch zu p durchgeführt, der leider grundsätzlich unvermeidbar ist, da intuitionistisch zwar $(p \rightarrow \neg\neg p)$ gilt, aber nicht die umgekehrte Beziehung $(\neg\neg p \rightarrow p)$.

7.3.2 Allgemeine Behandlung

Die in den bisherigen Ausführungen zu RISC getroffene Einschränkung für die
Verarbeitbarkeit bedingter Ziele, speziell negierter Prämissen, ist uns schon in
ähnlicher Form bei der Untersuchung von SLDNF-Resolution (in Abschnitt 5.3.2)
begegnet. Auch ein SLDNF-Beweiser ist außerstande, logisch korrekt variablenbehaftete negierte Ziele zu behandeln. Es besteht allerdings ein wesentlicher
Unterschied: Die beschriebene Einschränkung läßt sich für einen Beweiser, der
Negation auf der Grundlage der *Negation as Failure* Regel realisiert, *grundsätzlich* nicht beheben. Es gibt eben keine Methode, die aus der Unfähigkeit, einen
unterbestimmten Sachverhalt herzuleiten, eine nähere Bestimmung dieses Sachverhaltes gestatten würde.

Im Falle der *Negation as Inconsistency* liegen die Verhältnisse jedoch völlig
anders: Die Tatsache, daß sie eine konstruktive Form der Negation darstellt—das
negierte Ziel gelingt, wenn aus seinen Vorbedingungen ein Widerspruch herleit-
bar ist—spricht dafür, daß aus solchen Ableitungen auch sinnvolle Instantiierungen von Variablen des Ziels ablesbar sind, wenn dessen Hypothesen nur richtig
quantifiziert in die Klauseldatenbank aufgenommen werden.

Das in Abschnitt 7.3.1 geschilderte Verfahren verarbeitet *variablenbehaftete*
bedingte Schlüsse aus den beiden folgenden Gründen inkorrekt:

1. Für den Beweis eines bedingten Ziels werden dessen Vorbedingungen von
   der Folgerung getrennt. Deshalb werden von der Beweisprozedur Variablen, die sowohl in einer Vorbedingung als auch der Folgerung vorkommen,
   unzulässigerweise als voneinander unabhängig betrachtet.

2. Klauseln, die als Hypothesen eines bedingten Schlusses in die Klauseldatenbank geraten, werden fälschlicherweise behandelt, als wären sie allquantifiziert.

Das zuletzt genannte Problem ist schon von PROLOG her bekannt: ASSERTS
und RETRACTS in Klauselprämissen, die noch nicht grundinstantiierte Variablen
enthalten, fügen ebenfalls allquantifizierte Klauseln in die Klauseldatenbank ein,
obwohl die Variablen dieser Klauseln—als Zielvariablen—existentiell zu quanti-
fizieren sind.

Natürlich sind wir daran interessiert, möglichst viel vom einfachen variablenfreien Verfahren zur Behandlung bedingter Schlüsse zu übernehmen. Wir greifen
dazu auf einen Kunstgriff zurück, den wir bereits im Abschnitt 5.2.2 eingesetzt
haben: In dem dort erläuterten Verfahren zur Übersetzung von SLD-Beweisen
in Dialoge werden zur ökonomischen Behandlung quantifizierter Aussagen neue
Variablen in den Dialog eingeführt, die von den Dialogpartnern wie unspezifi-
zierte Konstanten behandelt und im weiteren Verlauf des Dialogs mit Hilfe von
Unifikationen in echte Konstanten umgewandelt werden.

Das eben beschriebene Verfahren werden wir uns auch jetzt für die logisch
korrekte Behandlung variablenbehafteter bedingter Ziele zu Nutze machen. Vorbedingungen solcher Ziele werden als existentiell quantifizierte Klauseln in die
Klauseldatenbank eingebracht. Diese enthält damit zwei Sorten von Klauseln:

1. Allquantifizierte Klauseln, die vom Benutzer durch explizite Aufforderung und unter Kontrolle des Beweissystems eingebracht wurden, und

2. existentiell quantifizierte Klauseln, die von RISC anläßlich eines Beweisversuchs zu einem bedingten Ziel für die Dauer dieses Versuchs in der Klauseldatenbank gehalten werden.

Mischformen, d.h. Klauseln, die sowohl all- als auch existentiell quantifizierte Variablen enthalten, kommen nicht vor. Dies erleichtert wesentlich die Anpassung des Verfahrens.

Wir beginnen mit der Normalisierungsprozedur:

1. Für all- und existentiell quantifizierte Variablen werden disjunkte Namensbereiche verwendet.

2. Die Normalisierungsprozedur liefert nicht nur einen Zeiger, sondern einen *sprechenden Namen* (kurz *CID* für *Clause Identifier*[30]) für die neue Klausel.

3. Allquantifizierte Klauseln werden wie auf Seite 172 beschrieben in die Klauseldatenbank aufgenommen.

4. Existentiell quantifizierte Klauseln werden *unverändert* in die Klauseldatenbank übernommen[31].

Diese Maßnahmen gewährleisten, daß ein und dieselbe Variable nicht einmal als all- und ein anderes mal als existentiell quantifiziert betrachtet wird, wodurch RISC bei der Suche nach Resolutionskandidaten schon am Namen der entsprechenden Eingabeklausel erkennen kann, wie sie quantifiziert ist.

Die zweite von der Verallgemeinerung betroffene Komponente ist die Standardisierungsprozedur (vgl. Abschnitt 2.3.2):

1. Allquantifizierte Variablen einer Eingabeklausel werden wie üblich so umbenannt, daß sie nicht mit bereits im Beweis verwendeten Variablen namensgleich sind.

2. Ist die Eingabeklausel K_{i+1} existentiell quantifiziert,

$$G_0 \xrightarrow{K_1} G_1 \xrightarrow{K_2} \ldots \xrightarrow{K_i} G_i$$

der momentane Wurzelpfad und σ_i die für G_i aktuelle Substitution, so ist statt K_{i+1} die Klausel $K_{i+1}\sigma_i$ zu verwenden.

---

[30]In Anlehnung an den aus dem Gebiet der Datenbanken bekannten Begriff des *Tupel Identifier*.

[31]Namen von allquantifizierten Variablen der Normalform sollten demnach für den Benutzer "unaussprechbar" sein.

Da sich die beiden Fälle gegenseitig ausschließen, sind von der Standardisierung niemals beide Aktionen gleichzeitig durchzuführen—welcher Fall vorliegt, läßt sich unmittelbar am *CID* von K_{i+1} ablesen.

Der Algorithmus für den Beweis variablenfreier bedingter Ziele läßt sich jetzt nach Änderungen an Schritt 2 und 5 auf den variablenbehafteten Fall übertragen:

1. Sei *ctxt* der momentane Kontext;
   old_ctxt := *ctxt*;

2. $\Omega := \emptyset$;
   Betrachte der Reihe nach jede der Hypothesen r_i:

   - Ist r_i variablenfrei, so versuche einen Beweis zu r_i. Hat dieser Beweisversuch Erfolg, so generiere ein entsprechendes Lemma. Schlägt der Beweis fehl, so nimm r_i ins Abhängigkeitsnetz auf, erzeuge eine entsprechende Annahme A_i und erweitere Ω um A_i;

   - Enthält r_i Variablen, die noch nicht grundinstantiiert sind, so prüfe, ob r_i momentan *explizit* bekannt ist. Falls ja, so ist nichts weiter zu tun. Falls nein, so nimm r_i ins Abhängigkeitsnetz auf, erzeuge eine *neue* Annahme A_i und erweitere Ω um A_i.

3.1 *ctxt* := *old_ctxt* $\cup \Omega$;
   Ist *ctxt* ein **NOGOOD**?

       ja: weiter mit Schritt 3.2!

     nein: Versuche relativ zu *ctxt* einen Beweis zu $\bot$;
              Beweis geglückt?

              ja: weiter mit Schritt 3.2!
            nein: weiter mit Schritt 4.1!

3.2 *anlass* := $\bot$;   (ex falso quodlibet)
   da $\bot$ relevant ist, wurde anläßlich des Beweises ein Lemma generiert;
   weiter mit Schritt 5.1!

4.1 *anlass* := q;
   Gilt $q = \bot$?

       ja: Fehlschlag von $\bot$ ist bereits erwiesen;
          weiter mit Schritt 4.2!

     nein: Versuche relativ zu *ctxt* einen Beweis zu q;
          Beweis geglückt?

            ja: generiere ein Lemma zum Beweis von q;
              weiter mit Schritt 5.1!
         nein: weiter mit Schritt 4.2!

4.2 *status := fehlgeschlagen*;
weiter mit Schritt 6!

5.1 *status := bewiesen*;
Sei θ die vom Beweis gelieferte Antwortsubstitution;
Repräsentiere die Klausel $(q \leftarrow r_1, \ldots, r_l)\theta$ im ATMS und erweitere das Abhängigkeitsnetz um das Ω-Filter

$$(anlass)\theta \Rightarrow_\Omega (q \leftarrow r_1, \ldots, r_l)\theta.$$

5.2 Falls es ein übergeordnetes Ziel gibt, so vermerke am Verzweigungspunkt zu dem soeben bewiesenen bedingten Teilziel wie bei einem relevanten Ziel

- die Klausel $(q \leftarrow r_1, \ldots, r_l)\theta$ als zuletzt untersuchte Klausel und

- den Wurzelpfad des zu *anlass* gefundenen Beweises für ein eventuelles späteres Backtracking;

6. *ctxt := old_ctxt*;
Fertig! Liefere *status*, *anlass* und im Erfolgsfall die Antwortsubstitution θ zurück.

Wird an ein erfolgreich bewiesenes bedingtes Ziel zu einem späteren Zeitpunkt ein Fehlschlag propagiert, so ist folgendermaßen vorzugehen:

Gemäß Schritt 2 wird erneut ein Kontextwechsel durchgeführt, der Beweiser mit dem am Verzweigungspunkt gespeicherten Wurzelpfad zu *anlass* wieder aufgesetzt und der Fehlschlag, der das Backtracking auslöste, an ihn weitergeleitet.

Im Erfolgsfall entsteht ein neues Lemma zu *anlass* mit einer neuen Antwortsubstitution θ'. Nach Wiederherstellung des alten Kontexts wird dann mit Hilfe von θ' erneut eine Fertigstellung des übergeordneten Beweises versucht.

Nachdem jetzt existentiell quantifizierte Klauseln als Resolventen in Frage kommen, ist auch der Algorithmus zur Generierung von Lemmata anzupassen. Im SLD-Wurzelpfad zu einem bedingten Ziel sind nämlich auch *CIDs* von existentiell quantifizierten Eingabeklauseln vermerkt. Wird ein solcher Wurzelpfad zur Lemmagenerierung herangezogen, so sind Vorkehrungen zu treffen, daß die existentiell quantifizierten Klauseln nicht direkt in das erzeugte Abhängigkeitsnetz eingehen.

Aufgrund von Backtracking kann eine existentiell quantifizierte Klausel K ein zweites Mal als Hypothese aufgestellt werden. Trotzdem dazu eine neue korrespondierende Annahme generiert wird, werden Instantiierungen von K, die in den alten Beweis eingingen, erneut sichtbar, da sie über Rechtfertigungen mit K in Verbindung stehen und deshalb unabhängig von der konkreten Annahme, die K IN macht, ebenfalls IN werden. Damit geht aber der Unterschied zwischen all- und existentiell quantifizierten Klauseln verloren.

Die folgende Version des Algorithmus zur Lemmagenerierung berücksichtigt diesen Sachverhalt, indem existentiell quantifizierte Klauseln, die in eine RISC-Ableitung eingehen, nur *maximal* instantiiert im ATMS verwendet werden:

1. Sei $\theta = \sigma_{n+1}$ die für $G_{n+1} = \square$ aktuelle Substitution;
   $i := n + 1$;

2. $i = 0$?

   > ja: Fertig!

   > nein: Sei K_i von der Form $(H \leftarrow B_1, \ldots, B_k)$.
   > Ist K_i eine existentiell quantifizierte Klausel?

   >> ja: $K := K_i\theta$;
   >> nimm K als neue Klausel ins Abhängigkeitsnetz auf und gib ihr das Label der Klausel K_i;

   >> nein: $K := K_i$;
   >> K ist bereits im Abhängigkeitsnetz repräsentiert;

   > Sei nun G_{i-1} von der Gestalt

   $$L_1, \ldots, L_{m-1}, L_m, L_{m+1}, \ldots, L_{m+l}$$

   und gelte $R(G_{i-1}) = L_m$. Dann läßt sich G_i entsprechend der Formel

   $$L_1, \ldots, L_{m-1}, B_1', \ldots, B_k', L_{m+1}, \ldots, L_{m+l}$$

   zerlegen:

   > * Normalisiere die Klauseln $B_1'\theta, \ldots, B_k'\theta$ und $L_m\theta$,

   > * nimm sie—sofern sie dort noch nicht repräsentiert sind—als Knoten ins Abhängigkeitsnetz auf,

   > * ordne sie als jeweils *erste* Klausel in die ihnen entsprechenden Prädikate ein und

   > * teile dem RMS die Rechtfertigung

   $$K, B_1'\theta, \ldots, B_k'\theta \Rightarrow L_m\theta$$

   mit, falls K nicht lediglich Variante von $L_m\theta$ ist;

   > $i := i - 1$;
   > weiter mit Schritt 2!

In welcher Weise die einzelnen Komponenten der Architektur von RISC zusammenspielen, veranschaulicht noch einmal zusammenfassend Abbildung 7.1.

7.4 Ein Beispiel

Wir wollen die Beschreibung von RISC mit einem ([66] entnommenen und leicht modifizierten) Beispiel abschließen: Folgende Sachverhalte seien als gesichert bekannt:

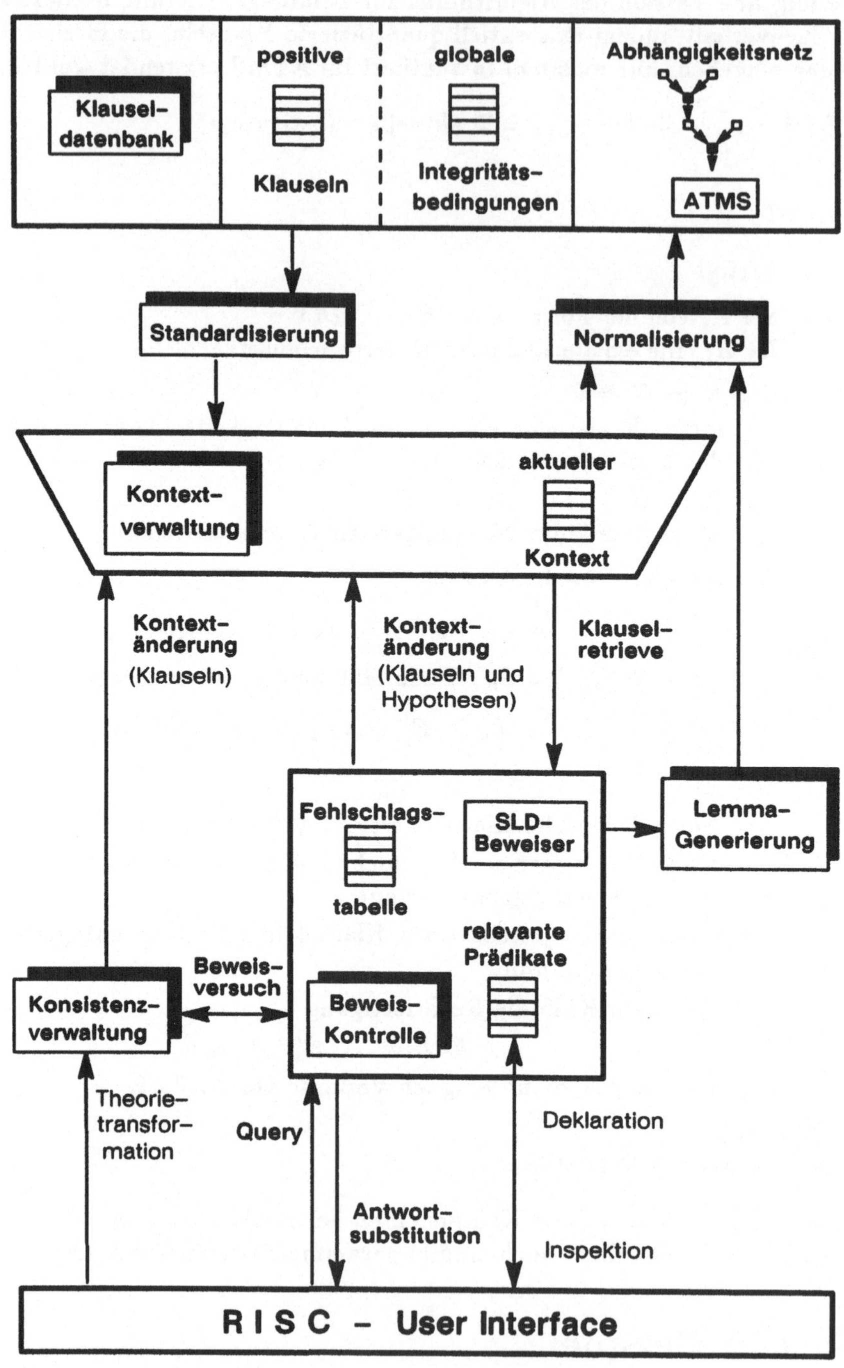

Abbildung 7.1: Die Architektur von RISC

1. Jemand ist neurotisch, wenn er verwirrt wird, sobald einer seiner Freunde ihn kritisiert.

2. Marie ist verwirrt, sobald Susi sie kritisiert.

3. Susi kritisiert alle.

4. Jemand ist ein schlechter Freund, wenn es jemanden gibt, der unter der Annahme, er sei Freund vom ersten, neurotisch wäre.

Mit Hilfe dieser Aussagen soll nun die Frage beantwortet werden, ob jemand ein schlechter Freund ist. Um diese Frage mit Hilfe von RISC verarbeiten zu können, sind die vier Ausagen zunächst in die Form verallgemeinerter Hornklauseln zu bringen:

$$\forall u, v \left[F(u,v) \wedge CR(u,v) \to D(v) \right] \to N(v) \quad (1)$$
$$CR(S,M) \to D(M) \quad (2)$$
$$\forall u \, CR(S,u) \quad (3)$$
$$\forall u, v \left[F(v,u) \to N(u) \right] \to B(v) \quad (4)$$

Die gestellte Frage wird dann durch das Ziel $B(y)$ beschrieben und bringt das folgende Beweisgeschehen in Gang: Mit Hilfe von Klausel (4) und der Substitution $\{y \to v_1\}$ wird das Ausgangsziel zu dem bedingten Ziel

$$F(v_1, u_1) \to N(u_1)$$

reduziert. RISC stellt deshalb die Hypothese $\exists u_1, v_1 \, F(v_1, u_1)$ auf, erzeugt eine entsprechende neue Annahme A_5, teilt dem ATMS die Klausel

$$\exists u_1, v_1 \, F(v_1, u_1) \quad (5)$$

mit und nimmt die neue Annahme in den momentanen Kontext auf. Anschließend wird der Beweis mit dem neuen Ziel $N(u_1)$ fortgesetzt. Da für eine Reduktion nur die Klausel (1) zur Verfügung steht, wird dieses Ziel mit der Substitution $\{u_1 \to v_2\}$ erneut auf ein bedingtes Ziel

$$F(u_2, v_2) \wedge CR(u_2, v_2) \to D(v_2)$$

zurückgeführt. Nach dem Aufstellen der Hypothesen

$$\exists u_2, v_2 \, F(u_2, v_2) \quad (6)$$
$$\exists u_2, v_2 \, CR(u_2, v_2) \quad (7)$$

und einem entsprechenden Kontextwechsel mit den neuen Annahmen A_6 und A_7 steht somit das Ziel $D(v_2)$ zur Disposition. Auch auf dieses Ziel kann nur eine Klausel angewendet werden, nämlich Klausel (2). Mit der Substitution $\{v_2 \to M\}$ entsteht das Ziel $CR(S,M)$. Hier verzweigt sich nun das Beweisgeschehen in Abhängigkeit davon, ob Klausel (3) oder Klausel (7) für eine Fortsetzung herangezogen wird.

Wir betrachten zunächst die erste Alternative: Vermittels der Substitution $\{u_3 \to M\}$ läßt sich unmittelbar die leere Klausel $\square$ ableiten und der Beweis erfolgreich abschließen. Die aktuelle Substitution zu diesem Zeitpunkt lautet:

$$\{y \to v_1, u_1 \to M, v_2 \to M, u_3 \to M\}.$$

Die berechnete Antwortsubstitution heißt also $\{y \to v_1\}$. Das Ziel $B(y)$ ist demnach mit allen Elementen des Herbrand-Universums des vorgelegten verallgemeinerten Logik-Programms erfüllbar. Auch die zweite Alternative resultiert in einem erfolgreichen Beweisabschluß. Die aktuelle Substitution zum Abschlußzeitpunkt lautet dann:

$$\{y \to v_1, u_1 \to M, v_2 \to M, u_2 \to S\}.$$

Die berechnete Antwortsubstitution stimmt mit der der ersten Alternative überein. Wieder ist $B(y)$ mit *allen* Elementen des Herbrand-Universums erfüllbar.

Am Ende der beiden Beweisversuche—weitere Beweise des Ziels sind nicht möglich—lassen sich die wesentlichen Teile des von RISC generierten Abhängigkeitsnetzes durch die folgende Tabelle beschreiben. Sie enthält in der ersten Spalte jeweils eine Rechtfertigung und in der zweiten das Label des Knotens, der damit gerechtfertigt wird[32]:

$$
\begin{array}{ll}
(3) \Rightarrow CR(S, M) & \{\{(3)\}\} \\
CR(S, M), (2) \Rightarrow D(M) & \{\{(2), (3)\}\} \\
D(M) \Rightarrow_{\{A_6, A_7\}} [F(u_2, M) \wedge CR(u_2, M) \to D(M)] & \{\{(2), (3)\}\} \\
[F(u_2, M) \wedge CR(u_2, M) \to D(M)], (1) \Rightarrow N(M) & \{\{(1), (2), (3)\}\} \\
N(M) \Rightarrow_{\{A_5\}} [F(v_1, M) \to N(M)] & \{\{(1), (2), (3)\}\} \\
[F(v_1, M) \to N(M)], (4) \Rightarrow B(v_1) & \{\{(1), (2), (3), (4)\}\}
\end{array}
$$

Für den allgemeinen Beweis von $B(v_1)$ wurden also alle Klauseln des Programms benötigt.

Erweitern wir die soeben behandelte Logelei noch um die folgende Aussage

5. Jeder, der sich selbst zum Freund hat und kritisiert, wird neurotisch,

also das Logik-Programm um die Klausel

$$\forall u \; F(u, u) \wedge CR(u, u) \to N(u) \quad (8)$$

so liefert RISC neben der allgemeinen Antwort $B(v_1)$ auch eine konkrete Antwort. Als Alternative zu Klausel (1) steht jetzt auch Klausel (8) für die Reduktion des Teilziels $N(u_1)$ zur Verfügung. Mit Hilfe der Substitution $\{u_1 \to u_2\}$ entsteht so das zusammengesetzte Ziel $CR(u_2, u_2) \wedge F(u_2, u_2)$. Mit Hilfe der Klausel (3) und über die Substitution $\{u_2 \to S, u_3 \to S\}$ entsteht schließlich das Ziel $F(S, S)$. Die aktuelle Substitution ist jetzt

$$\{y \to v_1, u_1 \to S, u_2 \to S, u_3 \to S\}.$$

---

[32]Wenn eine Klausel unverändert in's ATMS aufgenommen wurde, schreiben wir ihren *CID* und sonst die Klausel selbst. Die gerechtfertigten Knoten lassen sich jeweils an der Folgerung der entsprechenden Rechtfertigung ablesen.

Die einzige anwendbare Klausel ist nun Klausel (5). Da sie existentiell quanti-fiziert ist, haben wir auf sie zunächst die aktuelle Substitution anzuwenden und erhalten so die Klausel (5'), nämlich $F(v_1, S)$. Mit der Substitution $\{v_1 \to S\}$ läßt sich dann aus $F(S, S)$ die leere Klausel ableiten und der Beweis erfolgreich abschließen. Die aktuelle Substitution zu diesem Zeitpunkt lautet

$$\{y \to S, u_1 \to S, u_2 \to S, u_3 \to S, v_1 \to S\}.$$

Die von RISC gelieferte Antwortsubstitution ist diesmal $\{y \to S\}$. Am Ende dieses letzten Beweisversuchs enthält das ATMS zusätzlich die folgenden Recht-fertigungen und Labels:

$$A_5 \Rightarrow F(S, S) \qquad\qquad\qquad\qquad \{\{A_5\}\}$$
$$F(S, S), (3), (8) \Rightarrow N(S) \qquad\quad \{\{A_5, (3), (8)\}\}$$
$$N(S) \Rightarrow_{\{A_5\}} [F(S, S) \to N(S)] \qquad \{\{(3), (8)\}\}$$
$$[F(S, S) \to N(S)], (4) \Rightarrow B(S) \quad \{\{(3), (4), (8)\}\}$$

Letztendlich waren für diesen Beweis von $B(S)$ also nur die Klauseln (3),(4) und (8) relevant.

Wie das Beipiel zeigt, konnte auf dem Weg über eine Verallgemeinerung der Prozeduren zur Neuaufnahme bzw. Zurücknahme von Klauseln eine ent-scheidende Verbesserung der Ausdruckskraft von Hornklausellogik erzielt wer-den. RISC kann nicht nur variablenbehaftete negierte Ziele verarbeiten. Es unterstützt den Anwender beim Experimentieren mit seinem Logik-Programm, und zwar auf zweierlei Art: Er kann Hypothesen

- anläßlich einer Query-Verarbeitung im Rahmen eines bedingten Schlusses

- oder durch ein explizites Benutzen der Operatoren zur Neuaufnahme bzw. Zurücknahme von Klauseln außerhalb der Query-Verarbeitung

formulieren und deren Einfluß auf das Logik-Programm testen.

Im ersten Fall werden die Hypothesen als existentiell quantifiziert betrachtet. Sie werden von RISC für den Beweis des bedingten Ziels aufgestellt und später wieder zurückgenommen. Zusätzlich werden eventuell Instantiierungen für einen Teil der Hypothesenvariablen geliefert.

Im zweiten Fall werden die Klauselvariablen als allquantifiziert interpretiert. Das System stellt dann einerseits sicher, daß nur solche Klauseln aufgenommen werden können, die mit dem Restprogramm verträglich sind und sorgt anderer-seits dafür, daß mit der Rücknahme einer Klausel K auch jene Klauseln unsicht-bar werden, die von K abhängig sind.

Zusammenfassend läßt sich festgestellen, daß man auf die meisten Anwen-dungen der PROLOG-Operatoren **ASSERT** und **RETRACT** verzichten kann, ohne dafür Effizienzeinbußen oder eine verminderte Ausdruckskraft in Kauf nehmen zu müssen.

7.5 Diskussion vergleichbarer Ansätze

Das von uns soeben vorgestellte Beweissystem ruht im wesentlichen auf drei Säulen—je einer

1. zur Lemmagenerierung und Wiederaufnahme relevanter Fehlschläge,

2. zur konsistenzerhaltenden Theorietransformation und

3. zur Verarbeitung bedingter Ziele.

Wir orientieren deshalb auch unsere Diskussion vergleichbarer Ansätze an ihnen.

7.5.1 Parsing und Lemmagenerierung

Erste Hinweise auf die Generierung von Lemmata im Kontext der Logik-Programmierung finden sich in Kowalskis Klassiker zur Logik-Programmierung [102, S.94–95]. Obgleich Kowalski dort kein konkretes Verfahren zur Lemmagenerierung beschreibt, streicht er doch heraus, daß die Generierung von Lemmata von Vorteil sein kann. Er erwähnt insbesondere sogenannte *negative Lemmata*, wobei er unter einem negativen Lemma einen Fehlschlag versteht, der als (negativer) Sachverhalt abgespeichert wird. Als Beispiel für einen Algorithmus, dessen Effizienz ganz wesentlich von der Generierung positiver und negativer Lemmata abhängt, nennt er Earleys Verfahren zur effizienten Verarbeitung kontexfreier Grammatiken (vgl. [55]).

Der Begriff "negatives Lemma" in der von Kowalski verwendeten Form setzt offensichtlich ein Verständnis von Negation über die *Negation as Failure* Regel voraus. Kowalski erachtet folglich die Technik der Lemmagenerierung zumindest für solche Anwendungsbereiche als sinnvoll, in denen auch die *Closed World Assumption* gerechtfertigt ist[33].

Da unser Interesse in erster Linie *offenen* Systemen gilt, ist der von uns eingeführte Begriff des negativen Lemmas grundverschieden von dem Kowalskis: Wir meinen damit ein positives Lemma zum ausgezeichneten Prädikat *falsum*. Trotzdem ist Kowalskis Verweis auf das Gebiet der Sprachverarbeitung auch für uns hochinteressant—deutet er doch an, daß jemand, der einen effizienten Parser konstruieren möchte, vor ähnlichen Problemen steht wie jemand, der ein effizient arbeitendes Logik-Programmiersystem entwerfen möchte.

Daß gewisse Lösungsansätze tatsächlich und unabhängig von einem Akzeptieren der *CWA* aus dem Bereich des Parsing auf den der Logik-Programmierung übertragbar sind, ist eine der wichtigsten Erfahrungen, die der Autor bei seiner Mitwirkung an der Konzeption von GuLP[34], einem System zur Verarbeitung gesprochener natürlicher Sprache, gesammelt hat.

---

[33]Ein solcher Bereich ist sicher der des Parsing formaler Sprachen. Die von einer formalen Grammatik zugelassene Sprache ist ja *genau* die Menge der Wörter, die mit dieser Grammatik ableitbar sind.

[34]GuLP steht für *General unification-based Linguistic Processor*.

Die zentrale Datenstruktur von GuLP ist die sogenannte *aktive Chart* (vgl. Görz und Beckstein in [77])—eine Weiterentwicklung der *Well Formed Substring Table*, wie sie in vielen Parsern zur Speicherung von Zwischenergebnissen der Analyse verwendet wird. Sie wird als gerichteter Graph repräsentiert, dessen Kanten mit partiellen Analyseergebnissen und Fortsetzungsinformation markiert sind, und gibt dem Analyseverfahren, das in GuLP verwendet wird, seinen Namen: *Chart-Parsing*. Die Verwandtschaft mit dem von uns vorgestellten Logik-Programmiersystem wird offensichtlich, wenn wir dieses Verfahren nachfolgend etwas genauer betrachten.

Die Analyse einer Äußerung beginnt mit der Initialisierung der Chart. Dazu werden Knoten zur Markierung von Anfang und Ende der Äußerung sowie der Wortgrenzen erzeugt und mit sogenannten *inaktiven Kanten* verbunden, die mit den Wörtern selbst und lexikalischer Information beschriftet sind. Jedesmal wenn im Verlauf der Analyse eine von der Grammatik zugelassene zusammengesetzte Konstituente gefunden wird, erzeugt das System eine neue, die Konstituenten-komponenten überspannende inaktive Kante. Dieser Prozeß wird so lange fort-geführt, bis eine die ganze Äußerung umfassende (Satz-) Kante gefunden ist.

Die treibende Rolle bei der Analyse spielt eine zweite Kantensorte, die der sogenannten *aktiven Kanten*. Aktive Kanten repräsentieren unvollständige Kon-stituenten, einen Zwischenstand der Suche nach einem bestimmten Konstituen-tentyp. Bestandteile dieser Repräsentation sind

- die Kategorie der Konstituente, nach der gesucht wird,

- das Fragment der Konstituente, das bereits gefunden wurde, und

- eine Beschreibung, wie dieses Fragment komplettiert werden könnte.

Die Suche nach einer Konstituente wird ausgelöst, indem in die Chart an den Ausgangspunkt der Suche eine leere aktive Kante plaziert wird, die mit der Ka-tegorie der vermuteten Konstituente beschriftet ist. Wenn immer eine aktive Kante A und eine inaktive Kante I das erste Mal aufeinandertreffen und die Kante I Information bereitstellen kann, von der sich die Kante A einen Fort-schritt verspricht, wird eine neue, beide Kanten überspannende Kante K in die Chart eingefügt. K wird eine inaktive Kante, wenn I zur Vervollständigung von A ausreichte, und ansonsten eine aktive Kante.

Nachdem sich jeder aktiven Kante ein eigener über der Chart operierender Analyseprozeß zuordnen läßt, verfügt GuLP über eine flexible agendabasierte Architektur, die auf vielfältige Art und Weise parametrisiert werden kann, um auf das Analysegeschehen Einfluß zu nehmen (für Details vgl. Görz und Beckstein in [79]).

Zwischen der Chart in GuLP und dem Abhängigkeitsnetz sowie der Fehl-schlagstabelle von RISC besteht ein enger Zusammenhang, der sich wohl am leichtesten dadurch verdeutlichen läßt, daß man die sich entsprechenden Kon-zepte beider System explizit einander gegenüberstellt:

- Den Konstituententypen entsprechen Prädikate. Die Rolle von GuLP's inaktiven Kanten haben in RISC die Lemmata. Die RISC-Gegenstücke der primitiven inaktiven Kanten (Wortkanten) von GuLP sind explizit bekannte Einheitsklauseln.

- Aktiven Kanten von GuLP lassen sich relevante Fehlschläge in RISC zuordnen: Das bereits analysierte Konstituentenfragment wird durch den aktuellen Wurzelpfad, die Suchkategorie durch die Ausgangsquery und die Fortsetzungsinformation durch das relevante Prädikat wiedergegeben.

Analysetreibend ist in GuLP das Aufeinandertreffen einer aktiven und einer inaktiven Kante. In RISC sind dafür Queries und Aufforderungen des Benutzers nach Neuaufnahme von Klauseln zu einem relevanten Prädikat verantwortlich, die in ein Triggern von relevanten Fehlschlägen münden. Kontrolle kann in RISC durch Relevanzdeklarationen, die Vorgabe der SLD-Auswahlfunktion und durch die Anordnung von Programmklauseln ausgeübt werden. Nachdem in RISC Negation über negative Klauseln statt über die *NAF*-Regel realisiert ist und die in Klauseln verwendbaren Prädikate (wenn überhaupt, dann) bedenkenlose Nebenwirkungen haben, führen unterschiedliche Kontrollvorgaben zwar zu einem unterschiedlichen Umgang mit den Systemressourcen, nie jedoch zu logisch verschiedenen Ergebnissen.

7.5.2 Gabbays theoretische Vorarbeiten

Einen wesentlichen Einfluß auf die Konzeption von RISC hatten die Veröffentlichungen von Gabbay und Sergot [69] sowie Gabbay und Reyle [66, 67].

Die erstgenannte Arbeit hat *Negation as Inconsistency*—die schwache Negation, wie sie von Heyting [92] und Curry [43] verstanden wird—zum Thema. Die Autoren plädieren hier für eine Übernahme der *NAI* in PROLOG-artige Theorembeweiser und geben ein den Tableau-Kalkülen ähnliches Berechnungsschema an, mit dessen Hilfe Logik-Programme verarbeitet werden können, die auch negative Klauseln enthalten. Sie belegen, daß dieses Verfahren korrekt und in einem gewissen Sinne vollständig ist. Ein großer Teil der Veröffentlichung dient außerdem dem Nachweis, daß für ein vorgegebenes Logik-Programm P und Ziel G die Mengen

$$S_{NAF} := \{G \mid G \text{ ist aus } P \text{ mit SLDNF-Resolution ableitbar}\}$$

und

$$S_{NAI} := \{G \mid G \text{ ist aus } P \cup \mathbf{not}(F_P) \text{ mit } NAI \text{ SLD-ableitbar}\}$$

übereinstimmen, falls weder P noch G verschachtelte negative Teilformeln enthalten oder die Beweisprozedur *vollständig* ist. Sie bezeichnen deshalb *NAF* als *Spezialfall* von NAI^{35}.

---

[35] Wir finden diese Charakterisierung des Verhältnisses von *NAI* und *NAF* etwas unglücklich, da bei der Definition der Erfolgsmengen in einem Fall von P und im anderen von P erweitert um die negative Fehlschlagsmenge F_P zu P ausgegangen wird.

Die beiden anderen Veröffentlichungen [66, 67] beschreiben, wie sich Gabbay und Reyle eine Erweiterung von Logik-Programmiersprachen um hypothetisches Schließen vorstellen. Sie entwickeln hierfür im wesentlichen zwei Kalküle, von denen der eine als Unterkalkül des anderen betrachtet werden kann: In dem allgemeinen Kalkül (sogenanntes QNPROLOG) sind gemischt quantifizierte Programmklauseln zugelassen. Der speziellere Kalkül fällt mit dem auch von uns eingesetzten Kalkül zur Verarbeitung bedingter Ziele zusammen (restricted QNPROLOG)[36]. Hier darf eine Klausel nur entweder universell oder existentiell quantifiziert sein. Neben einer Untersuchung grundlegender logischer Eigenschaften dieser Kalküle gehen die Autoren insbesondere auf deren selbst-referentielle Eigenschaften ein und benennen denkbare Anwendungen.

Obgleich die geschilderten Arbeiten in ihrer Bedeutung für das Gebiet der Logik-Programmierung gar nicht hoch genug eingeschätzt werden können, lassen sie—wie die Autoren selbst eingestehen—ein wichtiges Kriterium für die Eignung eines Kalküls als Logik-*Programmiersprache* unberücksichtigt: die Existenz eines *effizienten* Beweisverfahrens.

Das von uns vorgeschlagene Beweissystem RISC schließt diese Lücke: Negation und hypothetisches Schließen werden durch das gleiche Verfahren behandelt. Dieses Verfahren ist kein Tableau-, sondern ein Resolutionsverfahren (ein Vergleich der Verfahrenstypen findet sich in [24]). RISC ist also—im Gegensatz zu QNPROLOG—nicht nur sprachlich, sondern auch beweistechnisch eine Verallgemeinerung von PROLOG. Ihre Effizienz bezieht die Beweisprozedur von RISC aus der RMS-Unterstützung, der Tatsache, daß bedingte Ziele wie relevante Ziele *fokussiert* behandelt werden, und dem Umstand, daß das System—nach Maßgabe des Benutzers automatisch und auch für bedingte Schlüsse—Lemmata generiert. Von besonderer Bedeutung ist zudem, daß der Beweiser—im Unterschied zu QNPROLOG—zu jedem Zeitpunkt nur genau einen Kontext zu betrachten braucht. Dadurch kann das SLD-Verfahren auch auf den Bereich des hypothetischen Schließens übertragen werden: Die Verwaltung der Kontexte übernimmt das ATMS; der Informationsfluß zwischen den Kontexten wird durch den Algorithmus zur Label-Propagierung über die Lemmata geregelt.

Die Kontrolle des Beweisgeschehens erfolgt in RISC dadurch, daß der Benutzer Parameter des SLD-Verfahrens (etwa die Auswahlfunktion oder die Reihenfolge von Klauseln) ändert. Die von Gabbay und Reyle in [66, S. 346ff] vorgeschlagene Möglichkeit, Kontrolle über die selbst-referentiellen Eigenschaften von QNPROLOG auszuüben, indem Teile des Logik-Programms für die Entscheidung über die Anwendbarkeit von Klauseln zuständig sind, leistet dies ebenfalls—allerdings zu einem Preis, der in den meisten Fällen unbezahlbar sein wird, da die kontrollierenden Teile des Programms selbst "unkontrolliert" verarbeitet werden.

---

[36]Wir haben für RISC bewußt die eingeschränkte Form hypothetischen Schließens gewählt: Einerseits, weil sie alle von Gabbay als interessant bezeichneten Beziehungen ausdrücken kann, und andererseits, weil uns—grundsätzlich konstruktiv eingestellt—unwohl bei dem Gedanken an nicht-hypothetische existentiell quantifizierte *Programm*klauseln ist.

7.5.3   Ein dualer Ansatz: FORLOG

Wir beschließen unsere Diskussion vergleichbarer Ansätze mit einer Betrachtung von FORLOG (Flann, Dietterich und Corpron [63]). Dieses System erhebt—ebenso wie RISC—den Anspruch, eine fruchtbare Symbiose eines RMS mit einer Logik-Programmiersprache darzustellen.

Während in RISC ein im Prinzip nach der SLD-Methode arbeitender Beweiser die Regie hat und das RMS lediglich zur Verwaltung seiner Schlüsse und der Klauseldatenbank eingesetzt wird, liegen in FORLOG die Verhältnisse umgekehrt: Das Problemlösegeschehen verläuft unter der ausschließlichen Kontrolle des ATMS, genauer der *Consumer-Architektur* des ATMS (für Details vgl. [50, 60]), mit deren Hilfe die bereits in Abschnitt 6.2.3 angedeuteten RMS-Trigger realisierbar sind.

Ein *Consumer* ist ein Objekt, das an Knoten oder Klassen des ATMS angehängt wird. Eine *Klasse (class)* ist eine Menge von Knoten. Jeder Knoten kann Mitglied von gar keiner bis beliebig vielen Klassen sein und jede Klasse kann beliebig viele Knoten enthalten. Zu jeder Zeit können Knoten zu einer Klasse hinzugefügt, aber niemals entfernt werden.

Consumer beschreiben Aktionen des Problemlösers, die erst dann ausgeführt werden, wenn die Label der Knoten, an denen sie hängen, bestimmten Bedingungen genügen. Sie können nach ihrer Aktivierung Annahmen oder Rechtfertigungen erzeugen, andere Consumer generieren oder Berechnungen mit Daten des Problemlösers ausführen. Sobald sie ihre Aktionen ausgeführt haben, werden sie automatisch gelöscht.

Mit Hilfe der Consumer kann also ein Teil der Problemlöseaktivität in das ATMS verlagert werden: Zuerst werden einige Annahmen, Knoten, Rechtfertigungen und Consumer erzeugt. Die Consumer werden in eine Agenda eingetragen und Consumer für Consumer abgearbeitet, d.h. die entsprechenden Consumer-Aktionen durchgeführt—so lange, bis es keine ausführbaren Consumer mehr gibt.

In FORLOG wird die Zuständigkeitsverlagerung auf die Spitze getrieben: Ein dem System vorgelegtes (verallgemeinertes) Logik-Programm wird in ein System von Klassen, Rechtfertigungen, CHOOSES, NOGOODS und Consumern übersetzt und anschließend dem ATMS zur Ausführung überlassen.

Die logische Sprache, die mit Hilfe der von deKleer (in [50]) spezifizierten Consumer-Architektur verarbeitet werden kann, ist allerdings recht ausdrucksschwach. Sie gestattet im Prinzip nur die Formulierung allquantifizierter Syllogismen. Die Autoren erweitern deshalb die Consumer-Architektur, um einen wesentlich größeren Teil der Prädikatenlogik—insbesondere Formeln mit existentiell quantifizierten Variablen und beliebig komplizierten Termstrukturen—behandeln zu können:

- Logische Variablen werden über ihr logisches Äquivalent, die Skolemkonstanten, realisiert.

- An die Stelle einer Unifikationsprozedur wird eine Gleichheitstheorie und ein Equality-Reasoning-System gesetzt.

Die Autoren legen besonderen Wert auf die Feststellung, daß FORLOG auch zum *Backward Chaining* fähig ist[37]. Dies erscheint auf den ersten Blick verwunderlich, da Consumer Implikationen immer vorwärts, d.h. von den Vorbedingungen zu den Konsequenzen, verarbeiten. "Backward Chaining" wird deshalb auch durch einen ganz speziellen Kunstgriff erzielt:

> Das Logik-Programm wird mit Clarks Technik (siehe Abschnitt 5.3.3) vervollständigt und die damit erzeugte andere Hälfte des Logik-Programms ausgeführt.

Dieses *Vorwärtsausführen* der zweiten Hälfte wird dann als ein *Rückwärtsausführen* der ersten gewertet.

Wir sind im Gegensatz zu Flann et al. der Ansicht, daß durch das eben beschriebene Vorgehen noch lange kein zielorientiertes Abarbeiten des Logik-Programms erreicht wird. Das Problem der Kontrolle der Vorwärtsausführung der zweiten Programmhälfte wird dadurch genauso wenig gelöst wie das der ersten Hälfte. Genau hier soll zielorientiertes Arbeiten jedoch angreifen.

Mit Clarks Vervollständigung lassen sich die Autoren auf eine Uminterpretation des Ausgangsprogramms ein, die wir bereits an anderer Stelle kritisch gewürdigt haben (siehe Abschnitt 5.3.3). Sie unterlegen ihrem System die *Closed World Assumption* und die Wahrheitsdefinitheit aller im ATMS gespeicherten Sachverhalte—nicht nur durch das Vervollständigen der Programme, sondern auch, indem sie ATMS-Konstrukte wie etwa CHOOSES, auf die sie die Programme abbilden, explizit *klassisch* logisch interpretieren[38]. Auch die Tatsache, daß Logik-Programme in Konstrukte des ATMS übersetzt werden und diese nach ihrer Bekanntgabe an das ATMS nicht mehr zurückgenommen werden können, macht FORLOG in unseren Augen weniger geeignet als Inferenzkomponente eines *offenen Systems* als RISC.

---

[37]Vermutlich meinen sie damit, daß FORLOG Logik-Programme auch zielorientiert verarbeiten kann.

[38]Wie wir bereits in Abschnitt 6.3.4 ausgeführt haben, erscheint uns die Zielstruktur ATMS als denkbar ungeeignet zur Modellierung "eines großen Teils der *klassischen* Prädikatenlogik".

Kapitel 8

Zusammenfassung und Ausblick

Die Rolle der Logik als Analysewerkzeug und Repräsentationsformalismus sowie zur Beurteilung der Gültigkeit von Schlüssen ist unbestritten. Das gilt—mit Moore—insbesondere für die Prädikatenlogik.

Die Geister scheiden sich jedoch an der Frage, wie eine *effiziente Realisierung* eines hinreichend ausdruckstarken Logikkalküls aussehen könnte, oder anders ausgedrückt, wie ein Logik*kalkül* zu einer Logik-*Programmiersprache* gemacht werden kann. Allgemeine Theorembeweiser sind hierfür—wie wir gesehen haben—zu komplex. Eine mit vertretbarem Ressourcenumgang operierende Beweisprozedur läßt sich jedoch erreichen, indem die Sprache, die dem Logikkalkül zugrundeliegt,

- um Konstrukte eingeschränkt wird, die mit einer uniformen Beweisprozedur nur aufwendig zu verarbeiten sind, oder

- um außerlogische Konstrukte zur expliziten Kontrolle des Deduktionsgeschehens angereichert wird.

Das Beispiel PROLOG belegt dies: In PROLOG wurden sogar beide Wege gleichzeitig beschritten und darüber hinaus außerlogische Sprachmittel bereitgestellt, mit deren Hilfe ein Teil der Einschränkungen für rein logische Konstrukte aufgehoben werden soll.

Die außerlogischen Konstrukte selbst lassen sich in zwei Kategorien einteilen:

1. in Konstrukte, die auf das Verhalten der Beweisprozedur Bezug nehmen, und

2. in Operatoren, die die Theorie, relativ zu der sie ausgeführt werden, modifizieren.

Konstrukte der ersten Kategorie erlauben ein Ausdrücken *reflexiver Sachverhalte* und kompensieren damit zu einem gewissen Grad Einschränkungen in der Ausdruckskraft. Typisch für solch ein Konstrukt ist die Art und Weise, wie in PROLOG-Beweisern Negation realisiert wird—auf der Grundlage der *Closed World Assumption*. Für den Beweis eines Ziels der Form not(G) muß sich das

Beweissystem zunächst fragen, ob es G beweisen kann. Wenn ja, so gilt not(G) als fehlgeschlagen, und wenn nein, dann als erfolgreich. Die Entscheidung über not(G) fällt also nicht durch Deduktionen in der Objektebene, sondern auf der *Metaebene*.

Konstrukte der zweiten Kategorie repräsentieren das Erbe höherer Programmiersprachen. Sie lassen sich erneut in zwei Klassen einteilen:

1. Operatoren, die nur *vorübergehende* Änderungen am Logik-Programm vornehmen, und

2. Operatoren, deren Modifikationen *persistent* sind.

Zu den Operatoren mit temporären Nebenwirkungen gehört der CUT-Operator in PROLOG, mit dessen Hilfe Teile des SLD-Baumes vorübergehend von der Traversierung ausgeschlossen werden. Auch ein Ausnutzen der Kenntnis von Interna der Beweisprozedur für eine "geschickte" Anordnung von Klauseln und Klauselprämissen, um eine möglichst effiziente Abarbeitung zu erzielen, kann zu dieser Sorte von "Tricks" gezählt werden. Der Einsatz solcher Tricks bewirkt schlimmstenfalls, daß der Beweiser Lösungen einer Anfrage übersieht, die er bei einer rein logischen Betrachtung des Logik-Programms eigentlich finden müßte. Immerhin werden bei einer solchen Vorgehensweise keine "Lösungen" deduziert, die bei einer rein logischen Sicht des vorgelegten Programms keine Lösungen darstellen würden.

Bedenklicher sind Operatoren mit persistenten Nebenwirkungen, etwa die Operatoren ASSERT und RETRACT, wie sie PROLOG zur Verfügung stellt. Ihre Definition erfordert eine Interpretation der Klauseldatenbank als *Berechnungszustand*. Logik-Programme bekommen dadurch einen *imperativen* Charakter. Jedes—auch reine—Logik-Programm kann in ein imperatives Programm kompiliert werden, dem man seine "logische Abstammung" nicht mehr anzusehen braucht. Der dieser Umsetzung zugrundeliegenden *prozeduralen Semantik* eines Logik-Programms steht allerdings noch eine *deklarative Semantik* gegenüber— jene Semantik, die es aus seiner Interpretation als logische Theorie bezieht.

Die deklarative Interpretation von Programmen—das eigentlich Neue an der Logik-Programmierung—verspricht eine unmittelbare Anwendbarkeit des Logikinstrumentariums für die Analyse von (Logik-) Programmen:

> Wenn sich Programme als ihre eigene, von einem Standardinterpreter ausführbare Spezifikation auffassen lassen, dann ist das Problem der Verifikation, also des Nachweises der Verträglichkeit einer vorgegebenen Spezifikation mit einer hierfür erstellten Implementation, trivial.

Für den Bereich der Logik-Programmierung heißt das, daß die deklarative und prozedurale Semantik von Logik-Programmierung miteinander verträglich sein müssen. Nur dann ist sichergestellt, daß ein Logik-Programm als logische Theorie Spezifikation des Logik-Programms als ausführbares Programm ist.

Die Erstellung *korrekter* Logik-Programme kann auf zweierlei Weise angegangen werden: Entweder man ist bei der Bereitstellung von Sprachkonstrukten so liberal wie im Fall von PROLOG. Dann ist die Verifikation eines Logik-Programms von der gleichen Qualität wie die eines Programms in einer beliebigen höheren imperativen Programmiersprache. Den einzigen Vorteil, den der Benutzer einer solchen Logik-Programmiersprache verbuchen kann, ist der, daß er die Spezifikation mit dem Programm "mitschreibt". Die meisten "echten" Logik-Programme[1] sind nach diesem Verständnis allerdings inkorrekt.

Der zweite Weg zu korrekten Logik-Programmen ist der, den wir eingeschlagen haben: Es werden nur solche Sprachmittel zugelassen, deren prozedurale Semantik mit ihrer deklarativen Semantik übereinstimmt. Damit sind nur korrekte Programme formulierbar. Die Hauptthese dieser Arbeit ist, daß ein Verbot gewisser extra-logischer Konstrukte

- weder eine Effizienzeinbuße

- noch eine Verminderung der Ausdruckskraft

nach sich ziehen muß. An ihre Stelle sind neue, logisch vertretbare Konstrukte zu setzen. Zur Beantwortung der Frage, welche Operatoren zu verbieten sind, waren deshalb zunächst Logik-Programmiersprachen des PROLOG-Typs auf logische Defekte hin zu untersuchen.

Ein interessantes Resultat der Untersuchung ist die Feststellung, daß viele der extra-logischen Konstrukte und Grundannahmen für sich allein völlig unbedenklich sind. Erst im Zusammenwirken mit Theoriemodifikationen oder dem CUT werden beispielsweise materiale Inkonsistenzen möglich.

Ein anderes wichtiges Resultat ist die Beobachtung, daß Erweiterungen von reinem PROLOG häufig deshalb vorgenommen werden, um eine größere Teilmenge der *klassischen* Prädikatenlogik ausdrückbar zu machen—etwa die klassische Negation oder Disjunktion. Eine genauere Betrachtung der Ausdruckskraft reinen PROLOGs eröffnet den eigentlichen Grund für viele der mit diesem Vorhaben verbundenen Probleme:

> Eine an sich konstruktive Beweisprozedur soll für einen Kalkül von klassischem Zuschnitt eingesetzt werden.

Gibt man die *Wahrheitsdefinitheit* von Aussagen auf und ersetzt sie durch das Konzept der *Beweisdefinitheit*, so verschwinden viele Probleme: Die Modifikation von Logik-Programmen wird wesentlich vereinfacht—eigentlich erst möglich. Ein aufgrund der Wahrheitsdefinitheit klassisch interpretiertes Logik-Programm kann ohne eine Konsistenzverletzung nur um Sachverhalte erweitert werden, die bereits logische Konsequenz des Programms sind[2]—also um Lemmata. In ein intuitionistisch interpretiertes Programm lassen sich dagegen auch solche Sachverhalte aufnehmen, die nicht logische Konsequenz des Programms sind und deren Komplement noch nicht feststeht.

---

[1]also solche, die auch extra-logische Elemente enthalten...

[2]Aufgrund der *CWA* gibt es dann ja keine vom Logik-Programm unabhängigen Klauseln!

Mit der Wahrheitsdefinitheit ist auch die *Closed World Assumption* aufzugeben. Dadurch wird nicht—wie von manchen klassischen Logikern unterstellt—behauptet, es gäbe Aussagen, die weder wahr noch falsch (was sonst?) sind, sondern lediglich, daß man den Wahrheitswert mancher Aussagen nicht von vorneherein festsetzen will.

Das von uns vorgeschlagene Beweissystem RISC ist so ausgelegt, daß es ein möglichst frühzeitiges Ermitteln der Wahrheitswerte anfangs offener, aber relevanter Sachverhalte unterstützt. Als Folge der Übernahme der beweisdefiniten Sicht wird in RISC statt der *Negation as Failure* die *Negation as Inconsistency* eingesetzt. Auch eine negierte Aussage muß durch eine *Konstruktion*—einen Beweis in der Objektebene—rechtfertigbar sein. In RISC stehen zu diesem Zweck *negative Klauseln* zur Verfügung.

Die Entscheidung für die konstruktivistische Negation erweist sich als der wichtigste Schritt auf dem Weg zu einem *offenen* Beweissystem: Erst mit der *NAI* anstelle der *NAF* ist die Generierung von Lemmata sinnvoll[3]. Sie liefert außerdem ein *nicht-triviales Konsistenzkriterium* für die Beurteilung der Zulässigkeit von Theorietransformationen und damit eine Voraussetzung für die Verarbeitbarkeit hypothetischer Schlüsse.

Die andere tragende Säule von RISC ist das ATMS. Es übernimmt die Verwaltung der Klauseldatenbank. Damit ist es im wesentlichen für die drei folgenden Aufgaben zuständig:

1. Verwaltung der vom Beweiser generierten Lemmata,

2. Unterstützung kontrollierter Theorietransformationen und hypothetischer Schlüsse auf der Basis des ATMS-Kontextmechanismus und

3. Sicherstellung der Konsistenz der Klauseldatenbank über die NOGOOD-Behandlung des ATMS.

Nur mit Hilfe des ATMS war es möglich, die SLD-Methode für RISC als Beweisverfahren beizubehalten. RISC kann deshalb auch solche Logik-Programme zielorientiert verarbeiten, die negative Klauseln oder Klauseln mit bedingten Prämissen enthalten.

Auch die Verallgemeinerung des SLD-Verfahrens auf Hornklauseln, deren Vorbedingungen wieder Hornklauseln sein dürfen, arbeitet nach wie vor konstruktiv: Für den Fall, daß eine Anfrage beweisbar ist, liefert es immer auch eine—und auf Aufforderung eine weitere—passende Antwortsubstitution. Zur Kontrolle des Beweisgeschehens hat der Benutzer im Prinzip die folgenden Eingriffsmöglichkeiten:

• Vorgabe der SLD-Auswahlfunktion,

• Relevanzdeklarationen und

---

[3]Als Rechtfertigung für einen mit Hilfe der *NAF* erschlossenen Sachverhalt käme ja nur das *ganze* Logik-Programm in Frage.

• Ordnen von Klauseln und Klauselprämissen.

Das System stellt sicher, daß unabhängig davon, wie man diese Festlegungen konkret trifft, *korrekte* Antworten berechnet werden.

Der in RISC zum Einsatz gebrachte Fokussierungsmechanismus, der Voraussetzung für eine *automatische* Lemmagenerierung ist, unterstützt zudem ein Wiederaufsetzen fehlgeschlagener Beweise nach Theorietransformationen, die eine Fortsetzung dieser abgebrochenen Beweise sinnvoll erscheinen lassen. Die Entscheidung, welche Beweise nach welchen Änderungen am Logik-Programm fortgesetzt werden sollen, wird ebenfalls automatisch vom System getroffen. Der Benutzer kann auf diese Entscheidung durch Relevanzdeklarationen Einfluß nehmen.

Zum Zeitpunkt der Fertigstellung dieser Arbeit steht ein Prototyp von RISC vor seiner Vollendung. Dieser Prototyp wurde—ebenso wie ein Großteil von deKleers ATMS—in dem LISP-Dialekt SCHEME realisiert und ist auf einem Personal Computer ablauffähig (für Details siehe [190]). Die Tatsache, daß RISC auf einer Verallgemeinerung des SLD-Verfahrens beruht, machte sich auch angenehm bei der Implementierung bemerkbar, da auf Implementationstechniken zurückgegriffen werden konnte, die sich bereits bei der Konstruktion regulärer Hornklausel-Beweiser bewährt haben. Erste Experimente bestätigen unsere Erwartungen an Effizienz und Effektivität von RISC.

Ein interessanter Anknüpfungspunkt an die vorliegende Arbeit wäre unserer Ansicht nach die Untersuchung der RISC-Architektur auf ihre *Parallelisierbarkeit*. Im Gegensatz zu PROLOG treten in RISC-Programmen keine theoriemodifizierenden Operatoren auf. Eine Parallelisierung müßte deshalb leichter als für konventionelle Logik-Programme erzielt werden können: RISC gestattet nur "disziplinierte" Bezugnahmen auf den momentanen Zustand der (globalen) Klauseldatenbank. Damit ist die Gefahr gegenseitiger "Behinderungen" von parallel über der Klauseldatenbank operierenden Prozessen weitaus geringer. Der erzielbare Grad an Parallelismus sollte also höher als bei konventionellen Logik-Programmiersprachen sein. Die Tatsache, daß parallel zu jedem RISC-Beweis ein (momentaner) Kontext verwaltet wird, legt unabhängig davon eine Verallgemeinerung auf parallel arbeitende Prozesse—jeder mit seiner eigenen "Sicht" der Klauseldatenbank—nahe.

Neben diesem Grundlagenprogramm sehen wir im wesentlichen drei naheliegende Anwendungsgebiete für RISC, wobei für jedes die *Closed World Assumption* unangemessen ist:

1. deduktive Datenbanken,

2. Integration von Programmierstilen und

3. rechnergestützter Entwurf.

Die vorliegende Arbeit enthält eine Reihe von Argumenten gegen die konventionelle Vorstellung davon, was eine Datenbank zur *deduktiven* Datenbank macht. Hauptkritikpunkte waren

- das Fehlen von Mitteln zur Modularisierung großer Logik-Programme,

- die Tatsache, daß Datenbankbenutzer nicht genügend gegeneinander abgeschottet werden können, und

- der Umstand, daß Queries unkontrollierbare Nebenwirkungen zur Folge haben können.

RISC verfügt über Primitive, die Abhilfe versprechen: Mit Hilfe negativer Klauseln lassen sich Integritätsbedingungen (Verbote) formulieren, an die sich jeder Benutzer der Datenbank zu halten hat. Query-Auswertungen haben in RISC keine persistenten Nebenwirkungen[4]. Zum Ausgleich bietet RISC die Möglichkeit, bedingte Ziele zu verarbeiten, und garantiert, daß Modifikationsoperationen konsistenzerhaltend sind. Wir plädieren deshalb dafür, für den Bereich der deduktiven Datenbanken jene—als "Uniformität" gepriesene—Eigenschaft PROLOG-artiger Queryprozessoren aufzugeben, die es gestattet, in Logik-Programmen *gleichzeitig* Transaktionen und Queries zu sehen. Statt dessen sollte wieder zur traditionellen Trennung von Queries und Updates zurückgekehrt werden.

Der Mangel an Modularisierbarkeit von Logik-Programmen betrifft auch das zweite potentielle Anwendungsgebiet, die Integration von Programmierstilen. Wir denken hier in erster Linie an eine *Integration des logik- und des objektorientierten Programmierstils*. Fast alle sog. hybriden Systeme sind Kollektionen von Einzelsystemen verschiedener Stile, die nach gewissen Regeln und häufig unter Kontrolle eines Koordinierungsmoduls Information austauschen. Deshalb ist i.a. nicht gewährleistet, daß die Summe der in den Einzelsystemen repräsentierten Information widerspruchsfrei und aktuell ist. Beide Eigenschaften können u.E. nur auf der Grundlage einer *gemeinsamen Semantik* sichergestellt werden, die eventuell über eine Abbildung der Stile auf einen hinreichend ausdrucksstarken Logikkalkül gewonnen werden kann. Für den objektorientierten Stil wurde dies bereits mehrfach versucht. Unberücksichtigt blieb bei diesen Versuchen meist, wie Änderungen an der Objektwelt in der logischen Repräsentation nachzuführen sind. Auch die Kapselung von Information, speziell die Formalisierung von Zugriffsrechten und Techniken zur Garantie ihrer Einhaltung, wurden ausgeklammert. Für beide Probleme erscheint uns RISC mit seinem Kontextmechanismus als ein interessanter Ausgangspunkt.

Jene Charakteristika von RISC, die es zu einem *offenen System* machen, prädestinieren es unserer Auffassung nach auch für den *Bereich des rechnergestützten Entwurfs*. Gegenstand des Entwurfsprozesses ist die Konstruktion der Beschreibung eines technischen Systems, die

- eine (zunächst informelle) funktionale Spezifikation erfüllt,

- gewissen Anforderungen an Performanz und Ressourcenverwendung genügt,

---

[4]Abgesehen von Lemmata, die aber immer an einen Kontext gebunden und aufgrund ihrer Konstruktion logisch unbedenklich sind.

- vorgegebene Entwurfskriterien bzgl. des Artefaktes berücksichtigt und

- bestimmten Restriktionen bzgl. des Entwurfsprozesses (Dauer, Kosten, eingesetzte Werkzeuge, etc.) unterliegt.

Der Entwurfsprozeß selbst kann als Transformation einer Ausgangsspezifikation in eine Zielspezifikation aufgefaßt werden. Parallel zu dieser Transformation soll das konstruierte technische System in einer Form dokumentiert werden, die die Korrektheit des Entwurfs überprüfbar und die getroffenen Entwurfsentscheidungen rechtfertigbar macht. Der Entwurfsprozeß hat sich an Rahmenbedingungen zu orientieren, die ihm *von außen* auferlegt werden, z.B. durch das Bekanntwerden neuer Anforderungen an das zu konstruierende System oder die späte Erkenntnis, daß Teilaspekte des Entwurfs praktisch unrealisierbar sind. Dies zwingt ihm einen *evolutionären Charakter* auf: Die zu konstruierende Beschreibung muß "änderungsfreundlich" sein, da Änderungen *a priori* nicht vermeidbar oder vorhersehbar sind. Ein gutes Entwurfssystem sollte deshalb

- Gründe für Entwurfsentscheidungen verwalten und einfache Deduktionen mit ihnen durchführen können,

- den Konstrukteur bei Entwurfstransformationen unterstützen und

- für Diagnose- und Erklärungszwecke zu Simulationen (von Teilen) des konstruierten Artefaktes in der Lage sein.

Die Eignung von RISC zur Erfüllung der beiden erstgenannten Forderungen liegt auf der Hand. Ob der Grad an hypothetischem Schließen, zu dem RISC fähig ist, für Simulationen von Beschreibungen ausreichend ist, kann erst nach einem genaueren Studium entschieden werden. Wir sind uns dennoch sicher, daß RISC in den meisten Problemlösesystemen, die sich nicht nur explizite, sondern auch implizite Information zunutze machen, die Rolle der "Inferenzkomponente" übernehmen kann.

Literaturverzeichnis

[1] Abelson, H., Sussman, G.J., Sussman, J., *Structure and Interpretation of Computer Programs*, MIT Press, Cambridge, 1985

[2] Aida, H., Tanaka, H., Moto-Oka, T., *A PROLOG Extension for Handling Negative Knowledge*, New Generation Computing, 1, 1983, pp. 87–91

[3] Aït-Kaci, H., *A Lattice Theoretic Approach to Computation Based on a Calculus of Partially Ordered Type Structures*, Ph.D. Thesis, University of Pennsylvania, Philadelphia, 1984

[4] Aït-Kaci, H., *Type Subsumption as a Model of Computation*, In: Kerschberg, L. (Ed.), *Expert Database Systems*, Benjamin/Cummings, Menlo Park, 1986, pp. 115–139

[5] Aït-Kaci, H., Nasr, R., *LOGIN: A Logic Programming Language with Built-in Inheritance*, Journal of Logic Programming, 3, 1986, pp. 185–215

[6] Alan, M.F., Allen, J.F., *Knowledge Retrieval as Limited Inference*, Proc. 6th Conf. on Automated Deduction, LNCS 138, Springer-Verlag, Berlin, Heidelberg, 1982, pp. 274–291

[7] Allen, J., *Anatomy of LISP*, McGraw-Hill, New York, 1978

[8] Anderson, A.R., Belnap, N.D., *Entailment: The Logic of Relevance and Necessity*, Vol. I, Princeton University Press, London, 1975

[9] Apt, K.R., van Emden, M.H., *Contributions to the Theory of Logic Programming*, Journal of the ACM, 29,3, July 1982, pp. 841–862

[10] Barron, A., Feigenbaum, E., A. (Eds.), *The Handbook of Artificial Intelligence*, Vol. I and II, William Kaufman Inc., Los Altos, California, 1982

[11] Barwise, J., Etchemendy, J., *The Liar*, Oxford University Press, Oxford, 1987

[12] Beckstein, C., *Integration objektorientierter Sprachmittel zur Wissensrepräsentation in LISP*, Diplomarbeit, IMMD und RRZE, Universität Erlangen-Nürnberg, RRZE-IAB-219, 1985

[13] Beckstein, C., Görz, G., Hernandez, D., Tielemann, M., *An Integration of Object-Oriented Knowledge Representation and Rule-Oriented Programming as a Basis for Design and Diagnosis of Technical Systems*, Proc. Conf. on Multiattribute Decision Making via O.R.-Based Expert Systems, Passau; published in Annals of Operations Research, North-Holland, Amsterdam, 1986

[14] Berka, K., Kreiser, L. (Hrsg.), *Logik-Texte*, Akademie-Verlag, Berlin, 1986

[15] Bibel, W., Jorrand, Ph. (Eds.), *Fundamentals of Artificial Intelligence*, LNCS 232, Springer-Verlag, Berlin, Heidelberg, 1986

[16] van Emde Boas, G., van Emde Boas,P., *Storing and Evaluating Horn-Clause Rules in a Relational Database*, IBM Research Report No. RJ 4776, July 1985

[17] Bobrow, D.G., Raphael, B., *New Programming Languages for AI Research*, Tutorial Lecture, IJCAI-73, Stanford (CA), Aug. 1973

[18] Bobrow, D.G., *If PROLOG is the Answer, What is the Question?*, Int. ICOT Conf. on 5th Generation Computing Systems, Tokio, 1984, pp. 138–145

[19] Bojadziev, D., *A Constructive View of PROLOG*, Journal of Logic Programming, 1, 1986, pp. 69–74

[20] Bowen, K., Kowalski, R., *Amalgamating Language and Metalanguage in Logic Programming*, In: Clark, K.L., Tärnlund, S.-A., *Logic Programming*, Academic Press, London, 1982, pp. 153–172

[21] Brachman, R.J., *A Structural Paradigm for Representing Knowledge*, BBN-Report Nr. 3805, Cambridge, 1978

[22] Brachman, R.J., *On the Epistemological Status of Semantic Networks*, In: Findler, N., *Associative Networks*, Academic Press, New York, 1979

[23] Brierre, Ph., *Implementierung und Vergleich verschiedener PROLOG-Interpreter in LISP*, Semesterarbeit, IMMD und RRZE, Universität Erlangen-Nürnberg, Juni 1987

[24] Broda, K., *The Relation between Semantic Tableau and Resolution Theorem Provers*, Research Report DoC 80/20, Department of Computing, Imperial College, London, 1980

[25] Bruynooghe, M., *Solving Combinatorial Search Problems by Intelligent Backtracking*, Info. Proc. Letters Vol. 12,1, Feb 1981, pp. 36–39

[26] Bruynooghe, M., Pereira, L.M., *Deduction Revision by Intelligent Backtracking*, In: Campbell, J.A. (Ed.), *Implementations of PROLOG*, Ellis Horwood Publ., John Wiley & Sons, New York, 1984

[27] Bundy, A., Lawrence, B., Mellish Chr., *Special Purpose, but Domain Independent, Inference Mechanism*, Proc. ECAI-82, 1982, pp. 67–74

[28] Burstall, R. M., *A Combinatory Approach to Relational Question Answering and Syntax Analysis*, NATO Summer School, Copenhagen, 1967

[29] Campbell, J.A. (Ed.), *Implementations of PROLOG*, Ellis Horwood Publ., John Wiley & Sons, New York, 1984

[30] Carnap, R., *Introduction to Symbolic Logic and its Applications*, Dover Publications, New York, 1958

[31] Chang, C.L., *The Unit Proof and the Input Proof in Theorem Proving*, Journal of the ACM 17,4, Oct. 1970, pp. 698–707

[32] Chang, C.L., Lee, R.C.T., *Symbolic Logic and Mechanical Theorem Proving*, Academic Press, New York, 1973

[33] Charniak, E., Riesbeck, C., K., McDermott, D., *Artificial Intelligence Programming*, Lawrence Erlbaum Assoc. Publ., Hillsdale, New Jersey, 1980

[34] Charniak, E., McDermott, D., *Introduction to Artificial Intelligence*, Addison-Wesley, Reading, Massachusetts, 1984

[35] Chomsky, N., *Reflexionen über die Sprache*, Suhrkamp-Verlag, Frankfurt, 1977

[36] Clark, K.L., Tärnlund, S.-A., *A First Order Theory of Data and Programs*, Information Processing Letters 77, North-Holland, 1977, pp. 939–944

[37] Clark, K.L., *Negation as Failure*, In: Gallaire, H., Minker, J. (Eds.), *Logic and Databases*, Plenum Press, 1978, pp. 293–322

[38] Clark, K.L., *Predicate Logic as a Computational Formalism*, Research Report 79/59, Department of Computing, Imperial College, London, 1979

[39] Clark, K.L., Tärnlund, S.-A. (Eds.), *Logic Programming*, Academic Press, London, 1982

[40] Clocksin, W.F., Mellish, C.S., *Programming in PROLOG*, 3rd Edition, Springer-Verlag, Berlin, Heidelberg, 1987

[41] Coelho, H., Cotta, J.C., Pereira, L.M., *How to Solve it in PROLOG*, 2nd Edition, Laboratorio Nacional de Engenharia Civil, Lisbon, Portugal, 1980; jetzt erweitert als Buch erschienen: Coelho, H., Cotta, J.C., *PROLOG by Example*, Springer-Verlag, Berlin, Heidelberg, 1988

[42] Cohen, P.R., Feigenbaum, E., A. (Eds.), *The Handbook of Artificial Intelligence*, Vol. III, William Kaufman Inc., Los Altos, California, 1982

[43] Curry, H.B., *Foundations of Mathematical Logic*, McGraw-Hill, New York, 1963

[44] Darlington, J. L., *Theorem Proving and Information Retrieval*, In: Melzer, B., Michie, D. (Eds.), *Machine Intelligence 4*, Edinburgh Univ. Press, Scotland, 1969, pp. 173–181

[45] Davis, R., *Generalized Procedure Calling and Content-Directed Invocation*, SIGPLAN Notices 12,8, Aug. 1977, pp. 45–54

[46] deKleer, J., Doyle, J., Steele, G.L., Sussman, G.J., *AMORD: Explicit Control of Reasoning*, SIGPLAN Notices 12,8, Aug. 1977, pp. 116–125

[47] deKleer, J., *Choices Without Backtracking*, Proc. AAAI-84, Austin, Texas, 1984, pp. 79–85

[48] deKleer, J., *An Assumption-Based Truth Maintenance System*, AI-Journal 28, 1986, pp. 127–162

[49] deKleer, J., *Extending the ATMS*, AI-Journal 28, 1986, pp. 163–196

[50] deKleer, J., *Problem Solving with the ATMS*, AI-Journal 28, 1986, pp. 197–224

[51] deKleer, J., *Back to Backtracking: Controlling the ATMS*, Proc. AAAI-86, Philadelphia, 1986, pp. 910–917

[52] deKleer, J., Williams, B.C., *Diagnosing Multiple Faults*, erscheint demnächst im AI-Journal

[53] Doyle, J., *A Truth Maintenance System*, AI-Journal 24, 1979

[54] Dressler, O., *Erweiterungen des Basic ATMS*, Proc. GWAI-87, *Informatik-Fachbericht 152*, Springer-Verlag, 1987, pp. 185–194

[55] Earley, J.: *An Efficient Context-Free Parsing Algorithm*, CACM, Vol. 13, 1970, pp. 94–102

[56] Elcock, E.W., *The Pragmatics of PROLOG: Some Comments*, Proc. Logic Programming Workshop, Algarve, Portugal, 1983, pp. 94–106

[57] van Emden, M., Kowalski, R., *The Semantics of Predicate Logic as a Programming Language*, Journal of the ACM 23, 1976, pp. 733–742

[58] van Emden, M., *McDermott on PROLOG: A Rejoinder*, SIGART Newsletter No. 73, 1980, pp. 19–20

[59] van Emden, M., *Warren's Doctrine on the Slash*, Logic Programming Newsletter, Dec. 1982

[60] Euler, L., *PC-ATMS — eine Rekonstruktion von de Kleers Assumption Based Truth Maintenance System in Scheme auf dem IBM PC*, Studienarbeit, IMMD und RRZE, Universität Erlangen-Nürnberg, März 1987

[61] Finger, J.J., Genesereth, M.R., *RESIDUE: A Deductive Approach to Design Synthesis*, Stanford Memo No. HPP-85-1, Jan. 1985

[62] Flanagan, T., *The Consistency of Negation as Failure*, Journal of Logic Programming, 2, 1986, pp. 93–114

[63] Flann, N.S., Dietterich, Th.G., Corpon, D.R., *Forward Chaining Logic Programming with the ATMS*, Proc. AAAI-87, Seattle, pp. 24–29

[64] Friedman, D.P., Wand, M., Haynes, C.T., Kohlbecker, E., Clinger, W., *Fundamental Abstractions of Programming Languages*, Comp. Science Dept., Indiana Univ., 1984

[65] Fuchi, K., *Logical Derivation of a PROLOG Interpreter*, Int. ICOT Conf. on 5th Generation Computing Systems, Tokio, 1984, pp. 229–234

[66] Gabbay, D.M., Reyle, U., *N-PROLOG: An Extension of PROLOG with Hypothetical Implications. I*, Journal of Logic Programming, 4, 1984, pp. 319–355

[67] Gabbay, D.M., *N-PROLOG: An Extension of PROLOG with Hypothetical Implications. II. Logical Foundations, and Negation as Failure*, Journal of Logic Programming, 4, 1985, pp. 251–283

[68] Gabbay, D.M., Guenthner, F. (Eds.), *Handbook of Philosophical Logic*, Vols. I–III, D. Reidel Publ., Dordrecht, 1986

[69] Gabbay, D.M., Sergot, M.J., *Negation as Inconsistency. I*, Journal of Logic Programming, 1, 1986, pp.1–35

[70] Gallaire, H., Minker, J. (Eds.), *Logic and Databases*, Plenum Press, 1978

[71] Gallaire, H., Lassere, C., *A Control Metalanguage for Logic Programming*, In: Clark, K.L., Tärnlund, S.-A. (Eds.), *Logic Programming*, Academic Press, London, 1982

[72] Genesereth, M.R., *Diagnosis Using Hierarchical Design Models*, Proc. AAAI-82, 1982, pp. 278–283

[73] Genesereth, M.R., *The Use of Design Descriptions in Automated Diagnosis*, AI-Journal 24, 1984, pp. 411–436

[74] Gethmann, C. F., *Protologik: Untersuchungen zur formalen Pragmatik von Begründungsdiskursen*, Suhrkamp-Verlag, Frankfurt, 1979

[75] Gethmann, C. F., *Zur formalen Pragmatik der Normenbegründung*, In: Mittelstraß , J. (Ed.), *Methodenprobleme der Wissenschaften vom gesellschaftlichen Handeln*, Suhrkamp-Verlag, Frankfurt, 1979, pp. 46–76

[76] Gilmore, P.C., *A Proof Method for Quantification Theory*, IBM Journal on Research & Development 4, 1960, pp. 28–35

[77] Görz, G., Beckstein, C., *A General Linguistic Processor*, Proc. IJCAI-81, Vancouver, B.C., 1981, pp. 429–431

[78] Görz, G., *Anwendungen Nicht-Prozeduraler Programmierung: Wissensrepräsentation*, Universität Erlangen-Nürnberg, RRZE-IAB-187, 1983

[79] Görz, G., Beckstein, C., *Unification-Based Speech Parsing with a Chart*, LDV-Forum 4,1, Juni 1986, pp. 20–26

[80] Green, C.C., *Theorem Proving by Resolution as a Basis for Question Answering*, In: Melzer, B., Michie, D. (Eds.), *Machine Intelligence 4*, Edinburgh Univ. Press, Scotland, 1969, pp. 183–205

[81] Griswold, R.E., Hansen, D.R., *Language Facilities for Programmable Backtracking*, SIGPLAN Notices 12,8, Aug. 1977, pp. 94–99

[82] Habermas, J., *Wahrheitstheorien*, In: Fahrenbach, H. (Ed.), *Wirklichkeit und Reflexion*, Neske-Verlag, Pfüllingen, 1973, pp. 211–265

[83] Haridi, S., Sheridan, P.B., Stabler, E.P., Teeple, D.W., *An Executable Specification of Equality Theorem Proving Within PROLOG*, IBM Research Report No. RC 12308, Dec. 1986

[84] Hayes, P.J., *Computation and Deduction*, Proc. 2nd Symposium on Math. Foundations of Comp. Science, Czechoslovak Academy of Sciences, Sept. 1973, pp. 105–116

[85] Hayes, P.J., *In Defence of Logic*, Proc. IJCAI-77, 1977, pp. 559–565

[86] Haynes, C.T., *Logic Continuations*, 3rd Logic Programming Conference, Springer-Verlag, 1986, pp. 671–685

[87] Herbrand, J., *Researches in the Theory of Demonstration*, In: van Heijenoort, J. (Ed.), *From Frege to Godel: A Source Book in Mathematical Logic, 1879-1931*, Harvard Univ. Press, Massachusetts, 1967, pp. 525–581

[88] Hewitt, C., *PLANNER: A Language for Manipulating Models and Proving Theorems in a Robot*, IJCAI-69, Washington D.C., 1969

[89] Hewitt, C., *Procedural Embedding of Knowledge in PLANNER*, IJCAI-71, London, 1971

[90] Hewitt, C., *How to Use What You Know*, Proc. IJCAI-75, 1975, pp. 189–198

[91] Hewitt, C., *The Challenge of Open Systems*, BYTE, April 1985, pp. 223–242

[92] Heyting, A., *Intuitionism: An Introduction*, 2nd Edition, North-Holland, Amsterdam, 1966

[93] Jäger, G., *Some Logical Aspects of Information Processing*, Proc. Conf. on Multiattribute Decision Making via O.R.-Based Expert Systems, Passau; published in Annals of Operations Research, North-Holland, Amsterdam, 1986, pp. 70–80

[94] Jaffar, J., Lassez, J.-L., Maher, M.J., *Some Issues and Trends in the Semantics of Logic Programming*, IBM Research Report No. RC 11833, April 1986

[95] Jaffar, J., Lassez, J.-L., Lloyd, J.W., *Completeness of the Negation as Failure Rule*, Proc. IJCAI-83, Karlsruhe, 1983, pp. 500–506

[96] Kahn, K.M., Carlsson, M., *How to Implement PROLOG on a LISP Machine*, In: Campbell, J.A. (Ed.), *Implementations of PROLOG*, Ellis Horwood Publ., John Wiley & Sons, New York, 1984

[97] Kahn, K.M., *UNIFORM: A Language Based upon Unification which Unifies (much of) LISP, PROLOG, and ACT 1*, In: deGroot, D., *Logic Programming, Functions, Relations and Equations*, Prentice-Hall, New Jersey, 1986, pp. 411–438

[98] Komorowski, H.J., *An Abstract PROLOG Machine*, In: Degano, P., Sandewall, E. (Eds.), *Integrated Interactive Computing Systems*, North-Holland, Amsterdam, 1983, pp. 183–191

[99] Kornfeld, W.A., *Equality for PROLOG*, In: deGroot, D., *Logic Programming, Functions, Relations and Equations*, Prentice-Hall, New Jersey, 1986, pp. 279–293

[100] Kowalski, R., *Predicate Logic as a Programming Language*, Proc. IFIP Congress, North-Holland, Stockholm, 1974, pp. 569–574

[101] Kowalski, R., *Algorithm = Logic + Control*, CACM 22, 1979, pp. 424–436

[102] Kowalski, R., *Logic for Problem Solving*, North-Holland, 1979

[103] Kowalski, R., *Directions for Logic Programming*, Proc. of the Symposium on Logic Programming, Boston, 1985, pp. 2–9

[104] Kramosil, I., *A Note on Deduction Rules with Negative Premises*, Proceedings of IJCAI-75, Tbilisi, 1975, pp. 53–56

[105] Kutschera, F.v., *Der Satz vom ausgeschlossenen Dritten*, deGruyter, Berlin, 1985

[106] Lassez, J.M., Maher, M.J., *Optimal Fixedpoints of Logic Programs*, Theoretical Comp. Science 29, 1984, pp. 167–184

[107] Lengauer, C., *A View of Automated Proof Checking and Proving*, Proc. Conf. on Multiattribute Decision Making via O.R.-Based Expert Systems, Passau; published in Annals of Operations Research, North-Holland, Amsterdam, 1986, pp. 163–182

[108] Levesque, H.J., *The Logic of Incomplete Knowledge Bases*, In: Brodie, M., Mylopoulos, J., Schmidt, J. (Eds.), *On Conceptual Modelling*, Springer-Verlag, 1984, pp. 165–189

[109] Lindstrom, G., *Functional Programming and the Logical Variable*, Conf. Record of the 12th Annual ACM Symposium on Principles of Programming Languages, 1985, pp. 266–280

[110] Lloyd, J.W., *Foundations of Logic Programming*, Springer-Verlag, Berlin, 1984; 2nd, Extended Edition: 1987

[111] Lloyd, J.W., Topor, R.W., *A Basis for Deductive Database Systems*, Journal of Logic Programming 2,2, 1985, pp. 93–109

[112] Lorenzen, P., *Einführung in die operative Logik und Mathematik*, Springer-Verlag, Berlin, 1969

[113] Lorenzen, P., Schwemmer, O., *Konstruktive Logik, Ethik und Wissenschaftstheorie*, Bibliographisches Institut, Mannheim, 1975

[114] Lorenzen, P., Lorenz, K., *Dialogische Logik*, Wissenschaftliche Buchgesellschaft, Darmstadt, 1978

[115] Luckham, D., *Refinement Theorems in Resolution Theory*, Proceedings of the IRIA Symposium on Automatic Demonstration, Versailles, France, 1968. Lecture Notes in Mathematics 125, Springer-Verlag, Berlin, 1970, pp. 163–190

[116] MacKinlay, J., Genesereth, M.R., *Expressiveness and Language Choice*, Stanford Report No. HPP 84-4, 1985

[117] Marr, D., *Artificial Intelligence – A Personal View*, AI-Journal 9, 1977, pp. 37–48

[118] Martins, J.P., *Reasoning in Multiple Belief Spaces*, Dept. of Comp. Sc., Tech. Rep. No. 203, Buffalo, New York State Univ., 1983

[119] McAllester, D., *An Outlook on Truth Maintenance*, AI-Lab, AIM-551, Cambridge, MIT, 1980

[120] McAllester, D., *Reasoning Utility Package User's Manual*, AI-Lab, AIM-667, Cambridge, MIT, 1982

[121] McAllester, D., *A Widely Used Truth Maintenance System*, unpublished, 1985

[122] McDermott, D., *SYMBOL-MAPPING: A Technical Problem in PLANNER-like Systems*, SIGART Newsletter No. 51, Apr. 1975, pp. 4–10

[123] McDermott, D., *Artificial Intelligence Meets Natural Stupidity*, SIGART Newsletter No. 57, 1976, pp. 4–9

[124] McDermott, D., *The PROLOG Phenomenon*, SIGART Newsletter No. 72, 1980, pp. 16–20

[125] McDermott, D., Brooks, R., *ARBY: A Vehicle for Building Expert Systems for Diagnosis*, Smart Systems Technology, P.O. Box 9164, Alexandria, Virginia, 1982

[126] McDermott, D., *Contexts and Data Dependencies: A Synthesis*, IEEE Transactions on Pattern Analysis and Machine Intelligence, Vol. 5,3, 1983

[127] Minsky, M., *A Framework for Representing Knowledge*, In: Winston, P.H. (Ed.), *The Psychology of Computer Vision*, McGraw Hill, New York, 1975, pp. 211–277

[128] Minsky, N., Rozenshtein, D., Chomicki, J., *Unifying the Use and Evolution of Database Systems: a Case Study in PROLOG*, Rutgers Univ. Report No. LCSR-TR-68, Feb. 1985

[129] Moore, R.C., *Problems in Logical Form*, SRI Tech. Note 241, April 1981

[130] Moore, R.C., *The Role of Logic in Knowledge Representation and Commonsense Reasoning*, SRI Tech. Note 264, June 1982

[131] Moore, R.C., *The Role of Logic in Artificial Intelligence*, SRI Tech. Note 335, July 1984

[132] Morgenstern, M., *The Role of Constraints in Databases, Expert Systems, and Knowledge Representation*, In: Kerschberg, L. (Ed.), *Expert Database Systems*, Benjamin/Cummings Publ., Menlo Park, California, 1986, pp. 351–368

[133] Mostow, J., *Toward Better Models of the Design Process*, AI-Magazine, Spring 1985

[134] Naish, L., *All Solutions Predicate in PROLOG*, Proc. IEEE Symposium on Logic Programming, Boston, 1985

[135] Naish, L., *Automating Control for Logic Programs*, Journal Logic Programming 2, 1985, pp.167–184

[136] Naish, L., Thom, J.A., Ramamohanarao, K., *Concurrent Database Updates in PROLOG*, Proc. 4th International Conf. on Logic Programming, MIT Press, Cambridge, Massachusetts, 1987, pp. 178–195

[137] Nakashima, H., Tomura, S., Ueda, K., *What is a Variable in PROLOG?*, Int. ICOT Conf. on 5th Generation Computing Systems, Tokio, 1984, pp. 327–332

[138] Neumann, G., *Meta-Interpreter Directed Compilation of Logic Programs into PROLOG*, IBM Research Report No. RC 12113, July 1986

[139] Newell, A., Simon, H.A., *GPS, a Program that Simulates Human Thought*, In: Feigenbaum, E., Feldmann, J. (Eds.), *Computers and Thought*, McGraw-Hill, New York, 1963, pp. 279–293

[140] Newell, A., *The Knowledge Level*, AI-Journal 18, 1982, pp. 87–127

[141] Nilsson, N., *Principles of Artificial Intelligence*, Palo Alto, Tioga Press, 1980

[142] Nilsson, N. (Ed.), *Readings in Artificial Intelligence*, Tioga Press, 1981

[143] Pereira, L.M., *Logic Control with Logic*, Proc. Logic Programming Conf., Marseille, 1982, pp. 9–18

[144] Plaisted, D.A., *The Occur-Check Problem in PROLOG*, New Generation Computing 2, 1984, pp. 309–322

[145] Polya, G., *How to Solve it*, 2nd Edition, Princeton Univ. Press, Princeton, New Jersey, 1973

[146] Pylyshyn, Z.W. (Ed.), *The Robot's Dilemma: The Frame Problem in Artificial Intelligence*, Ablex Publ. Company, Norwood, New Jersey, 1987

[147] Quine, W.v.O., *Philosophy of Logic*, Prentice-Hall, Englewood Cliffs, New Jersey, 1970

[148] Quine, W.v.O., Ullian, J.S., *The Web of Belief*, 2nd Edition, Random House, New York, 1978

[149] Rees, J., Clinger, W. (Eds.), *Revised³ Report on the Algorithmic Language SCHEME*, AI-Lab, AIM-848a, Cambridge, MIT, Sept. 1986

[150] Reiter, R., *A Logic for Default Reasoning*, AI-Journal 13, 1980, pp. 81–132

[151] Reiter, R., *On Closed World Databases*, In: Gallaire, H., Minker, J. (Eds.), *Logic and Databases*, Plenum Press, 1978, pp. 55–76. Ebenso in: Nilsson, N. (Ed.), *Readings in Artificial Intelligence*, Tioga Press, 1981

[152] Reiter, R., *Towards a Logical Reconstruction of Relational Database Theory*, In: Brodie, M., Mylopoulos, J., Schmidt, J. (Eds.), *On Conceptual Modelling*, Springer-Verlag, 1984, pp. 191–238

[153] Reiter, R., deKleer, J., *Foundations of Assumption-Based Truth Maintenance Systems: Preliminary Report*, Proc. AAAI-87, Seattle, pp. 183–188

[154] Rescher, N., *Hypothetical Reasoning*, North-Holland, Amsterdam, 1964

[155] Rescher, N., Brandom, R., *The Logic of Inconsistency*, Basil-Blackwell, Oxford, 1980

[156] Reynolds, J., *Definitional Interpreters for Higher Order Programming Languages*, ACM Conf. Proc., ACM, 1972, pp. 717–740

[157] Robinson, J.A., *A Machine-Oriented Logic Based on the Resolution Principle*, Journal of the ACM 12, Jan. 1965, pp. 23–41

[158] Robinson, J.A., *Logic: Form and Function*, Elsevier North-Holland, New York, 1979

[159] Rosenschein, S.J. *Translating English into Logical Form*, Proc. ACL-82, 1982, pp. 1–8

[160] Rychener, M.D., *Control Requirements for the Design of Production System Architectures*, SIGPLAN Notices 12,8, Aug. 1977, pp. 37–44

[161] Schaefer, P.R., *Knowledge-Based Validity Maintenance for Production Systems*, Proc. AAAI-86, 1986, pp. 918–922

[162] Schank, R.C., *Conceptual Information Processing*, North-Holland, Amsterdam, 1975

[163] Schreier, U., Wedekind, H., *Supporting Concurrent Access to Facts in Logic Programs*, Proc. 3rd Int. Conf. on Data and Knowledge Bases, Jerusalem, Juni 1988, pp. 102–108

[164] Scott, A.C., Davis, R., Clancey, W., *Explanation Capabilities of Production-Based Consultation Systems*, Stanford Report No. STAN-77-593, 1977

[165] Seet, C.H., *Default Reasoning Through Belief Revision Strategy*, Proc. AAAI-87, Seattle, pp. 380–384

[166] Shepherdson, J.C., *Negation as Failure: A Comparison of Clark's Data Base and Reiter's Closed World Assumption*, Journal of Logic Programming, 1, 1984, pp. 51–79

[167] Shepherdson, J.C., *Negation as Failure II*, Journal of Logic Programming, 3, 1985, pp. 185–202

[168] Shoham, Y., McDermott, D.V., *Directed Relations and Inversions of PRO-LOG Programs*, Int. ICOT Conf. on 5th Generation Computing Systems, Tokio, 1984, pp. 307–316

[169] Smith, B.C., *Reflection and Semantics in a Procedural Language*, Ph.D. Thesis, MIT-LCS-TR-272, Cambridge, Massachusetts, 1982

[170] Smith, D.E., Genesereth, M.R., *Ordering Conjuncts in Problem Solving*, Stanford Memo No. HPP-82-9, Aug. 1983

[171] Smith, R.W., *Some Logic Modelling Strategies for Expert Systems*, Proc. Conf. on the Computer as a Design Tool: *Knowledge Engineering and Computer Modelling in CAD*, Butterworth & Co Publ. Ltd., London, 1986

[172] Smolka, G., *Making Control and Data Flow in Logic Programs Explicit*, Proc. Conf. on LISP & Functional Programming, Austin, Texas, 1984, pp. 311–322

[173] Smoryński, C., *Self-Reference and Modal Logic*, Springer-Verlag, New York, 1985

[174] Srinivasan, C.V., *Knowledge Processing vs Programming, CK-LOG vs PROLOG*, Rutgers Univ. Report No. DCS-TR-160, Dec. 1984

[175] Stallman, R., Sussman, G.J., *Forward Reasoning and Dependency-Directed Backtracking in a System for Computer-Aided Circuit Analysis*, AI-Journal 9, 1977, pp. 135–196

[176] Steele, G.L., *The Definition and Implementation of a Computer Programming Language Based on Constraints*, AI-Lab, AI-TR 595, Cambridge, MIT, 1978

[177] Stegmüller, W., *Hauptströmungen der modernen Gegenwartsphilosophie*, Band 1–3, Kröner-Verlag, Stuttgart, 1986

[178] Sterling, L., Shapiro, E., *The Art of PROLOG: Advanced Techniques in Logic Programming*, MIT Press, Cambridge (MA), 1986

[179] Stickel, M.E., *An Introduction to Automated Deduction*, In: Bibel, W., Jorrand, Ph. (Eds.), *Fundamentals of Artificial Intelligence*, LNCS 232, Springer-Verlag, Berlin, Heidelberg, 1986, pp. 75–132

[180] Stoy, J.E., *Denotational Semantics: The Scott Strachey Approach to Programming Languages Theory*, MIT Press, Cambridge, 1977

[181] Stoyan, H., Görz, G., *LISP: Eine Einführung in die Programmierung*, Springer-Verlag, Berlin, 1984

[182] Stoyan, H., *Programmiermethoden in der Künstlichen Intelligenz*, Springer-Verlag, erscheint Ende 1988

[183] Strehl, V., *Logik und Berechenbarkeit*, Zweibändiges Vorlesungsskript, IMMD I, Universität Erlangen-Nürnberg, 1983

[184] Sussman, G.J., McDermott, D., *From PLANNER to CONNIVER—A Genetic Approach*, Proc. Fall Joint Comp. Conf., Vol. 41, Montvale, N.J., AFIPS Press, 1972, pp. 1171–1179

[185] Sussman, G.J., Steele, G.L., *CONSTRAINTS: A Language for Expressing Almost Hierarchical Descriptions*, AI-Journal 14, 1980

[186] Suwa, M., Scott, A.C., Shortliffe, E.H., *An Approach to Verifying Completeness and Consistency in an Rule-Based Expert System*, Stanford Report No. STAN-CS-82-922, Jun 1982

[187] Tang, C., *Toward a Unified Logic Basis for Programming Languages*, Information Processing 83, North-Holland, Amsterdam, 1983, pp. 425–429

[188] Tärnlund, S.-A., *Horn Clause Computability*, In: BIT 17, 1977, pp. 215–226

[189] Tärnlund, S.-A., *Logic Programming—from a logic point of view*, Proc. of the Symposium on Logic Programming, Salt Lake City, 1986, pp. 96–103

[190] Tobermann, G., *RISC: A Reason-Maintenance Based Inference System for Generalized Hornclause Logic*, Diplomarbeit, IMMD VI, Universität Erlangen-Nürnberg, erscheint Januar 1989

[191] Turner, R., *Logics for Artificial Intelligence*, Ellis Horwood Ltd., New York, 1984

[192] Wand, M., *Continuation-Based Program Transformation Strategies*, Journal of the ACM Vol. 27,11, Jan. 1980, pp. 164–180

[193] Warren, D., Pereira, L.M., *PROLOG - The Language and its Implementation compared with LISP*, SIGPLAN Notices 12,8, August 1977, pp. 109–115

[194] Warren, D., *Higher Order Extensions to PROLOG: Are They Needed?*, Machine Intelligence 10, 1982, pp. 441–454

[195] Warren, D., *Database Updates in Pure PROLOG*, Int. ICOT Conf. on 5th Generation Computing Systems, Tokio, 1984, pp. 244–253

[196] Wedekind, H., *Über die logischen Grundlagen einer interaktiven Dialogführung in der Datenerfassung*, Angewandte Informatik 2/83, Feb. 1983, pp. 68–77

[197] Wedekind, H., *Datenintegrität aus wissenschaftstheoretischer Sicht*, Elektronische Rechenanlagen 25,6, 1983, pp. 133–142

[198] Weyhrauch, R.W., *Prolegomena to a Mechanizable Theory of Formal Reasoning*, Stanford AI-Memo AIM-315, Dec. 1978

[199] Winograd, T., *Understanding Natural Language*, Academic Press, London, 1976

[200] Winograd, T., *Extended Inference Modes in Reasoning by Computer Systems*, AI-Journal 13, 1980, pp. 5–26

[201] Winston, P.H., Brown, R.H. (Eds.), *Artificial Intelligence: An MIT-Perspective*, Vol. I and II, MIT Press, Cambridge, 1979

[202] Winston, P.H., *Artificial Intelligence*, 2nd Edition, Addison-Wesley, Reading, Massachusetts, 1984

[203] Winston, P.H., Horn, B.K.P., *LISP*, 2nd Edition, Addison-Wesley, Reading, Massachusetts, 1984

[204] Wong, H.K.T., Mylopoulos, J., *Two Views of Data Semantics: A Survey of Data Models in Artificial Intelligence and Database Management*, INFOR Vol. 15,3, Oct. 1977, pp. 344–383

[205] Wos, L., Robinson, G.A., Carson, D.F., *Efficiency and Completeness of the Set of Support Strategy in Theorem Proving*, Journal of the ACM 12,4, Oct. 1965, pp. 536–541

[206] Zabih, R., McAllester, D., Chapman, D., *Non-Deterministic Lisp with Dependency-Directed Backtracking*, Proc. AAAI-87, Seattle, pp. 59–64

[207] Zima, H.P., *A Constraint Language and its Interpreter*, IBM Research Report No. RJ 4714, May 1985

Index

W

Z

Band 152: K. Morik (Ed.), GWAI-87. 11th German Workshop on Artificial Intelligence. Geseke, Sept./Okt. 1987. Proceedings. XI, 405 Seiten. 1987.

Band 153: D. Meyer-Ebrecht (Hrsg.), ASST'87. 6. Aachener Symposium für Signaltheorie. Aachen, September 1987. Proceedings. XII, 390 Seiten. 1987.

Band 154: U. Herzog, M. Paterok (Hrsg.), Messung, Modellierung und Bewertung von Rechensystemen. 4. GI/ITG-Fachtagung, Erlangen, Sept./Okt. 1987. Proceedings. XI, 388 Seiten. 1987.

Band 155: W. Brauer, W. Wahlster (Hrsg.), Wissensbasierte Systeme. 2. Internationaler GI-Kongreß, München, Oktober 1987. XIV, 432 Seiten. 1987.

Band 156: M. Paul (Hrsg.), GI – 17. Jahrestagung. Computerintegrierter Arbeitsplatz im Büro. München, Oktober 1987. Proceedings. XIII, 934 Seiten. 1987.

Band 157: U. Mahn, Attributierte Grammatiken und Attributierungsalgorithmen. IX, 272 Seiten. 1988.

Band 158: G. Cyranek, A. Kachru, H. Kaiser (Hrsg.), Informatik und „Dritte Welt". X, 302 Seiten. 1988.

Band 159: Th. Christaller, H.-W. Hein, M. M. Richter (Hrsg.), Künstliche Intelligenz. Frühjahrsschulen, Dassel, 1985 und 1986. VII, 342 Seiten. 1988.

Band 160: H. Mäncher, Fehlertolerante dezentrale Prozeßautomatisierung. XVI, 243 Seiten. 1987.

Band 161: P. Peinl, Synchronisation in zentralisierten Datenbanksystemen. XII, 227 Seiten. 1987.

Band 162: H. Stoyan (Hrsg.), Begründungsverwaltung. Proceedings, 1986. VII, 153 Seiten. 1988.

Band 163: H. Müller, Realistische Computergraphik. VII, 146 Seiten. 1988.

Band 164: M. Eulenstein, Generierung portabler Compiler. X, 235 Seiten. 1988.

Band 165: H.-U. Heiß, Überlast in Rechensystemen. IX, 176 Seiten. 1988.

Band 166: K. Hörmann, Kollisionsfreie Bahnen für Industrieroboter. XII, 157 Seiten. 1988.

Band 167: R. Lauber (Hrsg.), Prozeßrechensysteme '88. Stuttgart, März 1988. Proceedings. XIV, 799 Seiten. 1988.

Band 168: U. Kastens, F. J. Rammig (Hrsg.), Architektur und Betrieb von Rechensystemen. 10. GI/ITG-Fachtagung, Paderborn, März 1988. Proceedings. IX, 405 Seiten. 1988.

Band 169: G. Heyer, J. Krems, G. Görz (Hrsg.), Wissensarten und ihre Darstellung. VIII, 292 Seiten. 1988.

Band 170: A. Jaeschke, B. Page (Hrsg.), Informatikanwendungen im Umweltbereich. 2. Symposium, Karlsruhe, 1987. Proceedings. X, 201 Seiten. 1988.

Band 171: H. Lutterbach (Hrsg.), Non-Standard Datenbanken für Anwendungen der Graphischen Datenverarbeitung. GI-Fachgespräch, Dortmund, März 1988, Proceedings. VII, 183 Seiten. 1988.

Band 172: G. Rahmstorf (Hrsg.), Wissensrepräsentation in Expertensystemen. Workshop, Herrenberg, März 1987. Proceedings. VII, 189 Seiten. 1988.

Band 173: M. H. Schulz, Testmustergenerierung und Fehlersimulation in digitalen Schaltungen mit hoher Komplexität. IX, 165 Seiten. 1988.

Band 174: A. Endrös, Rechtsprechung und Computer in den neunziger Jahren. XIX, 129 Seiten. 1988.

Band 175: J. Hülsemann, Funktioneller Test der Auflösung von Zugriffskonflikten in Mehrrechnersystemen. X, 179 Seiten. 1988.

Band 176: H. Trost (Hrsg.), 4. Österreichische Artificial-Intelligence-Tagung. Wien, August 1988. Proceedings. VIII, 207 Seiten. 1988.

Band 177: L. Voelkel, J. Pliquett, Signaturanalyse. 224 Seiten. 1988.

Band 178: H. Göttler, Graphgrammatiken in der Softwaretechnik. VIII, 244 Seiten. 1988.

Band 179: W. Ameling (Hrsg.), Simulationstechnik. 5. Symposium. Aachen, September 1988. Proceedings. XIV, 538 Seiten. 1988.

Band 180: H. Bunke, O. Kübler, P. Stucki (Hrsg.), Mustererkennung 1988. 10. DAGM-Symposium, Zürich, September 1988. Proceedings. XV, 361 Seiten. 1988.

Band 181: W. Hoeppner (Hrsg.), Künstliche Intelligenz. GWAI-88, 12. Jahrestagung. Eringerfeld, September 1988. Proceedings. XII, 333 Seiten. 1988.

Band 182: W. Barth (Hrsg.), Visualisierungstechniken und Algorithmen. Fachgespräch, Wien, September 1988. Proceedings. VIII, 247 Seiten. 1988.

Band 183: A. Clauer, W. Purgathofer (Hrsg.), AUSTROGRAPHICS '88. Fachtagung, Wien, September 1988. Proceedings. VIII, 267 Seiten. 1988.

Band 184: B. Gollan, W. Paul, A. Schmitt (Hrsg.), Innovative Informations-Infrastrukturen. I. I. I. – Forum, Saarbrücken, Oktober 1988. Proceedings. VIII, 291 Seiten. 1988.

Band 185: B. Mitschang, Ein Molekül-Atom-Datenmodell für Non-Standard-Anwendungen. XI, 230 Seiten. 1988.

Band 186: E. Rahm, Synchronisation in Mehrrechner-Datenbanksystemen. IX, 272 Seiten. 1988.

Band 187: R. Valk (Hrsg.), GI – 18. Jahrestagung I. Vernetzte und komplexe Informatik-Systeme. Hamburg, Oktober 1988. Proceedings. XVI, 776 Seiten.

Band 188: R. Valk (Hrsg.), GI – 18. Jahrestagung II. Vernetzte und komplexe Informatik-Systeme. Hamburg, Oktober 1988. Proceedings. XVI, 704 Seiten.

Band 189: B. Wolfinger (Hrsg.), Vernetzte und komplexe Informatik-Systeme. Industrieprogramm zur 18. Jahrestagung der GI, Hamburg, Oktober 1988. Proceedings. X, 229 Seiten. 1988.

Band 190: D. Maurer, Relevanzanalyse. VIII, 239 Seiten. 1988.

Band 191: P. Levi, Planen für autonome Montageroboter. XIII, 259 Seiten. 1988.

Band 192: K. Kansy, P. Wißkirchen (Hrsg.), Graphik im Bürobereich. Proceedings, 1988. VIII, 187 Seiten. 1988.

Band 193: W. Gotthard, Datenbanksysteme für Software-Produktionsumgebungen. X, 193 Seiten. 1988.

Band 194: C. Lewerentz, Interaktives Entwerfen großer Programmsysteme. VII, 179 Seiten. 1988.

Band 195: I. S. Bátori, U. Hahn, M. Pinkal, W. Wahlster (Hrsg.), Computerlinguistik und ihre theoretischen Grundlagen. Proceedings. IX, 218 Seiten. 1988.

Band 197: M. Leszak, H. Eggert, Petri-Netz-Methoden und -Werkzeuge. XII, 254 Seiten. 1989.

Band 198: U. Reimer, FRM: Ein Frame-Repräsentationsmodell und seine formale Semantik. VIII, 161 Seiten. 1988.

Band 199: C. Beckstein, Zur Logik der Logik-Programmierung. IX, 246 Seiten. 1988.